罗非鱼
链球菌病致病机理及防控技术

简纪常◎主编

海洋出版社

2023年·北京

图书在版编目（CIP）数据

罗非鱼链球菌病致病机理及防控技术 / 简纪常主编.
— 北京 : 海洋出版社, 2023.5
ISBN 978-7-5210-1089-3

Ⅰ. ①罗… Ⅱ. ①简… Ⅲ. ①罗非鱼－链球菌病－防治 Ⅳ. ①S943.125

中国国家版本馆CIP数据核字(2023)第049321号

责任编辑：杨　明
责任印制：安　淼

海洋出版社 出版发行
http://www.oceanpress.com.cn
北京市海淀区大慧寺路 8 号　　邮编：100081
鸿博昊天科技有限公司印刷　　新华书店北京发行所经销
2023年5月第1版　　2023年5月第1次印刷
开本：787 mm × 1092 mm　　1 / 16　　印张：12
字数：184千字　　定价：88.00元
发行部：010-62100090　　总编室：010-62100034

《罗非鱼链球菌病致病机理及防控技术》

编委会

简纪常　蔡双虎　汤菊芬　鲁义善　王　蓓

黄　瑜　蔡　佳　黄郁葱　丁　燏　庞欢瑛

杨世平　闫秀英

前　言

罗非鱼（非洲鲫鱼）是我国主要养殖水产品，其肉质鲜美、少刺、蛋白质含量高、富含人体所需的8种必需氨基酸，其中谷氨酸和甘氨酸含量特别高。罗非鱼因以上特点而深受人们喜爱，素有“白肉三文鱼”“21世纪之鱼”之称，近年已成为养殖、加工、出口的热点之一。但随着养殖规模的扩大、养殖环境的恶化，罗非鱼链球菌病频繁暴发，给养殖户造成严重的经济损失，严重阻碍了罗非鱼养殖业的健康发展。本书从“病原－宿主－绿色渔药”三个方面进行研究，建立了罗非鱼链菌病的高效复方中草药免疫增强剂防控技术。

在病原方面，对引起罗非鱼链菌病暴发性疾病的病原进行了分离鉴定，确定病原为无乳链球菌；进而对无乳链球菌生物学特征进行了系统研究；建立了链球菌LAMP快速诊断技术；应用因缺失、蛋白质组学及sRNA分离技术研究了无乳链球菌的致病机制。在宿主方面，研究了罗非鱼免疫相关基因的组织分布差异以及时间表达模式；同时对免疫因子间的互作机制进行了探讨。在绿色渔药方面，对按一定比例配制成的复方中草药，添加至饲料投喂罗非鱼，通过测定鱼体生理生化指标、免疫基因表达模式及抗无乳链球菌免疫保护力，从而筛选出最佳配方、最适添加量及最好投喂方式，评价了中草药免疫增强剂在罗非鱼养殖中使用的安全性。最后，对研发的中草药免疫增强剂开展罗非鱼养殖中的应用示范，取得较好的经济效益。中草药免疫增强剂的使用能有效控制罗非鱼链球菌病，从而减少化学药物的使用，降低养殖风险，提高水产品的质量，使水产品养殖和出口的规模进一步扩大，产生良好的社会效益及生态效益。

本书的研究成果是在广东省水产动物病害防控及健康养殖重点实验室全体师生的共同努力下完成，对此，编者对所有参与研究的师生表示感谢！因时间和学术水平有限，书中定有不妥和疏漏之处，恳请读者和同行批评指正！

编者

2022年12月

目　录

第一章　罗非鱼链球菌病病原分离、分子流行病学及其生物学特性研究

1

摘要

链球菌（*Streptococcus*）是一种能感染多种宿主（人类、畜禽及水生动物等）并引起严重疾病的病原菌。近年来由链球菌引起的鱼类链球菌病在我国南方罗非鱼主要养殖区频频暴发，给该产业造成了巨大的经济损失，这迫使我们必须加强对链球菌病害传播的预防和控制。2013—2017 年对我国南方罗非鱼主要养殖区的罗非鱼链球菌病的病原分离鉴定结果表明，引起该暴发性链球菌病的病原主要为无乳链球菌（*S. agalactiae*）。进而采用多位点序列分型（multilocus sequence typing，MLST）方法对多年收集鉴定的 104 株罗非鱼源无乳链球菌进行基因水平的分型，确定不同地区分离的无乳链球菌主要基因类型，并与国际上流行的菌株进行比较，获得了它们的遗传背景和变异趋势等信息。对筛选到的无乳链球菌强毒株 ZQ0910 及其分泌的胞外产物 ECP 腹腔注射罗非鱼检验其致病性，通过药敏试验测定了 ZQ0910 株的耐药性；用琼脂平板扩散法、酪蛋白底物法研究了 ECP 理化特性以及化学试剂对酶活的影响，并用 SDS-PAGE 和双向电泳技术分析 ECP 蛋白点。根据无乳链球菌和无乳链球菌特异毒力基因序列的保守区设计引物，建立了链球菌多 LAMP 快速诊断技术。上述研究为无乳链球菌引起的链球菌病的防控打下了坚实的基础。

第一节　罗非鱼链球菌病病原菌分离、鉴定

一、罗非鱼链球菌病流行病学调查及症状

2013—2017 年对我国南方罗非鱼主要养殖区的链球菌病的流行病学调查结果表明，罗非鱼链球菌病的发病季节多在每年 5—9 月，每年 6—8 月为发病高峰期。不同地点、不同种类鱼的发病率和发病主要病理症状基本上一致。发病率一般为 18% ~ 76%，患病鱼死亡率最高可达 70%。调查发现患链球菌病的病鱼体色发黑、体表出血，伴有严重的炎性反应；严重时出现溃疡，眼球突出或浑浊发白，眼眶、口腔、鳃盖充血。

二、罗非鱼链球菌病病原菌分离、鉴定及其特性

分离菌株在 BHI 固体培养基于 37℃培养 24 h 后，所有菌落均呈圆形透明状、湿润且边缘整齐。解剖观察发现病鱼有少量腹水，脾脏、肝脏等组织肿大。利用

常规方法从患病罗非鱼脑、肝、脾和肾脏部位分离到菌株 128 株。革兰氏染色结果见图 1-1，菌体为排列成对或成链状的阳性球菌。经过生理生化反应实验结果表明，分离的 128 株链球菌中有 118 株判别为无乳链球菌，其中代表 6 个不同地区分离株的生理生化反应结果见表 1-1。

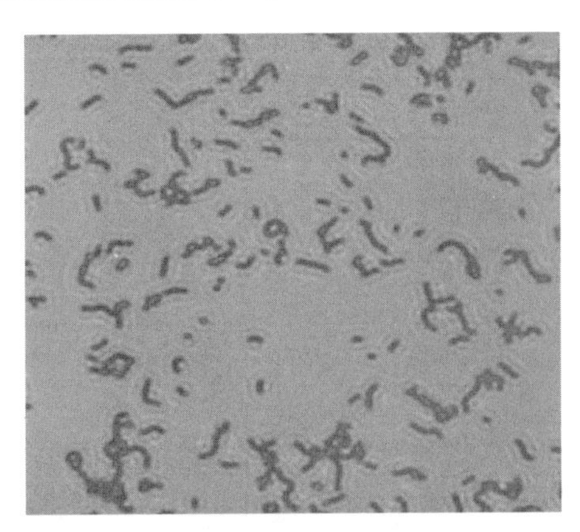

图1-1　革兰氏染色结果

表 1-1　BioMerieux Vitek GPI 分析结果

检测项目	ZJDH	MNe2	ZQ0910	GZ2	HN1	GSb
6% NaCl	−	−	−	−	−	−
10% 胆汁	+	+	+	+	+	+
40% 胆汁	−	−	−	−	−	−
七叶灵 esculin	−	−	−	−	−	−
精氨酸 arginine	+	+	+	+	+	+
尿素 urea	−	−	−	−	−	−
乳糖 lactose	−	−	−	−	−	−
菊糖 inulin	−	−	−	−	−	−
甘露醇 mannitol	−	−	−	−	−	−
棉籽糖 raffinose	−	−	−	−	−	−
核糖 ribose	+	+	+	+	+	+
水杨苷 salicin	−	−	−	−	−	−

续表

检测项目	ZJDH	MNe2	ZQ0910	GZ2	HN1	GSb
山梨醇 sorbitol	–	–	–	–	–	–
海藻糖 trehalose	+	+	+	+	+	+
蔗糖 sucrose	+	+	+	+	+	+
阿拉伯糖 arabinose	–	–	–	–	–	–
蜜二糖 melibiose	–	–	–	–	–	–
松三糖 melezitose	–	–	–	–	–	–
纤维二糖 cellobise	–	–	–	–	–	–
木糖 xylose	–	–	–	–	–	–
丙酮酸 pyruvate	–	–	–	–	–	–
淀粉 pullulan	–	–	–	–	–	–
葡萄糖 dextrose	–	–	–	–	–	–
蛋白胨基质 peptone base	+	+	+	+	+	+
杆菌肽 bacitracin	+	+	+	+	+	+
半纤维素酶 hemicellulase	–	–	–	–	–	–
红四氮唑 tetrazoliu red	+	+	+	+	+	+
新生霉素抗性 novobiocin	+	+	+	+	+	+
抗氧化酶 catalase	–	–	–	–	–	–
β–溶血 β–homolysis	+	+	+	+	+	+

采用 16S rRNA 通用引物扩增得到的 1.5 kb 大小的特异片段，与预期相符（图 1–2）。将测序后得到的序列与 GenBank 上已登录的无乳链球菌 16S rRNA 基因序列进行比对，比对结果证明了经生理生化反应判定的 118 株无乳链球菌中仅有 104 株符合无乳链球菌分子鉴定标准（表 1–2），将 *S. agalactiae* ZQ0910 株 16S rRNA 序列与 GenBank 上已登录的相关菌株序列进行比对，构建了系统进化树（图 1–3），该菌株 16S rRNA 序列与其他几株 *S. agalactiae* 同源性可达 99%。

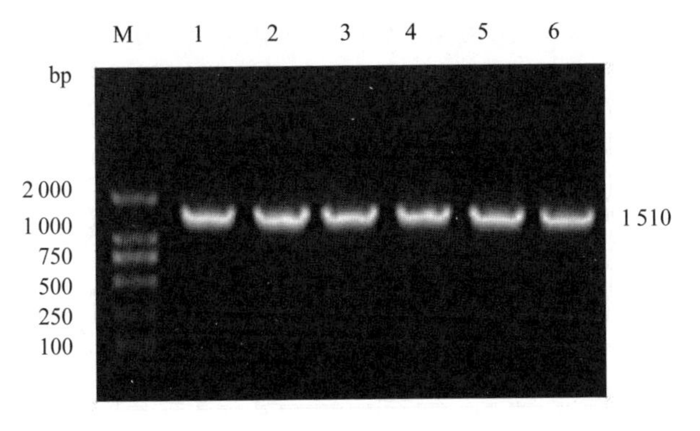

图1-2 分离菌株的*16S rRNA*基因的PCR扩增结果

M：DL2000 Marker；1：ZJDH；2：MNe2；3：ZQ0910；4：ZCa；5：HN1；6：GSb

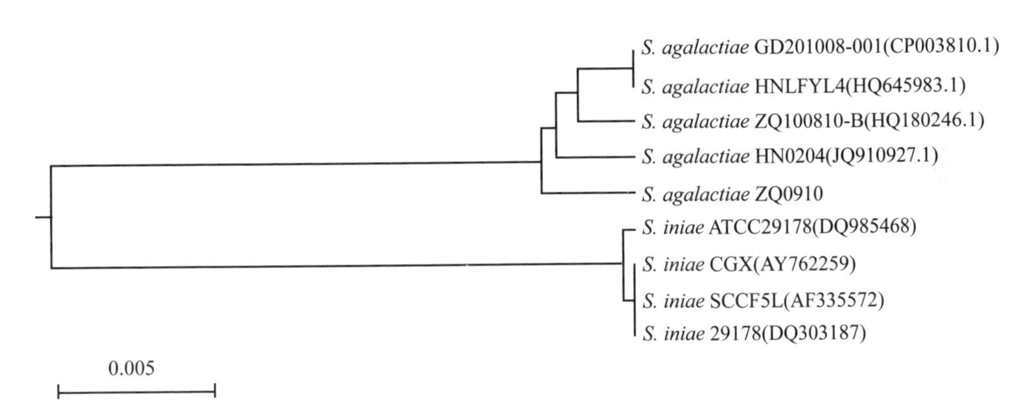

图1-3 几种链球菌16S rRNA基因系统进化树

表 1-2 无乳链球菌分离株的临床背景资料

分离部分	广东湛江（株）	广东茂名（株）	广东高州（株）	广东增城（株）	广东化州（株）	广东肇庆（株）	广西南宁（株）	海南文昌（株）
脑	15	8	3	5	2	4	2	2
肝脏	15	6	1	2	0	1	0	1
眼球	10	10	2	3	1	2	1	1
血液	4	1	1	0	0	1	0	0
合计	44	25	7	10	3	8	3	4

选取无乳链球菌 ZQ0910 株用电镜进行观察，其结果如图 1-4 所示。无乳链球菌 ZQ0910 株的结构在电镜下清晰可见，该细菌为成对排列的革兰氏阳性球菌。

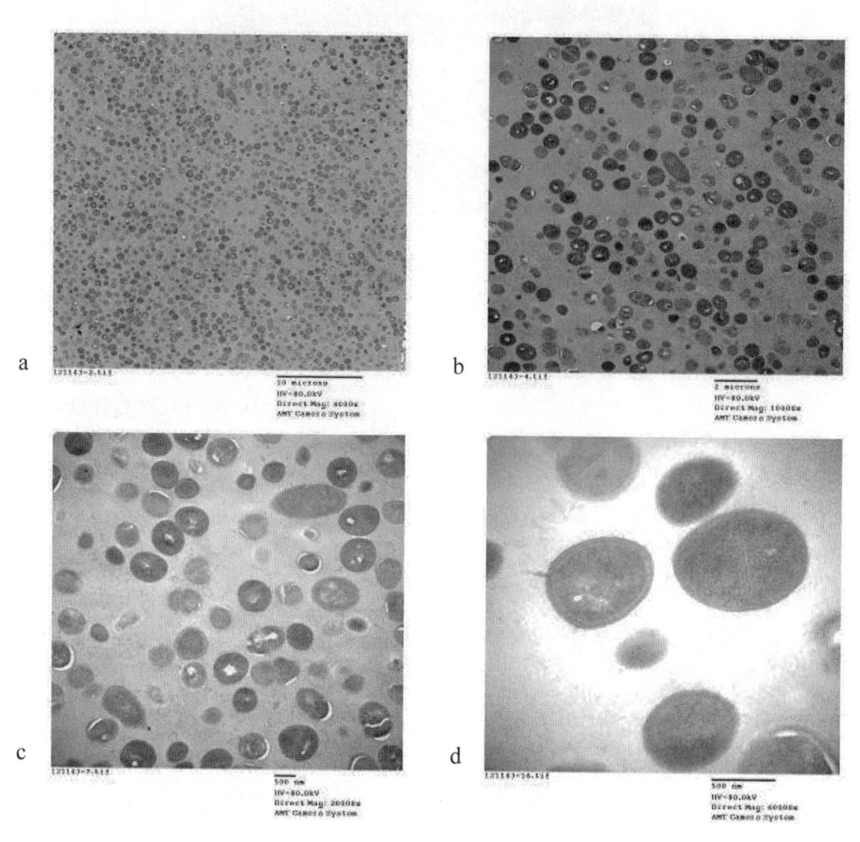

图1-4　无乳链球菌透射电镜图

a：4 000×；b：10 000×；c：20 000×；d：40 000×

第二节　应用 MLST 系统进行罗非鱼源无乳链球菌的分子分型

采用 PCR 方法从无乳链球菌临床分离株中扩增 7 个管家基因谷氨酰胺合成酶基因 *glnA*、丝氨酸脱水酶基因 *sdhA*、谷氨酸盐转运酶基因 *atr*、苯丙酰胺 tRNA 合成酶基因 *pheS*、转酮醇酶基因 *tkt*、乙醇脱氢酶基因 *adhP* 和葡萄糖激酶基因 *glcK* 的目的片段（图 1-5），片段大小与预期相符。

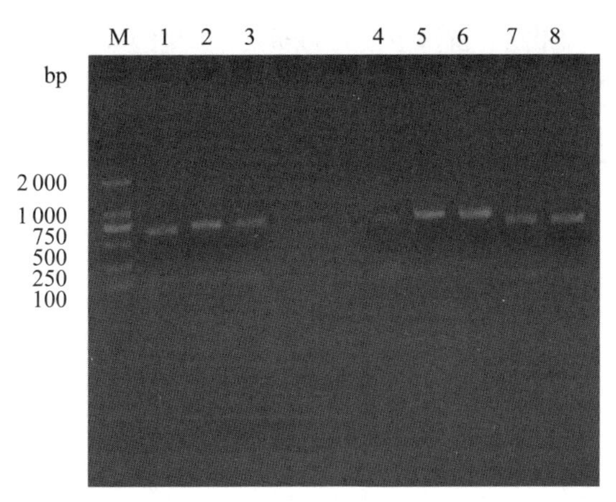

图1-5　琼脂糖凝胶电泳检测无乳链球菌ZQ0910的等位基因的核心片段PCR扩增结果
M：DL2000 分子标准；1：*glnA*；2-3：*sdhA*；4：*atr*；5：*pheS*；6：*tkt*; 7；*adhP*；8：*glcK*

对 104 株无乳链球菌菌株的上述 7 个管家基因 DNA 片段测序后向 MLST 数据库提交序列结果后获得等位基因编号，然后按照每一株菌的等位基因编号进行排列就得到了无乳链球菌的 ST（sequence type），通过分析这些 ST 获得无乳链球菌在基因水平上分型。通过分析 104 株无乳链球菌菌株的 ST 特征，识别出了 3 种 ST（表 1-3），其中 ST-7 是 MLST 官方网站上已存在的类型，共 8 株，此外我们还发现了 2 个新的 ST，分别命名为 NST-1 和 NST-2，其中 NST-1 包括 92 株，NST-2 包括 4 株。三种 ST 的特征如表 1-4，从表中可以看出，发生突变的位点为 *glnA* 和 *sdhA* 两个位点。

表 1-3　三种类型 ST 的菌株信息

ST型	菌株编号
ST-7	QS, ZJDH, GZ1, GSb, MN3, BP2l, BP2b, 2010LEI
NST-1	ZJSX, WY, BP3，BP2，BP1，BP4，BP5，BP6，MN, M, GZ2, GZ3，GZp, GZe, GZ, HZb, HZl, ZCb1, ZCl, ZCk, ZCa, ZCb2, ZCc, ZC2, ZC3, ZC4, ZC5, ZQ1, ZQ2, ZQb, HN1, HN2, HN3, HN4, GXl, GSa, MNb, MNl, MNe2, MNe3, GZe, WCb, WCb2, WCl, WCe, WCb3, WCe2, MZe, MZl, MZe, M1b, M1e, M1l, Mly, M2l, M2e, M2e2, M2y, M31, M3b, M3e, BP2k, BPe1, BPl1, BP1b, MN1l, MN2b, 2010W1, 2010W2, 2010W3, 2010W4, 2010W5, 2010W6, 2010W7, 2010W8, 2010W9, 2010W10, 2010W11, 2010LEI2, 2010LE3, 2010LE4, 2010LE5, 2010LB, 2010W914, 2010M2, 2010M3, 2010M1, 2010ZQ0910, 2010ZQ1010, 2010ZQ0911, 2010ZQ0808, 2010ZQ0710
NST-2	MZ1, MNe, M1k, M2b

表 1-4　MLST 官网上公布的部分 ST 型的等位基因编号信息

ST	*adhP*	*pheS*	*atr*	*glnA*	*sdhA*	*glcK*	*tkt*
ST-7	10	1	2	1	3	2	2
NST-1	10	1	2	67	56	2	2
NST-2	10	1	2	1	56	2	2
ST-402	2	1	3	1	3	2	2
ST-51	10	1	3	1	3	2	2
ST-41	10	1	12	1	3	2	2
ST-353	10	15	12	1	3	2	2
ST-585	10	1	12	1	3	2	5
ST-558	10	1	2	1	3	2	5
ST-546	10	38	2	1	3	2	2
ST-500	10	1	2	1	49	2	2
ST-89	10	1	19	1	3	2	2

根据 MLST 官方网站上公布的 *S. agalactiae* ST 信息，结合本研究中得到的 3 个类型 ST 特征（ST-7、NST-1、NST-2），我们选取了 71 株相关的菌株信息与本研究菌株进行了 eBURUST 等位基因图谱绘制（图 1–6），由图中可以看出 ST-7 是 ST–7 克隆复合物中的最主要序列型，也是这个组的始祖（founder），ST-546、ST-500、ST-558、ST-353、ST-585、ST-41、ST-89、ST-51、ST-402 型及我们得到的两种新型 NST-1、NST-2 均是 ST-7 克隆复合物的成员。

采用 NJ 法构建的分离菌株（104 株）的 ST 型与 MLST 网站上相关的 71 株 ST 型的进化树图如图 1–7 所示，从图中可以看出，NST-1、NST-2 聚类在 ST-7 这个分支，但 ST-51、ST-402 则聚类到了另一个分支；采用 UPGMA 法构建的分离菌株（104 株）的 ST 型与 MLST 网站上相关的 71 株 ST 型的进化树图如图 1–8 所示，其中 NST-1 与 NST-2 分别被聚类到了两个不同的分支上；图 1–7 及图 1–8 中的红框内的 12 个 ST 型的等位基因编号信息如表 1–4 所示。

根据表 1–4 内所列出的 ST 的序号登录到 MLST 中 isolate 的搜索页 http://pubmlst.org/perl/mlstdbnet/mlstdbnet.pl?page=profile-query&file=gbs_isolates. xml，根据 7 个基因的等位基因编号找出菌株的相关信息如图 1–9。

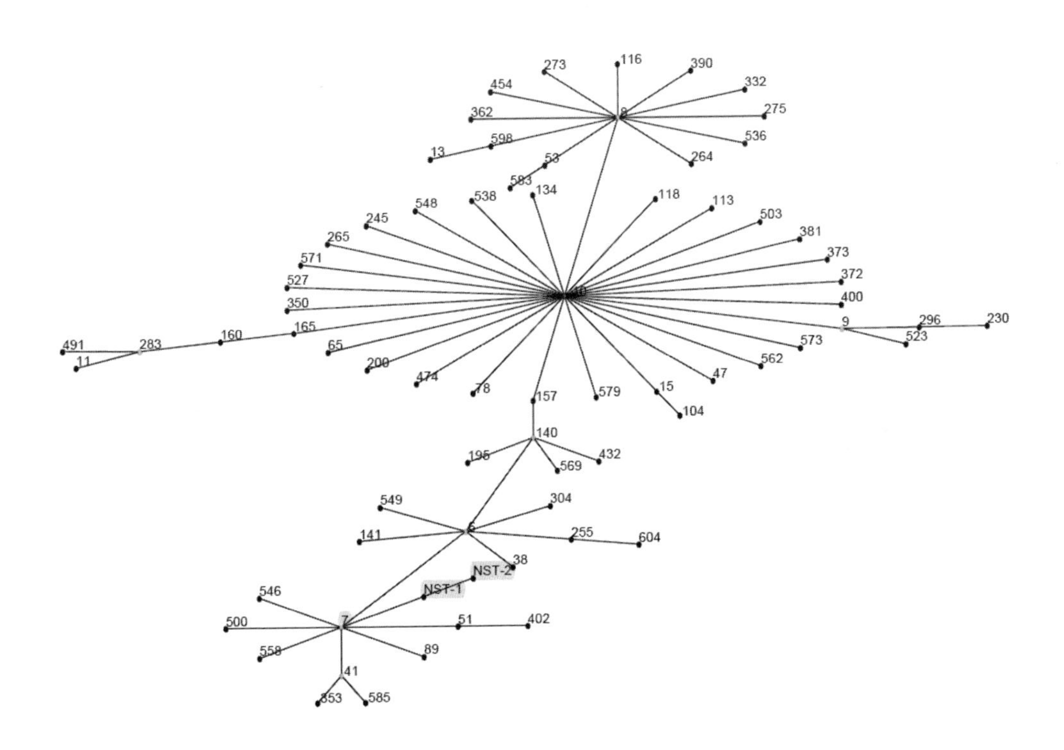

图1–6　eBURST程序分析*S. agalactiae*菌株的相关性

根据菌株所对应的MLST等位基因图谱进行分组，以相应的序列型为标记

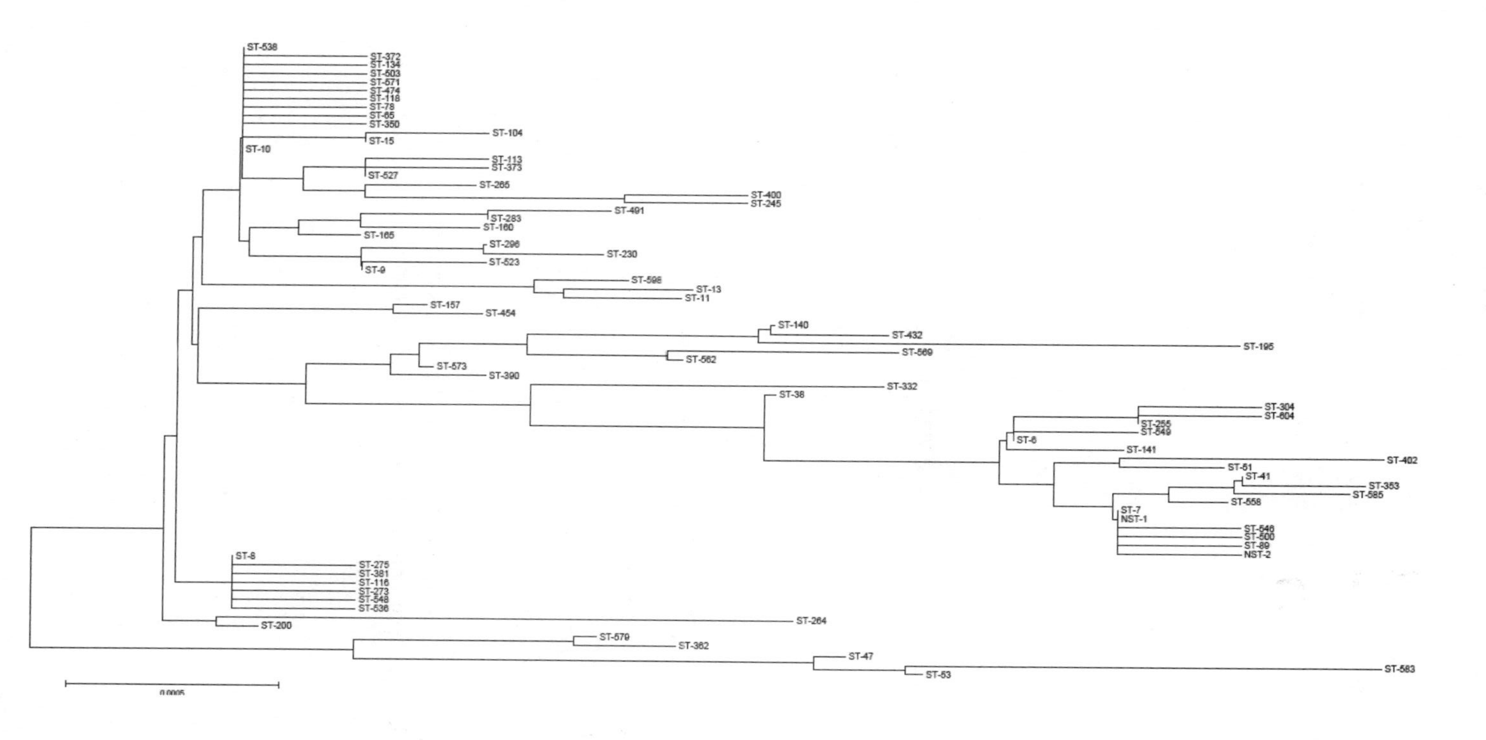

图1-7　临床分离的104株*S. agalactiae*的ST型与其他71个ST型的等位基因核心序列的NJ聚类图

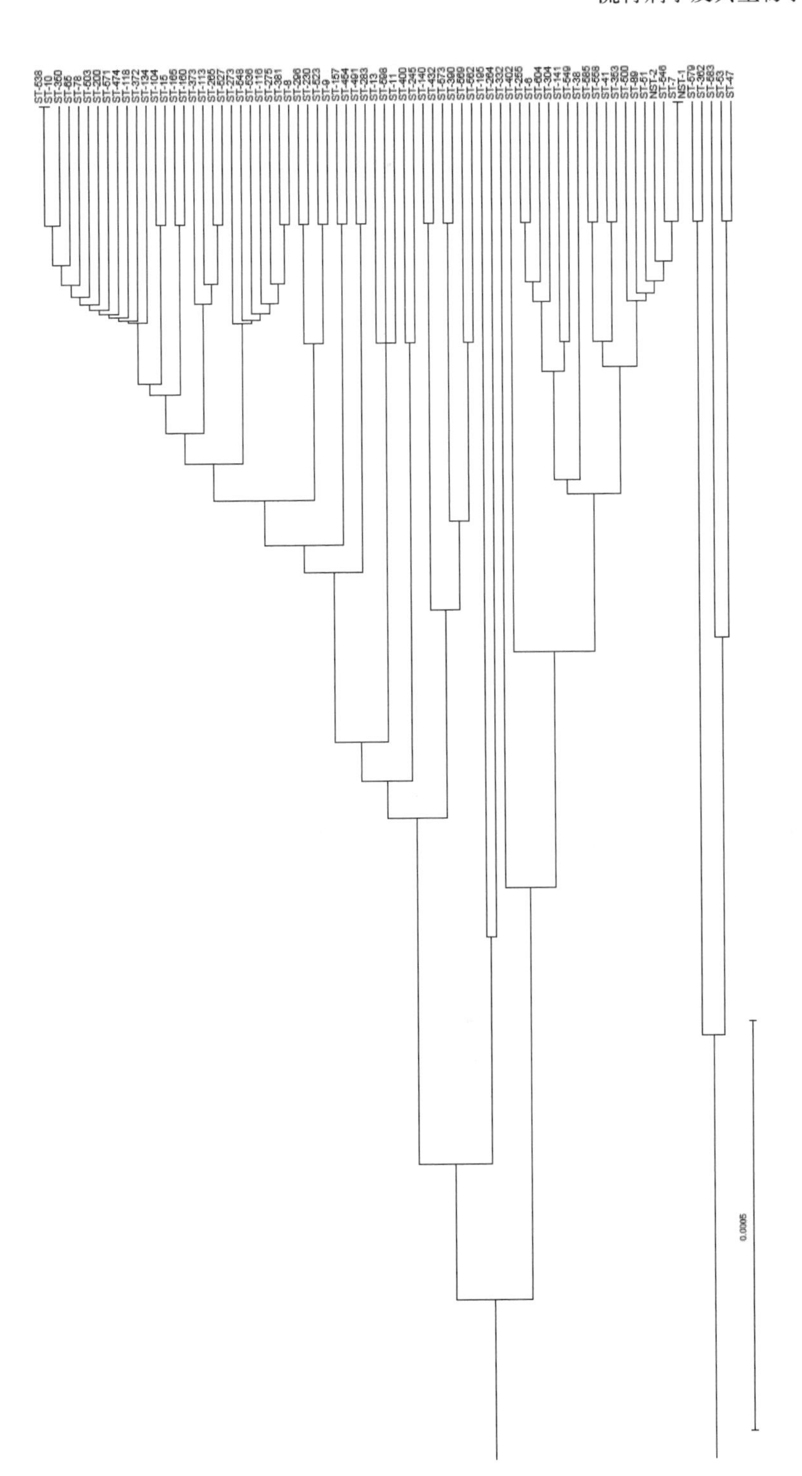

图1-8　临床分离的104株*S. agalactiae*的ST型与其他71个ST型的等位基因核心序列的UPGMA聚类图

id	isolate	ST	country	year	disease1	disease2	disease3	species	capsular serotype	adhP	pheS	atr	glnA	sdhA	glcK	tkt
268	RE-291	7	Japan	2006	bacteraemia	.	.	Streptococcus agalactiae	Ia	10	1	2	1	3	2	2
464	GD2010008-001	7	China	2010	meningitis	.	.	Streptococcus agalactiae	Ia	10	1	2	1	3	2	2

id	isolate	ST	country	year	disease1	disease2	disease3	species	capsular serotype	adhP	pheS	atr	glnA	sdhA	glcK	tkt
177	BC091	546	Spain	1997	.	.	.	Streptococcus agalactiae	III	10	38	2	1	3	2	2

id	isolate	ST	country	year	disease1	disease2	disease3	species	capsular serotype	adhP	pheS	atr	glnA	sdhA	glcK	tkt
702	702	585	Thailand	2010	other	.	.	Streptococcus agalactiae	.	10	1	12	1	3	2	5

图1–9　根据7个基因的等位基因编号找出菌株的相关信息

第三节　无乳链球菌对罗非鱼致病性研究

一、无乳链球菌毒力及抗药性测定

6株不同地域罗非鱼养殖场分离的无乳链球菌的代表菌株经腹腔注射罗非鱼回归感染实验结果如表1–5所示，实验开始后1 d每个组均出现不同程度的死亡，试验鱼的死亡率随浓度的增加而增加。1×10^8 cfu/mL浓度组的死亡率为100%，菌株ZJDH、GZ2、MN3、ZQ0910、HN4和GSb的半数致死量分别为：1.457×10^4 cfu/mL、1.018×10^5 cfu/mL、1.162×10^6 cfu/mL、3.445×10^3 cfu/mL、1.202×10^4 cfu/mL、9.162×10^4 cfu/mL。其中ZQ0910株的半致死浓度最低，说明该株细菌相对于其他试验菌株而言毒力最强。被无乳链球菌攻毒后的罗非鱼均呈现体色发黑、眼球突出或浑浊发白，腹水，脾脏、肝脏肿大等症状（图1–10）。

表1–5　分离菌株对罗非鱼的半数致死量测定

组别	感染剂量（cfu/mL）	感染鱼数（尾）	死亡鱼数（尾）	死亡率（%）
ZJDH	1×10^8	12	12	100
	1×10^7	12	12	100
	1×10^6	12	10	83
	1×10^5	12	8	67
GZ2	1×10^8	12	12	100
	1×10^7	12	10	83
	1×10^6	12	8	67
	1×10^5	12	6	50

续表

组别	感染剂量（cfu/mL）	感染鱼数（尾）	死亡鱼数（尾）	死亡率（%）
MN3	1×10^8	12	12	100
	1×10^7	12	8	67
	1×10^6	12	6	50
	1×10^5	12	2	17
ZQ0910	1×10^8	12	12	100
	1×10^7	12	12	100
	1×10^6	12	11	92
	1×10^5	12	10	83
HN4	1×10^8	12	12	100
	1×10^7	12	11	92
	1×10^6	12	10	83
	1×10^5	12	8	67
GSb	1×10^8	12	12	100
	1×10^7	12	10	83
	1×10^6	12	8	67
	1×10^5	12	6	50
对照组	生理盐水	12	0	0

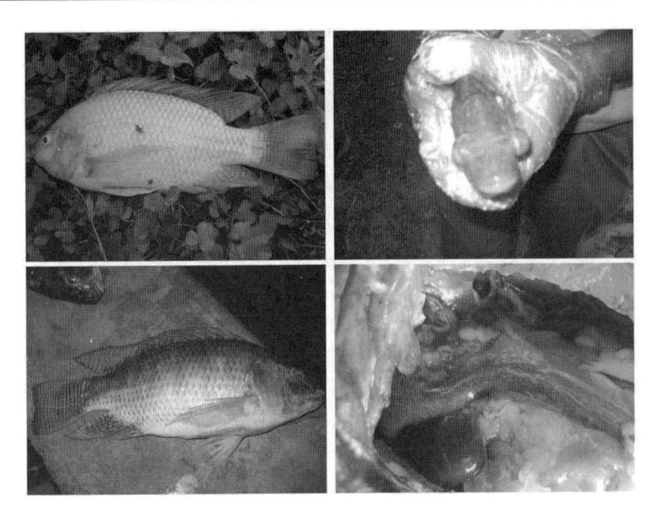

图1-10 无乳链球菌攻毒后的发病罗非鱼症状

对无乳链球菌ZQ0910株进行药敏试验，其结果见表1–6。该菌对四环素、青霉素G、环丙沙星、新生霉素、头孢呋肟、呋喃妥因、氧哌嗪青霉素、强力霉素等较为敏感，而对新霉素、卡那霉素不敏感。

表1–6 无乳链球菌ZQ0910株药敏试验结果

抗菌素名称	含量（μg）	抑菌圈直径（mm）	敏感度	抗菌素名称	含量（μg）	抑菌圈直径（mm）	敏感度
庆大霉素	10	14	中度敏感	先锋V	30	31	敏感
氟哌酸	10	18	中度敏感	卡那霉素	30	9	不敏感
四环素	30	28	敏感	复方新诺明	23.75/1.25	17	中度敏感
青霉素G	10	33	敏感	头孢孟多	30	30	敏感
环丙沙星	30	22	敏感	氨苄青霉素	10	20	敏感
痢特灵	300	19	敏感	多粘菌素B	300u	9	中度敏感
链霉素	10	15	敏感	红霉素	30	20	中度敏感
新生霉素	30	20	敏感	羧苄青霉素	100	25	敏感
头孢呋肟	30	30	敏感	氯霉素	30	20	敏感
菌必治	30	30	敏感	复达欣	30	23	敏感
呋喃妥因	300	22	敏感	苯唑青霉素	1	25	敏感
氧哌嗪青霉素	100	34	敏感	利福平	5	27	中度敏感
壮观霉素	100	17	中度敏感	强力霉素	30	35	敏感
新霉素	30	12	不敏感	妥布霉素	10	14	中度敏感
万古霉素	30	18	敏感	头孢噻吩	30	28	敏感
甲氧胺嘧啶	5	14	中度敏感				

二、无乳链球菌胞外产物ECP生物活性分析

取1 mL活化的无乳链球菌强毒株ZQ0910涂布于铺有玻璃纸的BHI培养基上，30℃培养60 h后提取无乳链球菌胞外产物ECP，然后分析其生物活性。研究表明无乳链球菌胞外产物ECP具有明胶酶、蛋白酶、淀粉酶、卵磷脂酶、脂肪酶五种

酶活性（表 1–7 和图 1–11）。其中明胶酶的活性最高，脂肪酶、淀粉酶、蛋白酶其次，卵磷脂酶活性最低，未检测到脲酶。胞外产物 ECP 在血平板中有明显的溶血现象。

表 1–7　无乳链球菌 ECP 酶活性

	ECP酶					
	淀粉酶 amylase	明胶酶 gelatinase	蛋白酶 protease	脂肪酶 lipase	卵磷脂酶 lecitinase	脲酶 urease
透明圈直径	15 mm	25 mm	10 mm	22 mm	9 mm	0

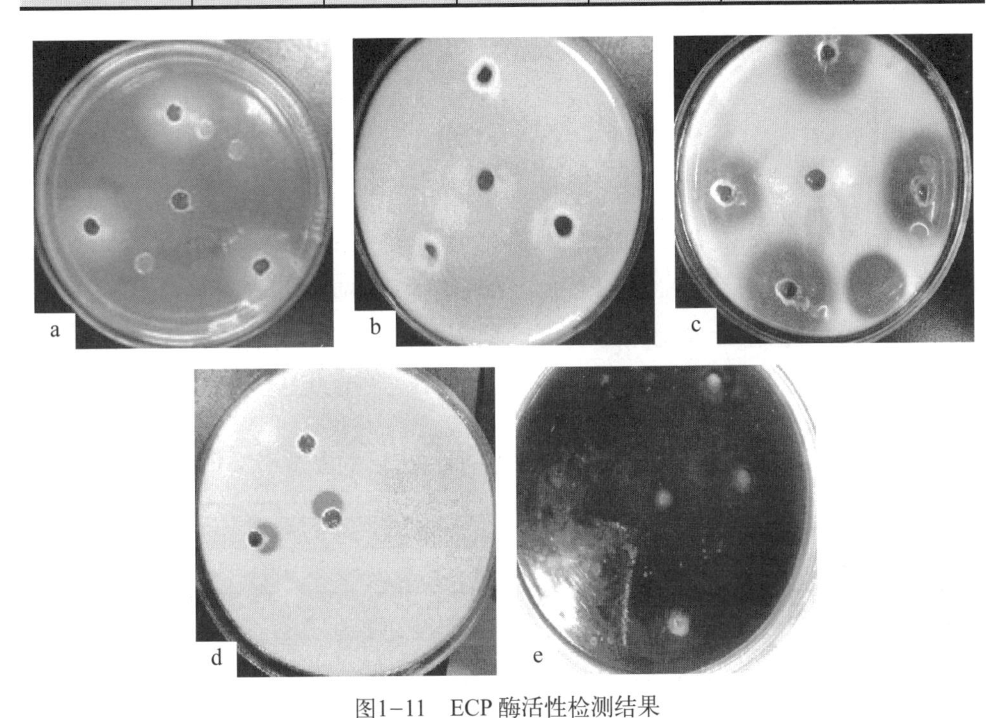

图1–11　ECP 酶活性检测结果

a：脂肪酶活性；b：卵磷脂酶活性；c：明胶酶活性；d：蛋白酶活性；e：淀粉酶活性

用底物酪蛋白法测定无乳链球菌胞外产物 ECP 酶活性时，在作用温度为 25℃条件下无乳链球菌胞外产物 ECP 的酶活逐渐升高，当温度达到 55℃时到达顶峰，超过此温度，酶活逐渐下降（图 1–12）。因此无乳链球菌胞外产物的最适作用温度为 55℃。而从热稳定性结果看，无乳链球菌的 ECP 对热较稳定，ECP 在 55℃以下温度处理时，其酶的活力保持在一个相对稳定的水平，相反，高于 55℃时酶活开始下降。

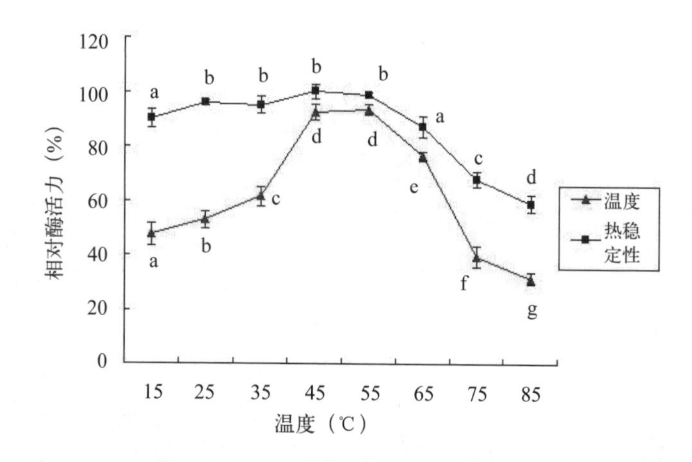

图1-12　ECP的作用温度和热稳定性

注：图中各数据点旁的英文字母表示Duncan氏多重比较结果，字母相同表示无显著差异，字母不同表示有显著差异（*P*<0.05）

EDTA、DTT、PMSF 可以分别使 ECP 的酶活性下降至 72.4%、77.6%、72.4%，金属离子 Cu^{2+}、Ca^{2+}、K^{+}、Mg^{2+} 对 ECP 的酶活性有抑制作用，而 Co^{2+}、Fe^{3+}、Mn^{2+} 对其有一定程度的激活作用，其中 Mn^{2+} 对无乳链球菌 ECP 酶的激活作用最为强烈（表 1-8）。

表 1-8　抑免疫增强剂对 ECP 的影响

试剂	作用浓度（mmol/L）	相对酶活（%）
对照	0	100
金属蛋白酶抑免疫增强剂：乙二胺四乙酸（EDTA）	5	72.4
丝氨酸蛋白酶抑免疫增强剂：苯甲基磺酰氟（PMSF）	2	77.6
二硫苏糖醇（DTT）	1	72.4
$CuCl_2$	10	96.37
$CoCl_2$	10	121.74
KCl	10	92.03
$MgCl_2$	10	92.75
$CaCl_2$	10	87.68
$Fe_2(SO_4)_3$	10	105.07
$MnSO_4$	10	189.85

当 pH 呈酸性时，无乳链球菌的胞外产物 ECP 的酶活力相对较弱，而当 pH 大于 7 时，酶活会显著上升，直到 pH 为 9 时到达峰值，而当 pH 为 10 时，无乳链球菌胞外产物 ECP 酶活也较高（图 1–13）。

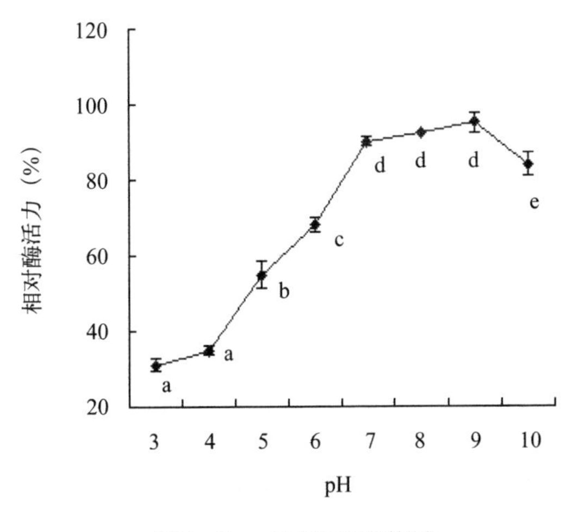

图1–13　pH对ECP的影响

无乳链球菌胞外产物 ECP 的 SDS-PAGE 和双向电泳结果如图 1–14 和图 1–15 所示，在 SDS-PAGE 图中可看出，ECP 主要有 12 条条带，主要集中在 28 ~ 68 kDa，而在双向电泳图中，无乳链球菌胞外产物 ECP 主要条带集中在 26 ~ 95 kDa，胞外产物 ECP 在 pH 为 4 ~ 7 时有 120 个点。

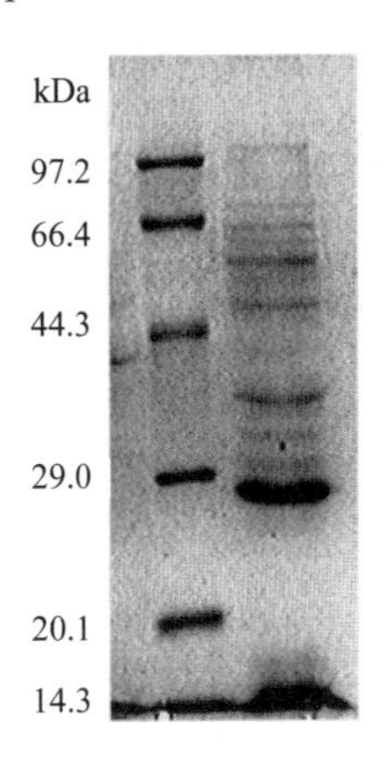

图1–14　无乳链球菌ECP的SDS-PAGE结果

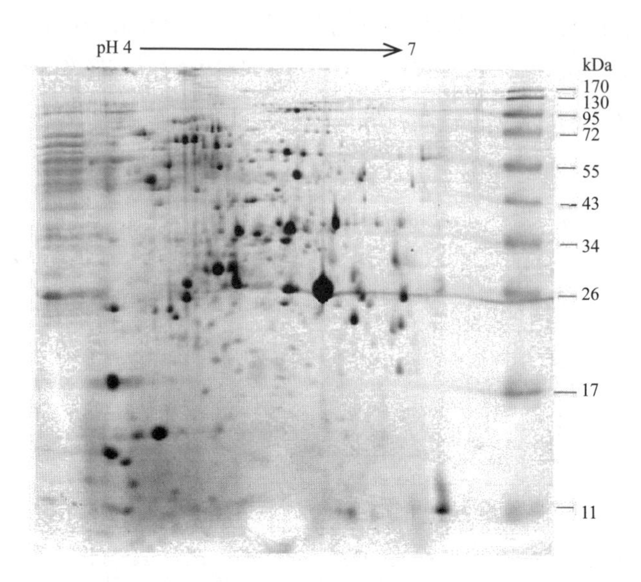

图1-15　无乳链球菌ECP的双向电泳结果

无乳链球菌胞外产物ECP经腹腔注射罗非鱼测定其毒力，其结果见表1-9，注射胞外产物ECP初期，罗非鱼开始行动迟缓，不摄食，平衡能力降低，有的浮出水面或静伏于水底，随着病情的发展，鳍基部和尾部开始有充血现象，病情严重时解剖发现腹腔内部有糜烂物，肝脏色泽不匀。注射不同浓度的胞外产物的实验组均有不同程度的死亡率，而对照组没有死亡，因此胞外产物对罗非鱼有较强的毒性，且随胞外产物的浓度的上升，罗非鱼的死亡率也随之升高。

表1-9　无乳链球菌胞外产物对罗非鱼的毒性试验

组别	浓度（mg/mL）	剂量（mL）	死亡数/试验数	死亡率（%）
实验组1	1.5	0.1	5/5	100
2	1	0.1	4/5	80
3	0.79	0.1	4/5	80
4	0.5	0.1	2/5	40
5	0.25	0.1	1/5	20
对照组	0	0.1	0/5	0

第四节　罗非鱼链球菌病诊断技术的建立

通过 GenBank 收集已报道的无乳链球菌毒力基因 *fbsB* 序列，并用软件 PrimerExplorer V4 software program 设计 4 条引物，引物序列见表 1–10。

表 1–10　采用 LAMP 技术检测所使用的引物

Primer	类型	序列 (5'–3')	长度 (nt)
fbs-FIP	Forward inner (F1c-TTTT-F2)	GTGTGCTGCATTAATCTCCTCTTTTTGCTC CGGTTCAATCAGTT	45 (F1c:22nt, F2:19)
fbs-BIP	Backward inner (B1c-TTTT-B2)	TGCTATTTCGGCGTATAAATCAACATTTTA GTATTAATGAGCGTGGTCA	49 (B1c:25, B2:20)
fbs-F3	Forward outer	GCAAACTTCTGTCCAACAG	19
fbs-B3	Backward outer	CTAAAGCTTTCTCAACATCAGA	22

以收集的 60 株无乳链球菌为模板，采用水煮法提取细菌 DNA，按照以下操作条件进行 LAMP 反应：FIP 和 BIP 各 40 pmol、F3 和 B3 各 5 pmol，2 μL 1.6 mmol/L dNTP，8 U Bst DNA 聚合酶；分别以 58℃、60℃、62℃、64℃和 66℃反应 1 h，80℃ 5 min，结束反应；将反应液吸取 3 μL 采用琼脂糖凝胶电泳进行电泳检测；另外吸取 1 μL 反应液按照 1∶10 的比例加入 SYBR Green I 进行快速鉴别，当液体变为黄色时说明为阳性反应，即所检测的细菌为无乳链球菌，反之不变色则为阴性反应（图 1–16）。

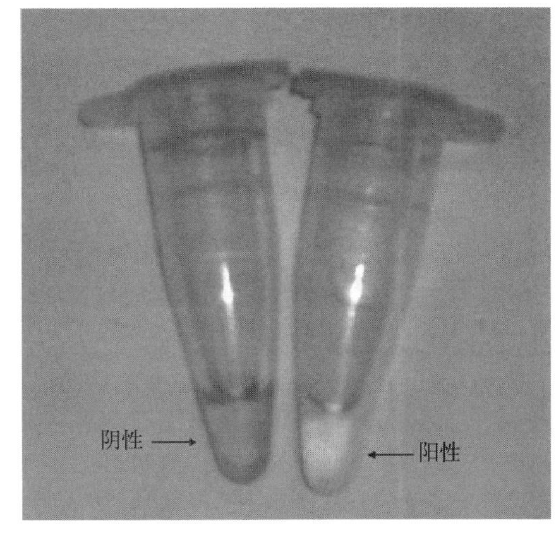

图1–16　采用SYBR Green I检测LAMP反应产物

为了检测该方法的特异性，共采用 63 株不同细菌进行相应的检测（表 1–11），电泳结果表明只有无乳链球菌标准株 ATCC9925 和本实验室分离鉴定保存的 ZQ0810 株能检测出明显的弥散性条带，而其余的细菌均无条带出现，说明该方法的特异性良好，可用于无乳链球菌的特异性检测（图 1–17）。

表 1-11 本实验中用于检测 LAMP 法特异性的菌株信息

菌种名	菌株编号	来源	LAMP阳性反应菌珠数量/总测试菌株
Streptococcus agalactiae	9925	ATCC	1/1
Streptococcus agalactiae	ZQ0810, ZQ0819, ZQ0910, ZQ0925, ZQ1011, ZQ1020, ZQ1030	Disease fish, Zhaoqing, China	7/7
Staphylococcus aureus	GZ08, GZ12, GZ36, G48, P08, P12, T65, T78	SCSIO	0/8
Streptococcus bovis	1.6300, 1.6305	IMCAS	0/2
Streptococcus iniae	ZQ0801, ZQ0802, ZQ0902, ZQ0903	Disease fish, Zhaoqing, China	0/4
Streptococcus lactis	GD01, GD08	GDOU	0/2
Streptococcosis suis	NXY18, NXY56, NXY89, NXY104	GDOU	0/4
Escherichia coli	JM101, DH5α, E07	GDOU	0/3
Bacillus cereus	GD89, GD108, GD230, GD289	GDOU	0/4
Pseudomonas aeruginosa	P01, P02, P03, P04, P48, P78, P82, P90	GDOU	0/8
Vibrio alginolyticus	HY9901, NS0701, NS0803, NS0604, MX0702, MX0803, PT0601, PT0604, QH0708, DZ0803, DZ0602	Disease fish, Zhanjiang, China	0/11
Vibrio harveyi	1.1593	IMCAS	0/1
Vibrio harveyi	Li01, Huang01	GDOU	0/2
Vibrio parahaemolyticus	1.1614, 1.1651, 1.1616	IMCAS	0/3
Aeromonas hydrophila	ZJ04, PT03, GD01	GDOU	0/3

ATCC; American Type Collection, Manassas, VA; IMCAS; Institute of Microbiology of Chinese Academy of Sciences, China; GDOU; Guangdong Ocean University, China; SCSIO; South Sea Institute of Oceanology, Chinese Academy of Science, China.

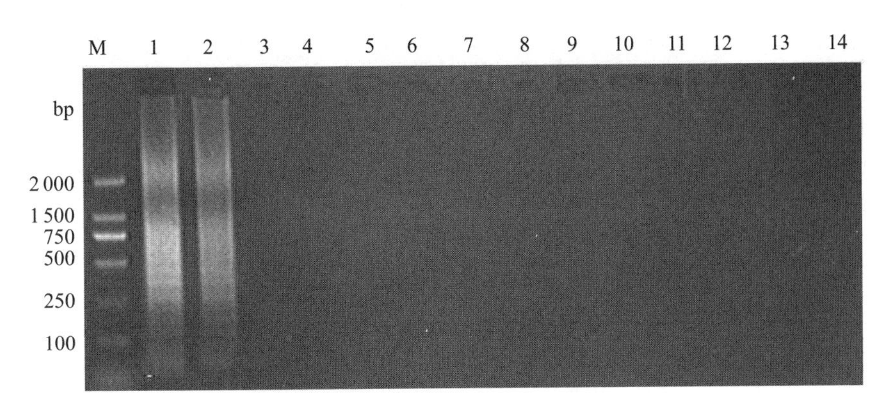

图1-17　LAMP产物电泳图

M: DL2000分子标准; lane 1-2: *Streptococcus agalactiae*菌株ATCC 9925和ZQ0810; lane 3: *Staphylococcus aureus* strain GZ08; lane 4: *Streptococcus bovis* strain 1.6300; lane 5: *Streptococcus iniae* strain ZQ0903; lane 6: *Streptococcus lactis* strain GD01; lane 7: *Streptococcosis suis* strain NXY18; lane 8: *Escherichia coli* strain JM101; lane 9: *Bacillus cereus* strain GD89; lane 10: *Pseudomonas aerµginosa* strain P01; lane 11: *Vibrio alginolyticus* strain HY9901, NS0701; lane 12: *Vibrio harveyi* strain 1.1593; lane 13: *Vibrio parahaemolyticus* strain 1.1614; lane 14: *Aeromonas hydrophila* strain ZJ04.

为了检测 LAMP 法的灵敏度，将无乳链球菌 ZQ0810 培养后，用无菌蒸馏水在 0.28 ~ 2.8×10^4 cfu/mL 范围内按照梯度稀释为 6 个组，分别按照上述方法进行 LAMP 反应，用琼脂糖电泳进行检测，结果表明该法可以检测到 2.8×10^3（28 cfu/mL）的浓度，与采用 Real-time PCR 的方法检测灵敏度相同，采用 PCR 法可检测到浓度为 2.8×10^4 cfu/mL，以上结果说明 LAMP 检测无乳链球菌的灵敏度较高（图 1-18）。

为了检测 LAMP 法检测无乳链球菌的实际效果，对罗非鱼进行人工感染无乳链球菌后分别提取其肝脏、肾脏、心脏和脑组织 DNA，以此为模板采用上述建立的 LAMP 法进行检测，结果表明，在感染鱼体的肝脏、肾脏、心脏和脑组织均能检测出无乳链球菌（图 1-19）。

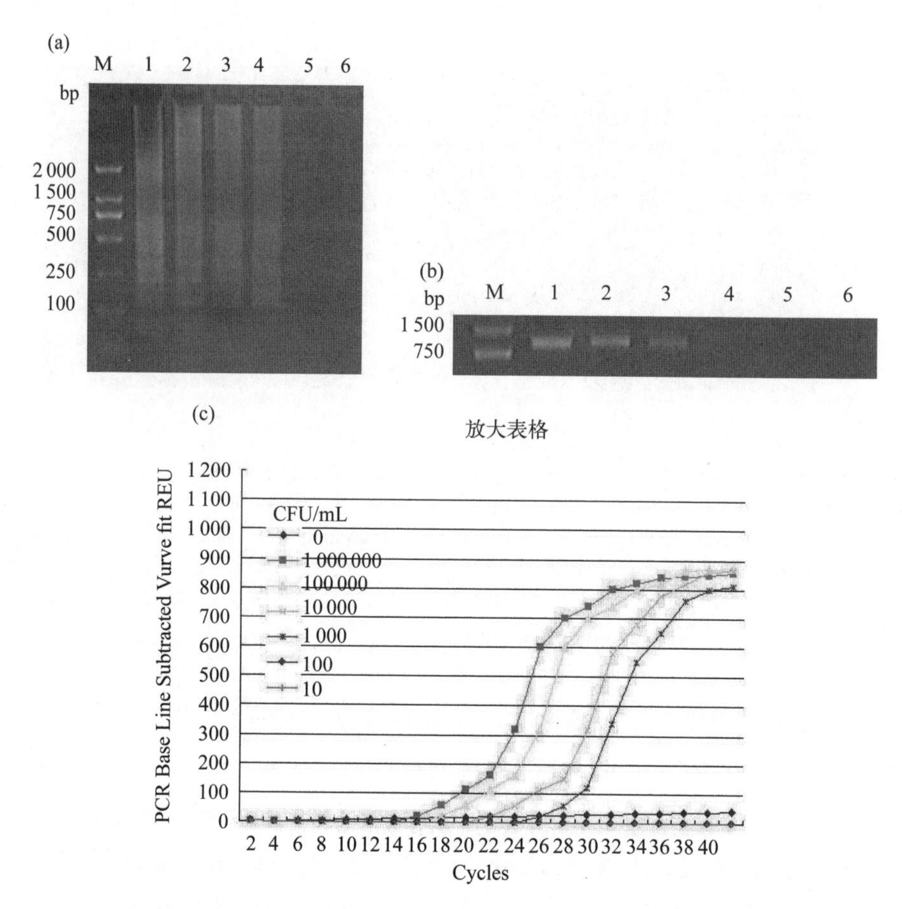

图1-18　采用LAMP、Real-time PCR和普通PCR方法检测灵敏度

lane 1: 2.8×10^6; lane 2: 2.8×10^5; lane 3: 2.8×10^4; lane 4: 2.8×10^3; lane 5: 2.8×10^2; lane 6: ddH_2O

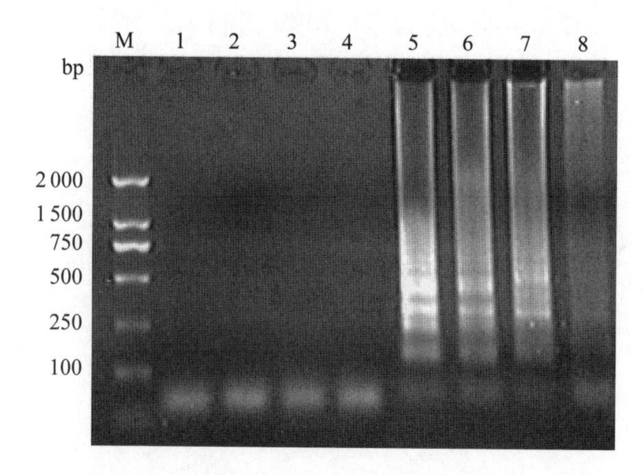

图1-19　采用LAMP法检测鱼体中的无乳链球菌

lane 1: ddH_2O; lane 2: *Staphylococcus aureus* strain GZ08; lane 3: *Streptococcus bovis* strain 1.6300; lane 4: *Streptococcus iniae* strain ZQ0903; lane 5: *Streptococcus agalactiae* strain ATCC 9925; lane 6: *Streptococcus agalactiae* strain ZQ0810; lane 7: *Streptococcus agalactiae* strain ZQ0910; lane 8: *Streptococcus agalactiae* strain ZQ1011

第二章　无乳链球菌致病机理的研究

摘要

对罗非鱼源无乳链球菌强毒株培养基条件进行优化，筛选得到的最佳培养条件和最适合该菌生长的培养基组分分别为在BHI培养基中添加1%的酵母粉和0.2%的葡萄糖，调pH值7.0，30℃振荡培养。对无乳链球菌ZQ0910株进行了全基因组测序，并进行了序列分析及基因注释，应用生物信息学软件和公用生物网站上的工具，对全基因组编码的2 022个ORFs逐个进行了比对搜索，获得了21个与致病性相关的基因。对无乳链球菌SIP、Hemolysin、FBP、VaA、HtrA和PhoB等6个毒力蛋白基因分别克隆和转导至原核表达载体上，诱导表达纯化前5个毒力基因表达蛋白。以无乳链球菌强毒株为野生株，成功构建了无乳链球菌*phoB*基因缺失突变株和互补株。分析突变株生物学特性显示突变株能够稳定遗传，但生长速率明显降低，链条由原来的两个或短链状变为几十个长链状排列，表面因缺少野生态的凹凸不平胞外基质而变得较为光滑，静止期生物膜厚度显著高于野生株和互补株，溶血活性、细胞的侵入、黏附以及抗吞噬能力则低于野生株和互补株；使用罗非鱼为模型比较了三种菌株的毒力，显示*phoB*缺失后导致细菌毒力明显下降。比较野生株和突变株转录组和蛋白质组图谱，分别有521个基因和60个蛋白发生了差异表达，其中33个与毒力相关的基因和蛋白在限磷条件下受*phoB*的调控表达。通过构建lacZ报告基因载体和细菌单杂交方法检测了无乳链球菌PhoB对*cyl*、*hemolysin III*、*hemolysin A*和*ciaR*基因启动子区的结合作用。结果显示PhoB可直接与*hemolysin A*和*ciaR*基因启动子区结合，但未与*cyl*和*hemolysin III*基因启动子区相结合，表明PhoB对其调控是间接的。通过构建18 bp DNA随机片段文库法利用细菌单杂交系统发现PhoB结合的保守序列为TTGGAGAA（G/T）。应用RNA深度测序及Northern杂交技术对无乳链球菌强毒株中有效sRNA进行筛选，鉴定后得到3条有效sRNA，应用RACE及生物信息学技术获取所有sRNA全长。构建了sRNA SAR-1缺失突变株及回补株，分析突变株生物学特性显示突变株能够稳定遗传，生长速率、泳动能力及生物膜形成能力与野生株相比均没有明显变化，但对罗非鱼的攻毒试验表明突变株毒力下降明显。比较野生株和突变株蛋白质组学图谱，分别有16个蛋白发生了差异表达，其中6个蛋白在突变株中表达上调，其他10个蛋白在突变株中表达下调。

第一节　罗非鱼源无乳链球菌培养基条件的优化

对罗非鱼源无乳链球菌强毒株 ZQ0910 的培养条件进行优化，在温度、pH 值、溶氧、酵母粉、葡萄糖单因素的试验结果的基础上，确定正交试验中培养基所要添加的酵母粉与葡萄糖的添加量，本实验所用的正交试验的因素及水平如表 2–1。

表 2–1　正交试验的因素及水平

水平	A 酵母粉含量（%）	B 葡萄糖含量（%）
1	0.1	0.1
2	1.0	0.2
3	2.0	1.0

采用统计软件 SPSS 12.0 对正交试验结果进行方差分析，正交试验的设计及结果见表 2–2 和表 2–3，以细菌的浓度为评价指标，结果表明，酵母粉、葡萄糖对无乳链球菌的生长均有显著影响（$P < 0.05$）。各因素的极差大小为：A（酵母粉）> B（葡萄糖）。从而得出最优组合为 A_3B_2，即在 BHI 培养基中添加 1% 的酵母粉和 0.2% 的葡萄糖。

表 2–2　培养基优化的正交试验结果

试验号	A 酵母粉含量（%）	B 葡萄糖含量（%）	C (OD_{600})	D 菌体浓度 （$\times 10^9$cfu/mL）
1	1	1	1.740	2.58
2	1	2	1.737	2.567
3	1	3	1.671	2.254
4	2	1	1.846	3.181
5	2	2	1.904	3.566

续表

试验号	A 酵母粉含量（%）	B 葡萄糖含量（%）	C (OD_{600})	D 菌体浓度 （$\times 10^9$cfu/mL）
6	2	3	1.766	2.718
7	3	1	1.914	3.637
8	3	2	1.920	3.68
9	3	3	1.803	2.923
T_1	7.401	9.398		27.106(T)
T_2	9.465	9.813		
T_3	10.24	7.895		
k_1	2.467	3.133		
k_2	3.155	3.271		
k_3	3.413	2.632		
R	0.946	0.639		

表 2-3　方差分析表

方差来源 Source	自由度 df	偏差平方和 SS	均方 Mean square	*F* 值 *F* value	$F_{0.05\ (2,\ 2)}$	$F_{0.01\ (2,\ 2)}$
A	2	1.436	0.718	25.6	19.0	99.0
B	2	0.679	0.339	12.1		
误差	2	0.111	0.028			
总变异	6	2.226				

根据以上实验确定的最佳培养条件对该菌进行培养（即在 BHI 培养基中添加 1% 的酵母粉和 0.2% 的葡萄糖，调 pH 值 7.0，30℃振荡培养）。结果见表 2–4 和图 2–1，从图中可以看出，0 ～ 4 为生长延迟期，从第 4 h 开始进入对数期，4 ～ 24 h 为对数生长期，而 24 ～ 48 h 为稳定期，而 48 h 后进入衰亡期。

而后取该菌对数期的 OD_{600} 值为横坐标，该菌的活菌数的对数为纵坐标，作图如图 2–2。得出该菌的 OD_{600} 值与活菌数的对数的回归方程，即 y =0.855 2x+7.923 9，

其中 R^2=0.955。而通过显著性检验结果，F=35.241，P=0.004 < 0.1，表明该回归方程有意义。

表 2-4　该菌在不同培养时间的 OD 值以及活菌数

培养时间 (h)	平均OD_{600}值	cfu/mL (× 10^8)	lg (cfu/mL)
2	0.492	0.965	7.984 5
4	0.523	3.37	8.527 6
6	0.856	5.55	8.744 3
8	1.357	11.35	9.055
10	1.494	11.55	9.062 6
12	1.612	17.7	9.248
14	1.66	19.2	9.283
16	1.688	21.6	9.334 5
18	1.7	23.25	9.366 4
20	1.814	24.7	9.392 7
24	1.699	24	9.380 2
30	1.689	23.89	9.378 2
36	1.7	25.0	9.397 9
48	1.526	17.2	9.235 5

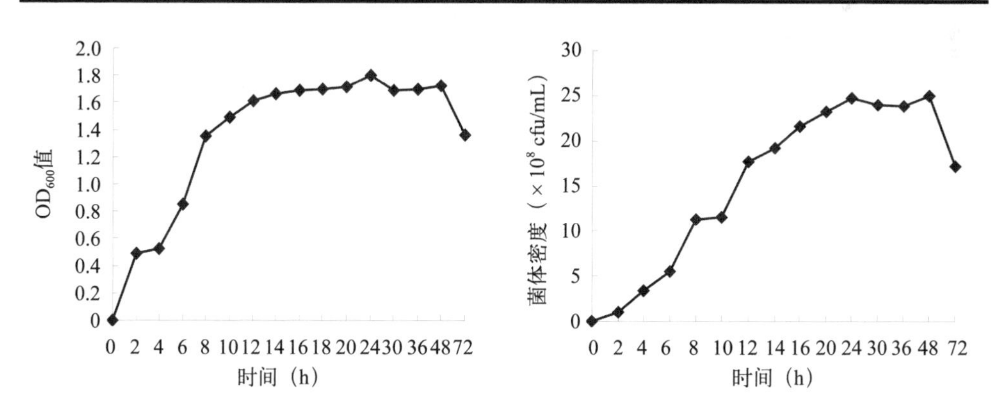

图2-1　无乳链球菌的生长曲线

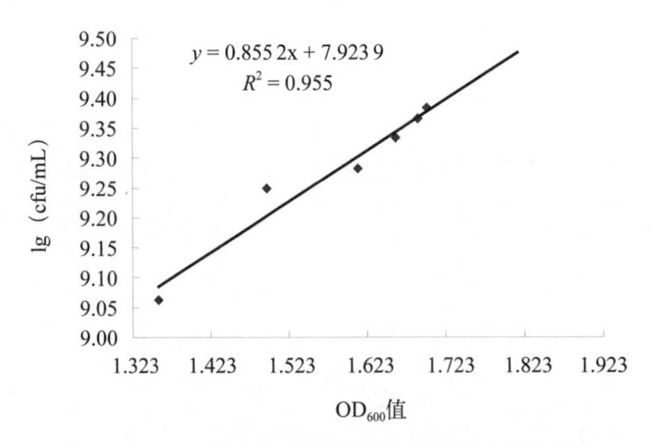

图2-2　OD_{600}值与活菌数的对数之间的函数关系图

第二节　无乳链球菌基因组特性研究

选取无乳链球菌强毒株 ZQ0910 株进行全基因组测序，对测序结果进行基因注释，其测序后形成的环状示意图见图 2-3。无乳链球菌 ZQ0910 株全基因组测序项目数据已存入 DDBJ/EMBL/GenBank 数据库，基因登录号为 AKAP00000000。

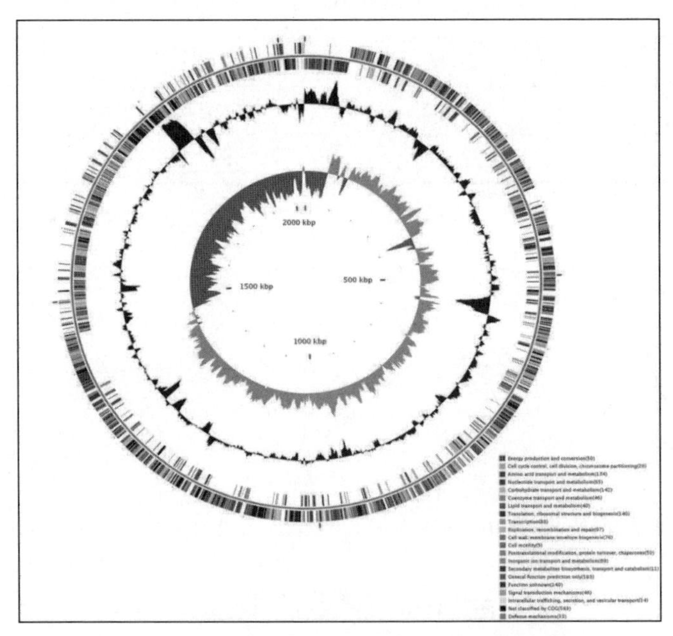

图2-3　无乳链球菌ZQ0910菌株环状示意图

从外到内各圈分别表示：1：正义链上的所有基因；2：反义链上的所有基因；3：(G+C)% 含量（10 kb 窗口，步移距离为 1 kb），外凸表示大于基因组平均 (G+C)% 含量，内凹表示小于基因组平均 (G+C)% 含量；4：GC skew 曲线 (G−C)/G+C, 10 kb 窗口，步移距离为 1 kb，紫红色表示大于 0，绿色表示小于 0；第 1，2 圈基因按 COG 分类用不同的颜色表示。

利用 Cell-PLoc 在线服务器分析 *S. agalactiae* ZQ0910 株，筛选出分泌蛋白共有 21 个，详见表 2−5；通过软件分析，发现 35 个推定蛋白含有细胞壁锚定基序（表 2−6）；通过 Blast 软件对 2022 个 ORFs 进行搜索。获得了 21 个与致病性相关的毒力因子或保护性抗原序列相似的蛋白（表 2−7）。

表 2−5　*S.agalactiae* ZQ0910 株中的分泌蛋白

	CDS name
Secreted proteins	GL000131，GL000139，GL000240，GL000356，GL000451，GL000490，GL000594，GL000649，GL000660，GL000713，GL000714，GL000770，GL001083，GL001091，GL001257，GL001426，GL001427，GL001464，GL001927，GL001940，GL001997

表 2−6　含有细胞壁锚定基序的蛋白

	CDS name
Cell wall anchoring motif protein	GL000027，GL000028，GL000032，GL000050，GL000063， GL000043，GL000080，GL000083，GL000097，GL000131，GL000212，GL000284，GL000448，GL000643，GL000649，GL000660，GL000665，GL000697，GL000698，GL00867，GL000874，GL000892，GL000893，GL000969，GL000995，GL001075，GL001099，GL001123，GL001146，GL001196，GL001257，GL001263，GL001921，GL001927, GL001980

表 2−7　与已知的毒力因子相似的蛋白

Category	CDS name
Virulence factors	GL000109, GL000177, GL000721, GL001012，GL001013，GL000017，GL001361，GL001862
Similarity to immunogens in database	GL001997
Similarity to protective antigens	GL000131，GL000356，GL000451，GL000490，GL000619，GL000730，GL000770，GL000787，GL000983，GL001083，GL001098，GL001590，GL001766，GL001940

第三节　罗非鱼源无乳链球菌毒力基因的克隆、表达和纯化

通过罗非鱼源无乳链球菌 ZQ0910 全基因组编码的 2 022 个 ORFs 逐个比对搜索，获得了 21 个与致病性相关的毒力蛋白。经文献查阅和筛选，最终确定 6 个蛋白分子作为后续研究的毒力蛋白，分别为：SIP、Hemolysin、FBP、VaA、HtrA 和 PhoB。无乳链球菌毒力基因通过对原核表达重组质粒的测序分析，采用 BLAST 分析无乳链球菌毒力基因与其他相关物种的同源性，结果表明，这 6 个毒力蛋白与已公布的其他相关物种的氨基酸序列同源性较高，最高可达 100%（图 2-4 至图 2-8）。

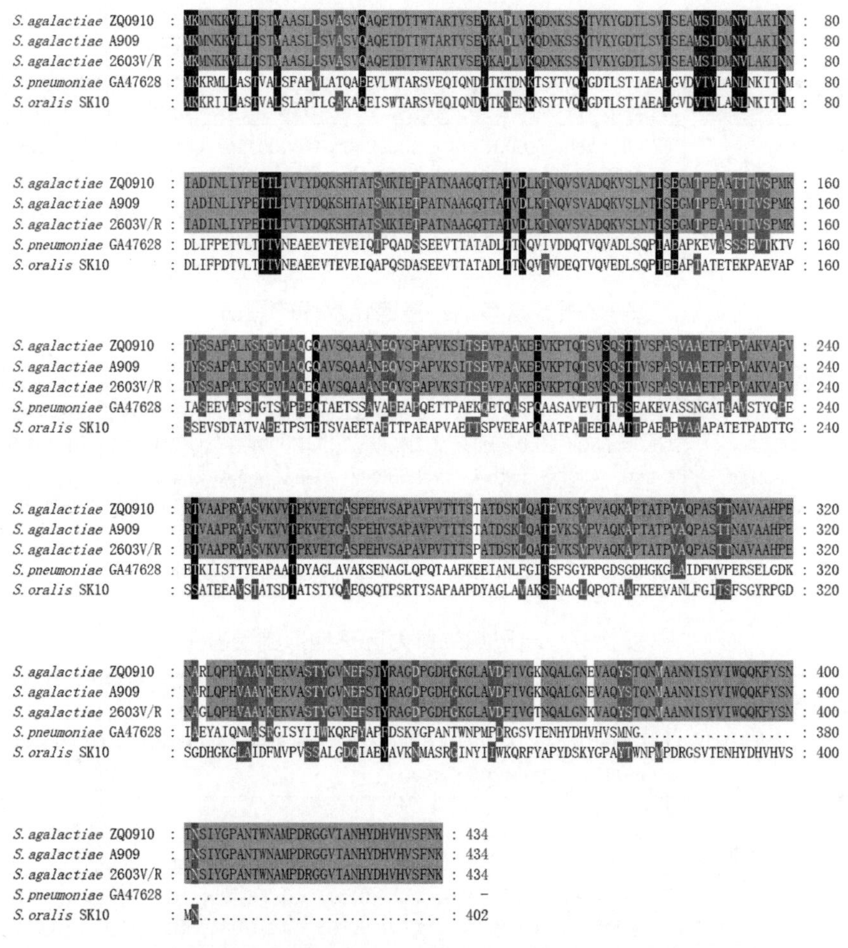

图2-4　无乳链球菌SIP氨基酸序列与其他物种SIP氨基酸序列的Alignment分析

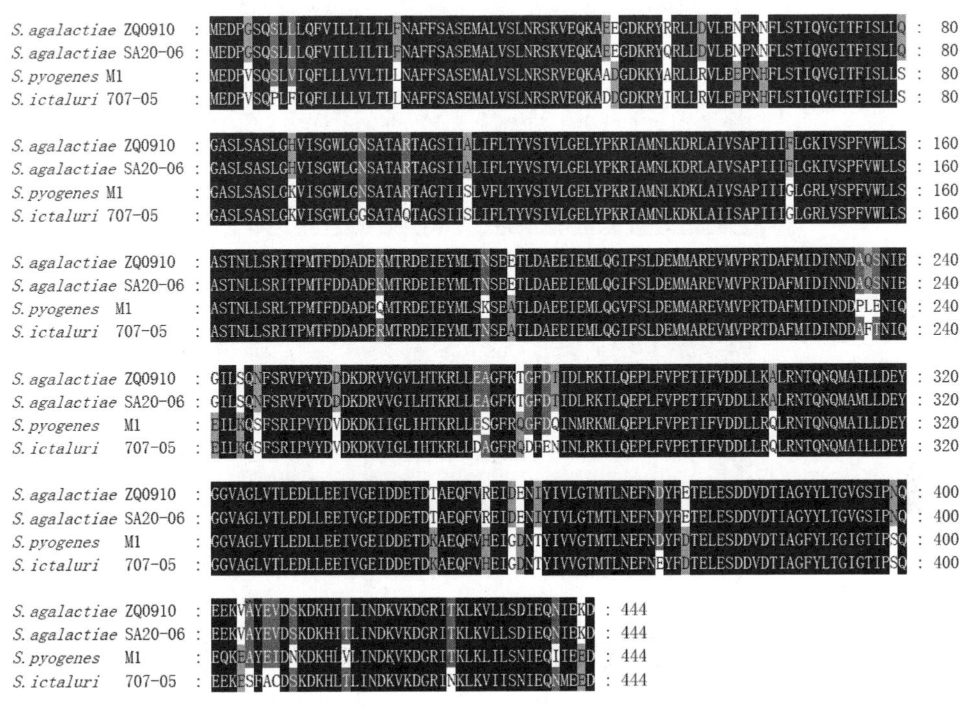

图2-5　无乳链球菌Hemolysin氨基酸序列与其他物种Hemolysin氨基酸序列的Alignment分析

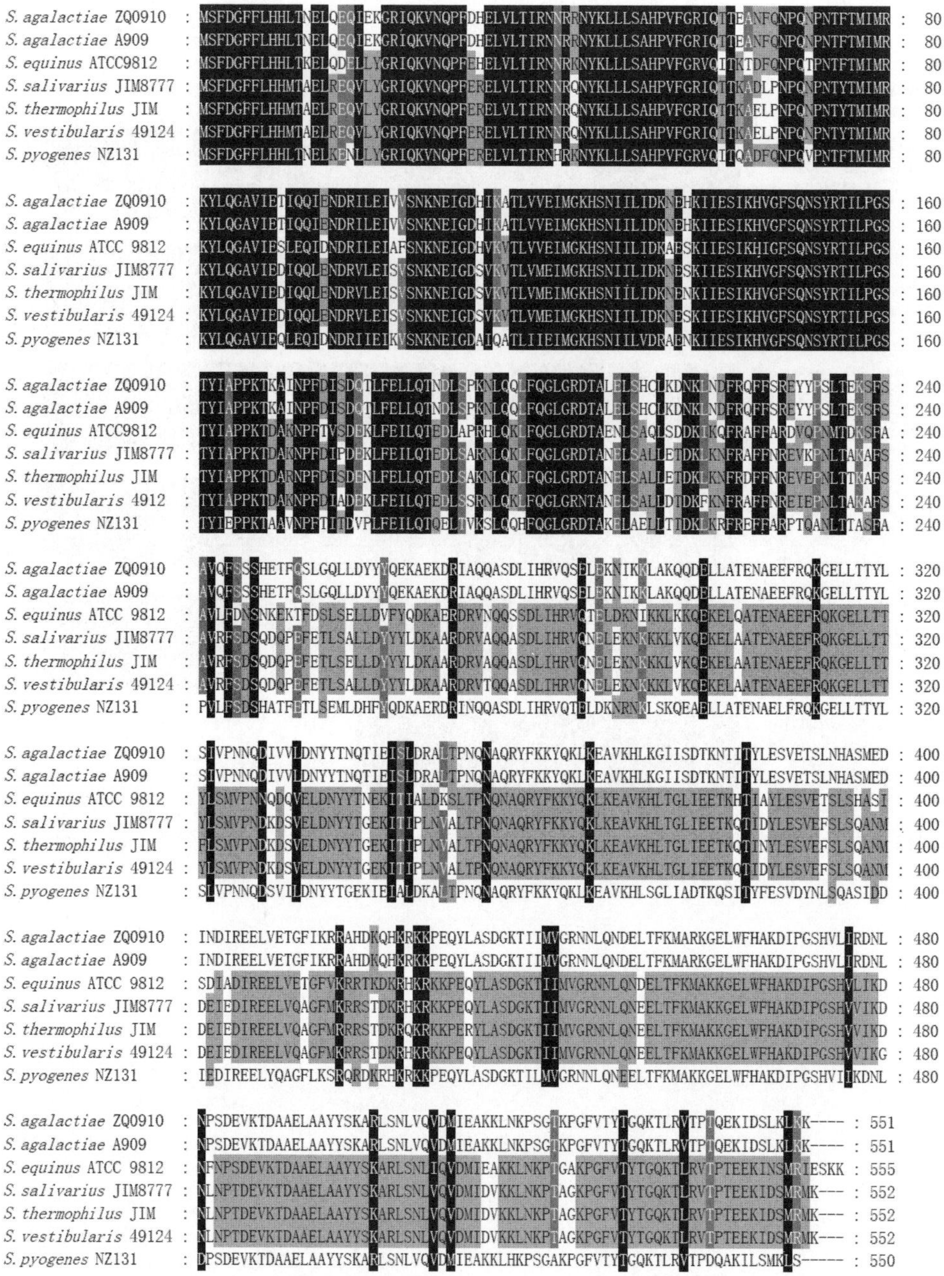

```
S. agalactiae ZQ0910    : MSFDGFFLHHLTNELQEQIEKGRIQKVNQPFDHELVLTIRNNRRNYKLLLSAHPVFGRIQTTEANFQNPQNPNTFTMIMR :  80
S. agalactiae A909      : MSFDGFFLHHLTNELQEQIEKGRIQKVNQPFDHELVLTIRNNRRNYKLLLSAHPVFGRIQTTEANFQNPQNPNTFTMIMR :  80
S. equinus ATCC9812     : MSFDGFFLHHLTKELQDELLYGRIQKVNQPFEHELVLTIRNNRKNYKLLLSAHPVFGRVQITKTDFQNPQTPNTFTMIMR :  80
S. salivarius JIM8777  : MSFDGFFLHHMTAELREQVLYGRIQKVNQPFERELVLTIRNNRQNYKLLLSAHPVFGRIQTTKADLPNPQNPNTYTMIMR :  80
S. thermophilus JIM    : MSFDGFFLHHMTAELREQVLYGRIQKVNQPFERELVLTIRNNRQNYKLLLSAHPVFGRIQTTKAELPNPQNPNTYTMIMR :  80
S. vestibularis 49124  : MSFDGFFLHHMTAELREQVLYGRIQKVNQPFERELVLTIRNNRQNYKLLLSAHPVFGRIQTTKAELPNPQNPNTYTMIMR :  80
S. pyogenes NZ131      : MSFDGFFLHHLTNELKENLLYGRIQKVNQPFERELVLTIRNHRKNYKLLLSAHPVFGRVQITQADFQNPQVPNTFTMIMR :  80

S. agalactiae ZQ0910    : KYLQGAVIETIQQIENDRILEIVVSNKNEIGDHIKATLVVEIMGKHSNIILIDKNEHKIIESIKHVGFSQNSYRTILPGS : 160
S. agalactiae A909      : KYLQGAVIETIQQIENDRILEIVVSNKNEIGDHIKATLVVEIMGKHSNIILIDKNEHKIIESIKHVGFSQNSYRTILPGS : 160
S. equinus ATCC 9812    : KYLQGAVIESLEQIDNDRILEIAFSNKNEIGDHVKVTLVVEIMGKHSNIILIDKAESKIIESIKHIGFSQNSYRTILPGS : 160
S. salivarius JIM8777  : KYLQGAVIEDIQQLENDRVLEISVSNKNEIGDSVKVTLVMEIMGKHSNIILIDKNESKIIESIKHVGFSQNSYRTILPGS : 160
S. thermophilus JIM    : KYLQGAVIEDIQQLENDRVLEISVSNKNEIGDSVKVTLVMEIMGKHSNIILIDKNENKIIESIKHVGFSQNSYRTILPGS : 160
S. vestibularis 49124  : KYLQGAVIEDIQQLENDRVLEISVSNKNEIGDSVKVTLVMEIMGKHSNIILIDKNESKIIESIKHVGFSQNSYRTILPGS : 160
S. pyogenes NZ131      : KYLQGAVIEQLEQIDNDRIIEIKVSNKNEIGDAIQATLIIEIMGKHSNIILVDRAENKIIESIKHVGFSQNSYRTILPGS : 160

S. agalactiae ZQ0910    : TYIAPPKTKAINPFDISDQTLFELLQTNDLSPKNLQQLFQGLGRDTALELSHCLKDNKLNDFRQFFSREYYPSLTEKSFS : 240
S. agalactiae A909      : TYIAPPKTKAINPFDISDQTLFELLQTNDLSPKNLQQLFQGLGRDTALELSHCLKDNKLNDFRQFFSREYYPSLTEKSFS : 240
S. equinus ATCC9812     : TYIAPPKTDAKNPFTVSDEKLFEILQTEDLAPRHLQKLFQGLGRDTAENLSAQLSDDKIKQFRAFFARDVQPNMTDKSFA : 240
S. salivarius JIM8777  : TYIAPPKTDAKNPFDIPDEKLFEILQTEDLSARNLQKLFQGLGRDTANELSALLETDKLKNFRAFFNREVKPNLTAKAFS : 240
S. thermophilus JIM    : TYIAPPKTDARNPFDISDENLFELLQTEDLSAKNLQKLFQGLGRDTANELSALLETDKLKNFRDFFNREVEPNLTTKAFS : 240
S. vestibularis 4912   : TYIAPPKTDAKNPFDIADEKLFEILQTEDLSSRNLQKLFQGLGRNTANELSALLDTDKFKNFRAFFNREIEPNLTAKAFS : 240
S. pyogenes NZ131      : TYIEPPKTAAVNPFTITDVPLFEILQTQELTVKSLQQHFQGLGRDTAKELAELLTTDKLKRFREFFARPTQANLTTASFA : 240

S. agalactiae ZQ0910    : AVQFSSSHETFQSLGQLLDYYVQEKAEKDRIAQQASDLIHRVQSELEKNIKKLAKQQDELLATENAEEFRQKGELLTTYL : 320
S. agalactiae A909      : AVQFSSSHETFQSLGQLLDYYVQEKAEKDRIAQQASDLIHRVQSELEKNIKKLAKQQDELLATENAEEFRQKGELLTTYL : 320
S. equinus ATCC 9812    : AVLFDNSNKEKTFDSLSELLDVFYQDKAERDRVNQQSSDLIHRVQTELDKNIKKLKKQEKELQATENAEEFRQKGELLTT : 320
S. salivarius JIM8777  : AVRFSDSQDQPEFETLSALLDYYYLDKAARDRVAQQASDLIHRVQNELEKNKKKLVKQEKELAATENAEEFRQKGELLTT : 320
S. thermophilus JIM    : AVRFSDSQDQPEFETLSELLDYYYLDKAARDRVAQQASDLIHRVQNELEKNKKKLVKQEKELAATENAEEFRQKGELLTT : 320
S. vestibularis 49124  : AVRFSDSQDQPEFETLSALLDYYYLDKAARDRVTQQASDLIHRVQNELEKNKKKLVKQEKELAATENAEEFRQKGELLTT : 320
S. pyogenes NZ131      : PVLFSDSHATFETLSEMLDHFYQDKAERDRINQQASDLIHRVQTELDKNRNKLSKQEAELLATENAELFRQKGELLTTYL : 320

S. agalactiae ZQ0910    : SIVPNNQDIVVLDNYYTNQTIEISLDRALTPNQNAQRYFKKYQKLKEAVKHLKGIISDTKNTITYLESVETSLNHASMED : 400
S. agalactiae A909      : SIVPNNQDIVVLDNYYTNQTIEISLDRALTPNQNAQRYFKKYQKLKEAVKHLKGIISDTKNTITYLESVETSLNHASMED : 400
S. equinus ATCC 9812    : YLSMVPNNQDQVELDNYYTNEKITIALDKSLTPNQNAQRYFKKYQKLKEAVKHLTGLIEETKHTIAYLESVETSLSHASI : 400
S. salivarius JIM8777  : YLSMVPNDKDSVELDNYYTGEKITIPLNVALTPNQNAQRYFKKYQKLKEAVKHLTGLIEETKQTIDYLESVEFSLSQANM : 400
S. thermophilus JIM    : FLSMVPNDKDSVELDNYYTGEKITIPLNVALTPNQNAQRYFKKYQKLKEAVKHLTGLIEETKQTINYLESVEFSLSQANM : 400
S. vestibularis 49124  : YLSMVPNDKDSVELDNYYTGEKITIPLNVALTPNQNAQRYFKKYQKLKEAVKHLTGLIEETKQTIDYLESVEFSLSQANM : 400
S. pyogenes NZ131      : SLVPNNQDSVILDNYYTGEKIEIALDKALTPNQNAQRYFKKYQKLKEAVKHLSGLIADTKQSITYFESVDYNLSQASIDD : 400

S. agalactiae ZQ0910    : INDIREELVETGFIKRRAHDKQHKRKKPEQYLASDGKTIIMVGRNNLQNDELTFKMARKGELWFHAKDIPGSHVLIRDNL : 480
S. agalactiae A909      : INDIREELVETGFIKRRAHDKQHKRKKPEQYLASDGKTIIMVGRNNLQNDELTFKMARKGELWFHAKDIPGSHVLIRDNL : 480
S. equinus ATCC 9812    : SDIADIREELVETGFVKRRTKDKRHKRKKPEQYLASDGKTIIMVGRNNLQNDELTFKMAKKGELWFHAKDIPGSHVLIKD : 480
S. salivarius JIM8777  : DEIEDIREELVQAGFMKRRSTDKRHKRKKPEQYLASDGKTIIMVGRNNLQNEELTFKMAKKGELWFHAKDIPGSHVVIKD : 480
S. thermophilus JIM    : DEIEDIREELVQAGFMRRRSTDKRQKRKKPERYLASDGKTIIMVGRNNLQNEELTFKMAKKGELWFHAKDIPGSHVVIKD : 480
S. vestibularis 49124  : DEIEDIREELVQAGFMKRRSTDKRHKRKKPEQYLASDGKTIIMVGRNNLQNEELTFKMAKKGELWFHAKDIPGSHVVIKG : 480
S. pyogenes NZ131      : IEDIREELYQAGFLKSRQRDKRHKRKKPEQYLASDGKTILMVGRNNLQNEELTFKMAKKGELWFHAKDIPGSHVIIKDNL : 480

S. agalactiae ZQ0910    : NPSDEVKTDAAELAAYYSKARLSNLVQVDMIEAKKLNKPSGTKPGFVTYTGQKTLRVTPTQEKIDSLKLKK----  : 551
S. agalactiae A909      : NPSDEVKTDAAELAAYYSKARLSNLVQVDMIEAKKLNKPSGTKPGFVTYTGQKTLRVTPTQEKIDSLKLKK----  : 551
S. equinus ATCC 9812    : NFNPSDEVKTDAAELAAYYSKARLSNLIQVDMIEAKKLNKPTGAKPGFVTYTGQKTLRVTPTEEKINSMRIESKK  : 555
S. salivarius JIM8777  : NLNPTDEVKTDAAELAAYYSKARLSNLVQVDMIDVKKLNKPTAGKPGFVTYTGQKTLRVTPTEEKIDSMRMK---  : 552
S. thermophilus JIM    : NLNPTDEVKTDAAELAAYYSKARLSNLVQVDMIDVKKLNKPTAGKPGFVTYTGQKTLRVTPTEEKIDSMRMK---  : 552
S. vestibularis 49124  : NLNPTDEVKTDAAELAAYYSKARLSNLVQVDMIDVKKLNKPTAGKPGFVTYTGQKTLRVTPTEEKIDSMRMK---  : 552
S. pyogenes NZ131      : DPSDEVKTDAAELAAYYSKARLSNLVQVDMIEAKKLHKPSGAKPGFVTYTGQKTLRVTPDQAKILSMKLS-----  : 550
```

图2-6　无乳链球菌FBP氨基酸序列与其他物种FBP氨基酸序列的Alignment分析

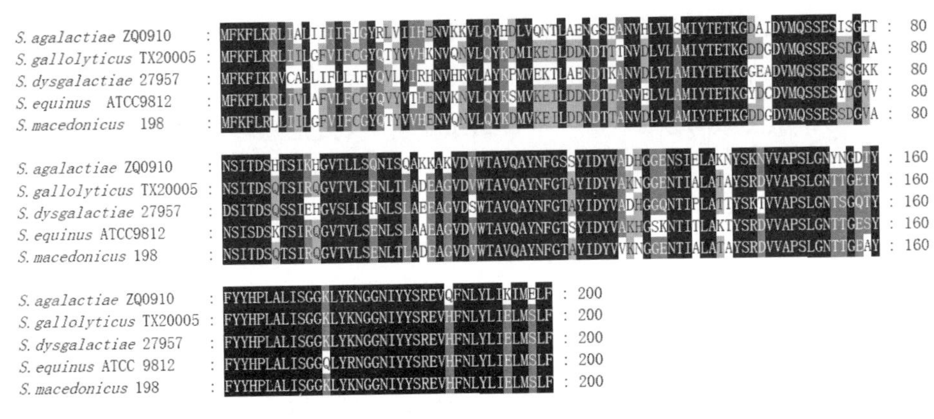

图2-7　无乳链球菌VaA氨基酸序列与其他物种VaA氨基酸序列的Alignment分析

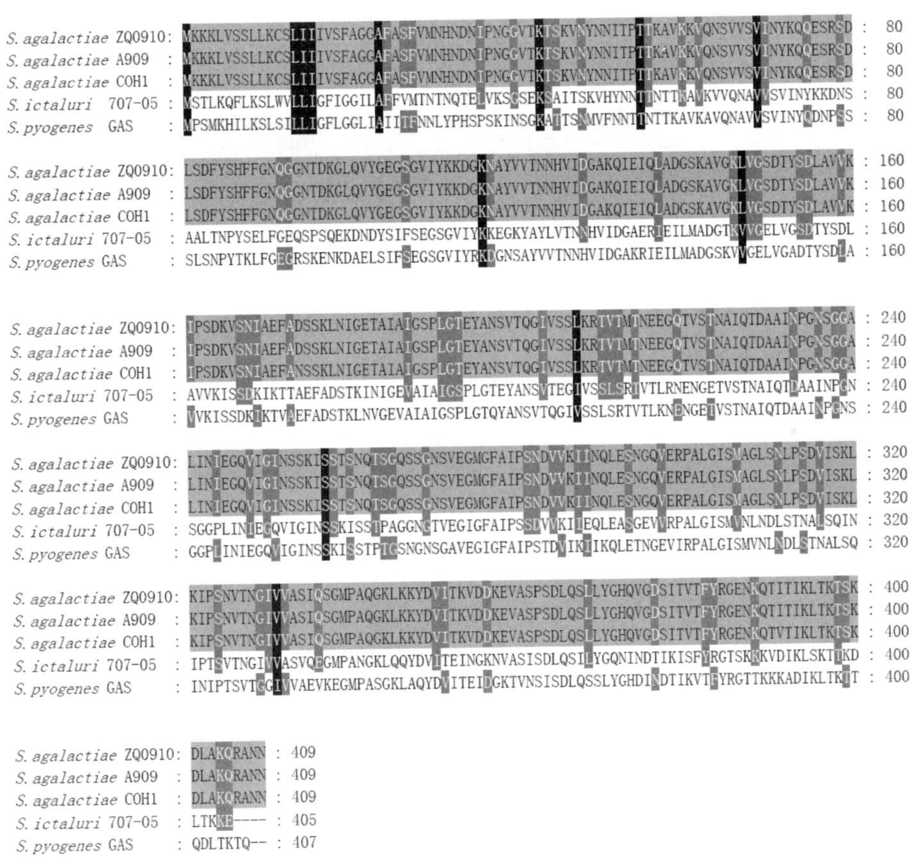

图2-8　无乳链球菌HtrA氨基酸序列与其他物种HtrA氨基酸序列的Alignment分析

采用DNASTAR软件预测的融合蛋白的理论分子量见表2–8，将阳性重组质粒转入到大肠杆菌Rosetta后并用IPTG诱导表达，表达产物用SDS-PAGE电泳检测见图2–9，从图中可以看出，5个重组质粒诱导表达出的重组蛋白与预期相符；将以上5个重组蛋白诱导表达、纯化后经Western blot分析后，已成功表达5个毒力蛋白（图2–10至图2–14）。

表2–8　重组融合蛋白的理论分子量

蛋白名称	SIP	Hemolysin	FBP	VaA	HtrA
未加载体融合蛋白分子量（kDa）	45.5	49.7	63.5	22.4	40.0
加载体后融合蛋白分子量（kDa）	65.5	51.7	65.5	42.4	42.0

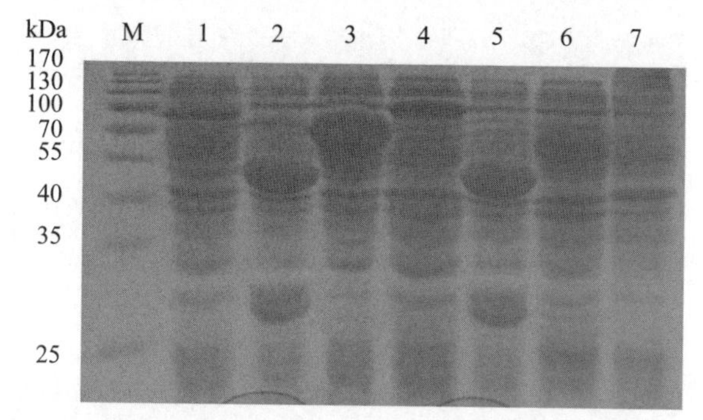

图2–9　5个重组质粒在大肠杆菌BL21中表达的SDS-PAGE分析

M：蛋白分子量；1：pET28-FBP诱导后；2：pET32-vaA诱导后；3：pET28-Hemolysin诱导后；4：pET28-SIP诱导后；5：pET28-HtrA诱导后；6：pET28空质粒诱导后；7：pET32空质粒诱导后

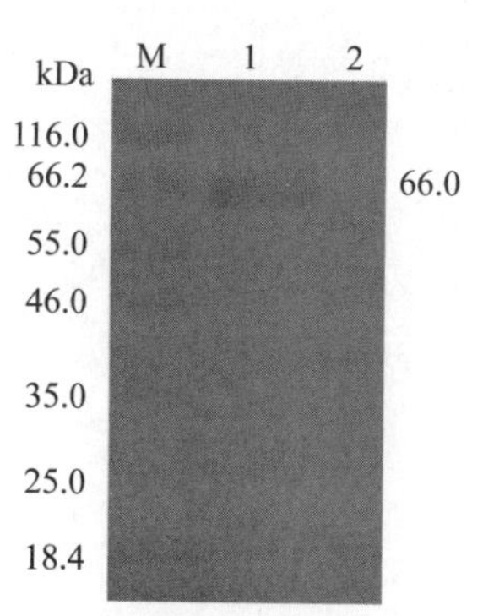

图2–10　用His-Tag单克隆抗体进行Western blot分析

M：蛋白分子量；1：纯化后的SIP融合蛋白；2：未诱导pET32-SIP

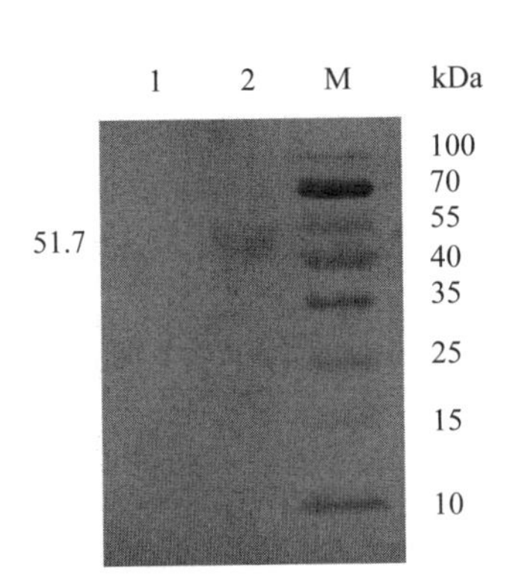

图2-11　用His-Tag单克隆抗体进行Western blot分析

M：蛋白分子量；1：未诱导pET28-Hemolysin；2：纯化后的Hemolysin融合蛋白

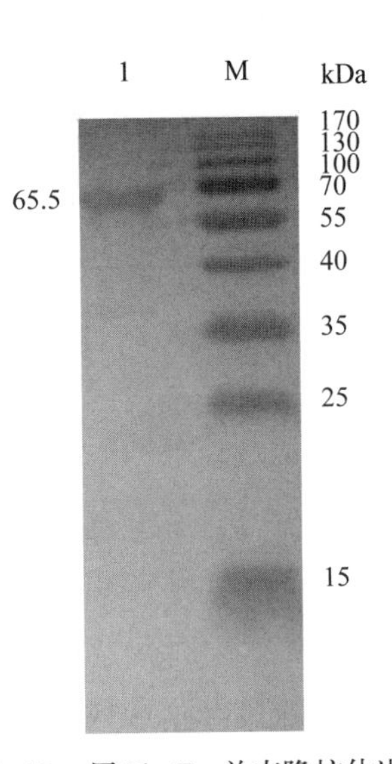

图2-12　用His-Tag单克隆抗体进行Western blot分析

M：蛋白分子量；1：纯化后的FBP融合蛋白

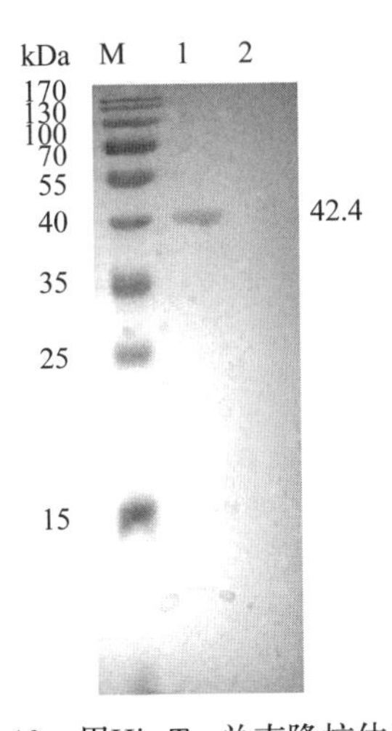

图2-13　用His-Tag单克隆抗体进行Western blot分析

M：蛋白分子量；1：纯化后的VaA融合蛋白 2：未诱导pET32-VaA

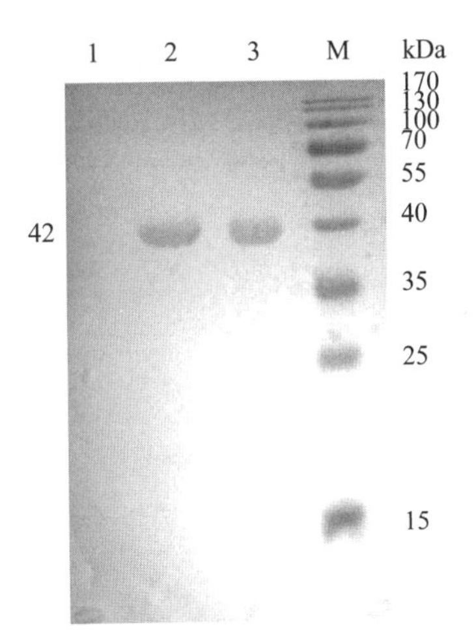

图2-14　用His-Tag单克隆抗体进行Western blot分析

M：蛋白分子量；1：未诱导pET28-HtrA；2、3：纯化后的HtrA融合蛋白

第四节　无乳链球菌 *phoB* 基因缺失株的构建及其生物学特性研究

一、*phoB* 基因克隆及重组质粒 pSET4s-*phoB* 的构建及鉴定

PCR 扩增出 *phoB* 基因 ORF 编码区 678 bp，该编码区编码 226 个氨基酸。多重序列比对结果显示，ZQ0910 菌株 PhoB 氨基酸与其他链球菌种属 PhoB 具有高度相似性（60% ~ 100%），但与大肠杆菌（*Escherichia coli*）仅有 44% 相似性。通过 SMART 检索发现 PhoB 包含 OmpR-PhoB 家族双组份系统反应调节子的 2 个保守域：反应调节子接收域（response regulator receiver domain，REC）和 DNA 结合结构域（DNA-binding effector domain，Trans_reg_C）（图 2–15）。以上结果表明，无乳链球菌 ZQ0910 的 PhoB 属于双组分系统的反应调节 DNA 结合反应器，可作为磷酸调节子进行转录调控。

根据无乳链球菌 ZQ0910 序列，设计引物扩增 *phoB* 基因上游片段（1 000 bp）、下游片段（1 000 bp）和红霉素片段（1 137 bp）（图 2–16）。三个片段与 T 载体连接后，在相应内切酶和 T4 DNA 连接酶作用下依次连接至 pSET4s 载体上，形成重组质粒 pSET4s-*PhoB*。对构建好的质粒分别用 *Pst*I 与 *Sal*I、*Pst*I 与 *Bam*HI、*Pst*I 与 *Eco*RI、*Sal*I 与 *Bam*HI、*Sal*I 与 *Eco*RI、*Bam*HI 与 *Eco*RI 进行酶切（图 2–17A），同时以提取的重组质粒为模板，使用 P1/P2、P1/P6 、P1/P4 、P5/P6 、P5/P4 和 P3/P4 引物进行菌落 PCR（图 2–17B），均获得与预计片段大小相一致的结果，由此可见 3 个片段连接次序正确，即重组质粒 pSET4s-*PhoB* 构建成功。

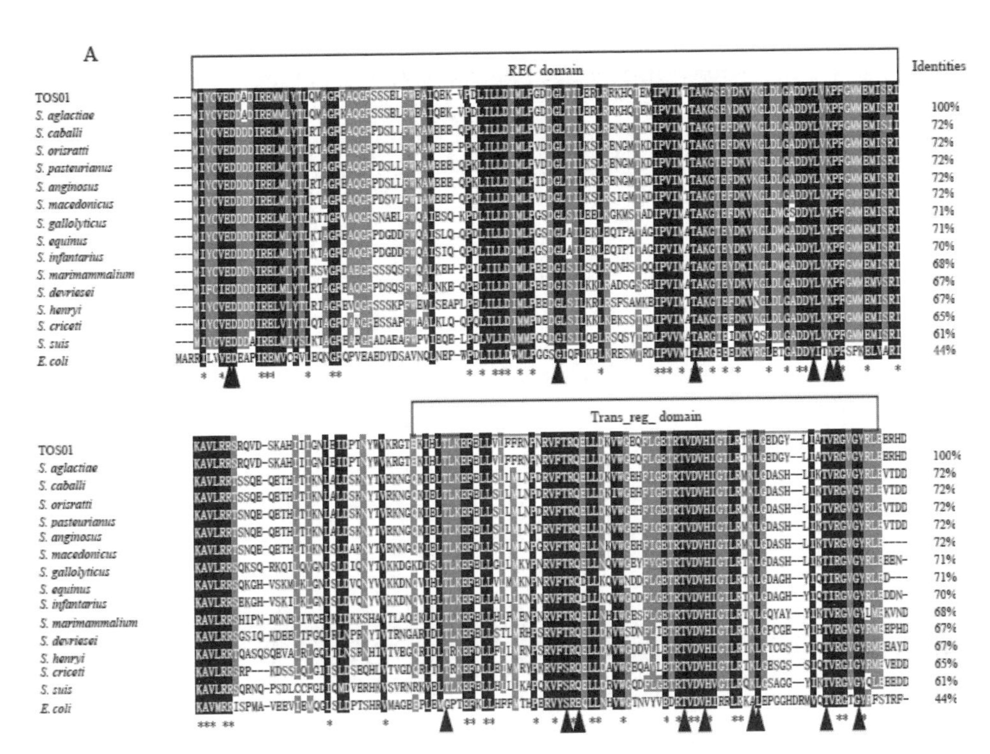

图2–15　无乳链球菌PhoB氨基酸序列与其他物种PhoB氨基酸序列的Alignment分析

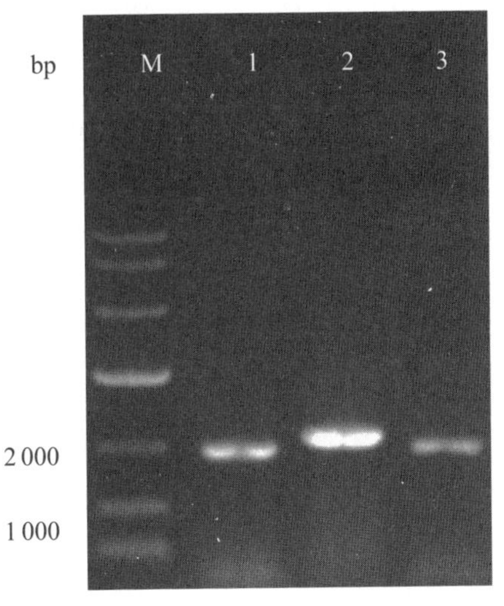

图2–16　*phoB*基因上游片段、下游片段和红霉素基因电泳图

M：DL10 000；1：upstream fragment；2：erm gene；3：downstream fragment

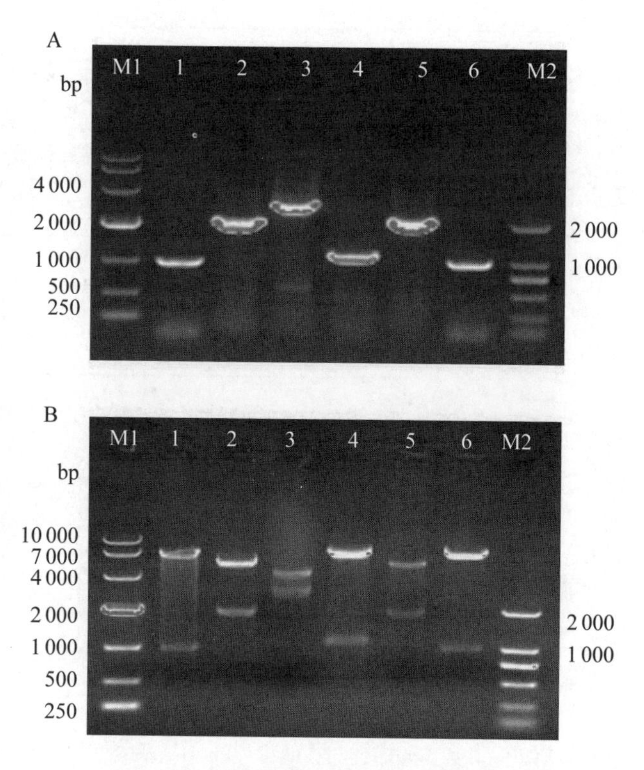

图2-17　重组质粒pSET4s-*PhoB*的鉴定

A. 酶切鉴定；B. 菌落PCR鉴定

M1：DL10 000; M2：DL2 000; A1～A6：plasmid pSET4s-PhoB digested by *Pst*I/*Sal*I、*Pst*I/*Bam*HI、*Pst*I/*Eco*RI、*Sal*I/*Bam*HI、*Sal*I/*Eco*RI and *Bam*HI/*Eco*RI; B1-B6: plasmid pSET4s-PhoB amplified by P1/P2、P1/P6、P1/P4、P5/P6、P5/P4 and P3/P4

二、无乳链球菌 *phoB* 基因缺失突变株的筛选

利用 pSET4s 载体在 28℃时可在无乳链球菌中复制存活，37℃时不可复制的特性，将含 pSET4s-*phoB* 的无乳链球菌于 37℃持续传代培养，使其发生同源重组双交换。在传代至 25 代时，在含 Spc 抗性的平板上出现了大量不能生长的疑似突变菌株（图 2-18），使用 *phoB* 基因外侧引物 P11/P12 进行菌落 PCR（图 2-19）。由图 2-19 可见，尽管在 Spc 抗性的平板上有大量不能生长的疑似菌，但是重组质粒未丢失，仍能扩增出细菌基因组 *phoB* 基因（1 000 bp）和重组载体 *erm* 基因片段（1 137 bp），表明重组质粒仅单向插入细菌基因组，*phoB* 基因未被敲除。有 3 株菌疑似进行了双交换，仅扩增出 *erm* 基因（1 137 bp）片段。

将这 3 株疑似突变菌使用多重 PCR 进一步鉴定（图 2-20）。如果发生同源重组，*erm* 基因将取代 *phoB* 基因，用 *phoB* 上下游片段外侧引物 P7/P8 应扩增出大小为 3 132 bp 片段，用 *phoB* 上游片段外侧和内部引物 P7/P10 扩增结果为阴性，用 *phoB* 内部和外侧引物 P9/P8 扩增结果为阴性，红霉素正向和 *phoB* 上游片段外侧引物 P5/P8 应扩增出大小为 2 139 bp 片段，用 *phoB* 上游片段外侧和红霉素反向引物 P7/P6 应扩增出大小为 2 157 bp 片段，用红霉素基因引物 P5/P6 应扩增出大小为 1 137 bp 片段，用 *phoB* 基因内部引物 P9/P10 则扩增结果为阴性。根据以上方法鉴定，如图 2-19 所示，PCR 产物大小与理论值相一致，由此可见本研究成功筛选到 *phoB* 缺失突变株，将其命名为 SAΔ*phoB*。

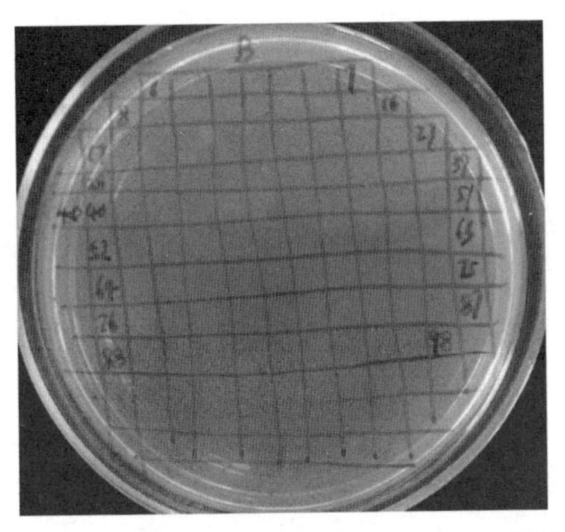

图2-18　*phoB*基因缺失菌株Spc抗性BHI平板初筛

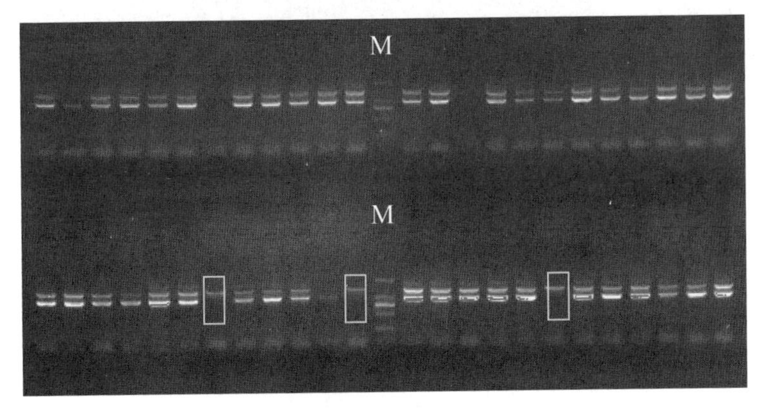

图 2-19　*phoB*基因缺失菌株PCR初步筛选部分结果

M：DL2000；□：suspected *phoB* mutant strain

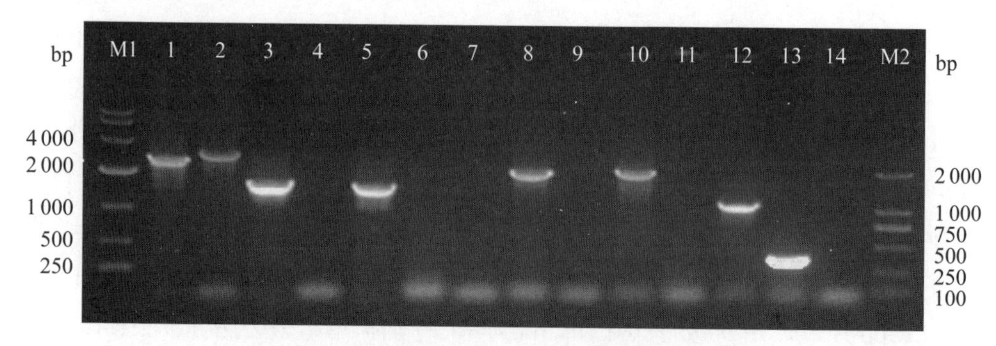

图2-20　*phoB*基因缺失菌株的多重PCR方法鉴定

M1: DL10 000 DNA marker; M2: DL2 000; 1 and 2: PCR amplification with P7/P8; 3 and 4: PCR amplification with P7/P10; 5 and 6: PCR amplification with P9/P8; 7 and 8: PCR amplification with P5/P8; 9 and 10: PCR amplification with P7/P6; 11 and 12: PCR amplification with P5/P6; 13 and 14: PCR amplification with P9/P10; 1, 3, 5, 7, 9, 11, 13: PCR amplifications with wild type ZQ0910 genomic DNA; 2, 4, 6, 8, 10, 12, 14: PCR amplifications with SAΔphoBgenomic DNA.

三、突变株 SAΔ*phoB* 生物学特性研究

将突变株 SAΔ*phoB* 连续传代 20 代，使用 *phoB* 基因外侧引物（P11/P12）检测每一代能否扩增出 1 678 bp 来检测遗传稳定性，野生菌则为 987 bp，结果显示突变株 SAΔ*phoB* 能够稳定遗传（图 2-21）。

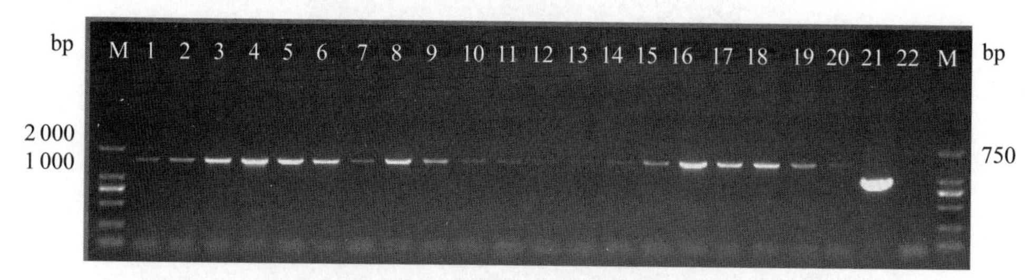

图2-21　突变株SAΔ*phoB*遗传稳定性分析

M: DL2 000 marker; 1～20: SA Δ phoB; 21: ZQ0910; 22: H_2O

通过比较 ZQ0910、SAΔ*phoB* 和 CΔ*phoB* 的生长曲线可以得出，*phoB* 基因的缺失对无乳链球菌的生长产生了较大影响，由图 2-22 可见 SAΔ*phoB* 生长速率明显降低，培养 12 h 时才达到浓度高峰，静止期 OD_{600} 仅约为 0.92；ZQ0910 与 CΔ*phoB* 则生长较快，在 8 h 时即可达到峰值，静止期 ZQ0910 的 OD600 ≈1.2 仍略高于 CΔ*phoB* 的 OD_{600}≈1.17。

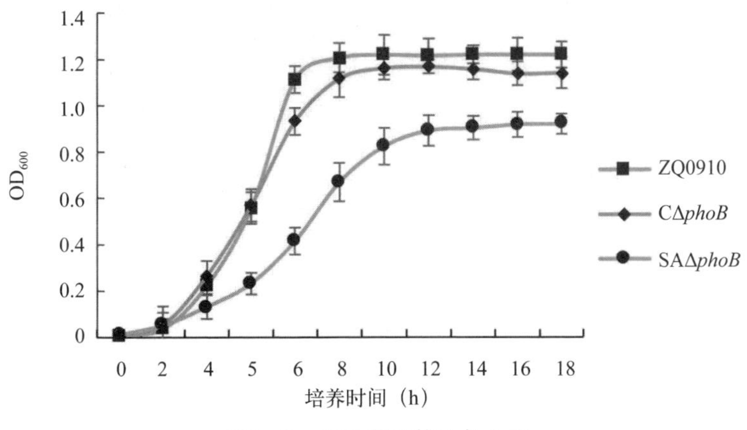

图2-22 三种菌株的生长曲线

通过比较野生株ZQ0910、突变株SAΔ*phoB*和互补株CΔ*phoB*革兰氏染色可见，*phoB*基因的缺失使无乳链球菌的链条由原来的两个或短链状变为几十个长链状排列，互补株CΔ*phoB*的链状长度则处于两者之间（图2-23），由此推测，*phoB*基因可能影响了无乳链球菌的形态。通过扫描电镜和透射电镜对此假设进行验证，由图2-24和图2-25可见，野生株ZQ0910和突变株SAΔ*phoB*形态上在扫描电镜下观察没有明显的差别，但通过透射电镜观察发现野生株表面具有凹凸不平的细胞外基质（extracellular matrix，ECM），突变株SAΔ*phoB*则较为光滑，但通过测量其细胞壁厚度显示两者未呈现明显差异，表明*phoB*基因缺失降低了无乳链球菌ECM产量。

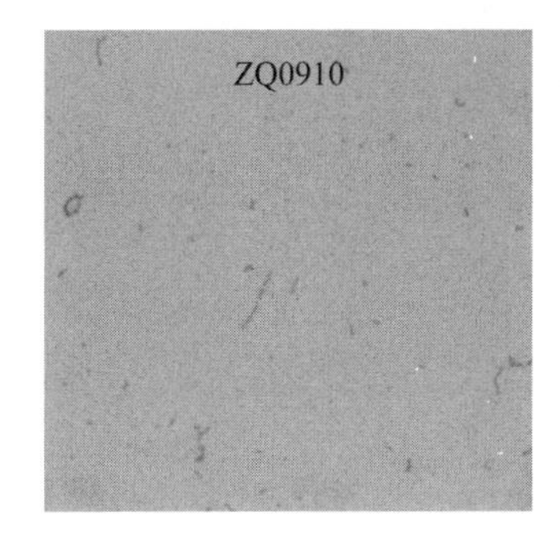

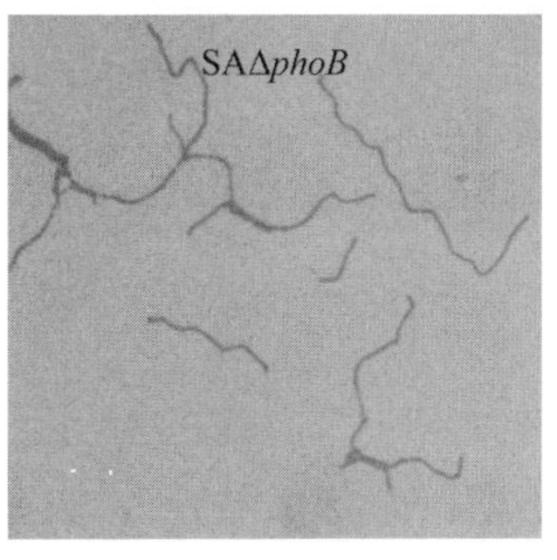

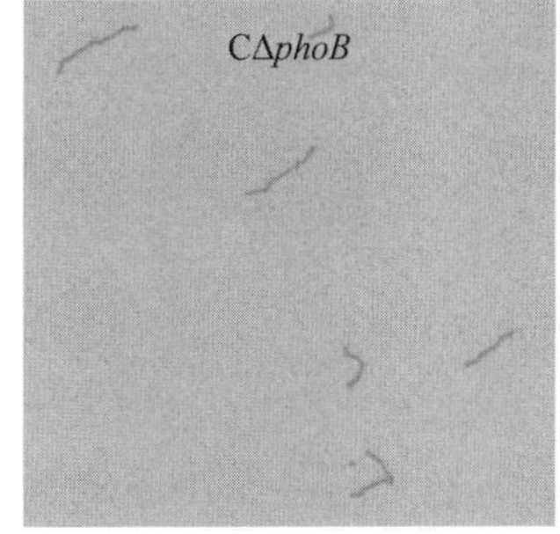

图2-23 三种菌的革兰氏染色

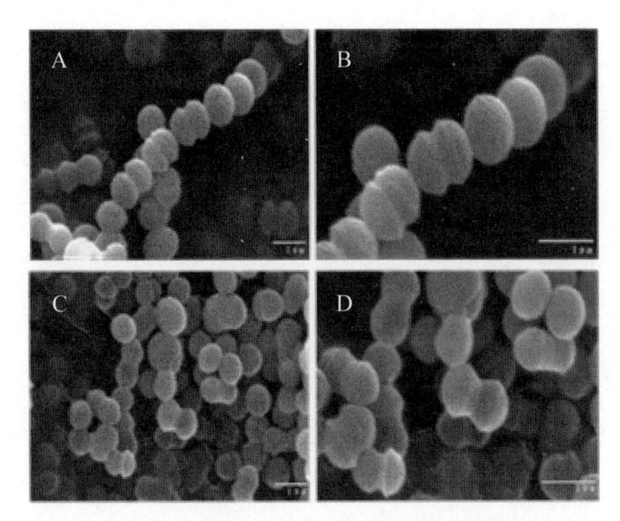

图2-24　细菌形态特征和细胞分裂扫描电镜

ZQ0910: A (15 000 ×)和B (25 000 ×); SAΔ*phoB*: C (15 000 ×)和D (25 000 ×)

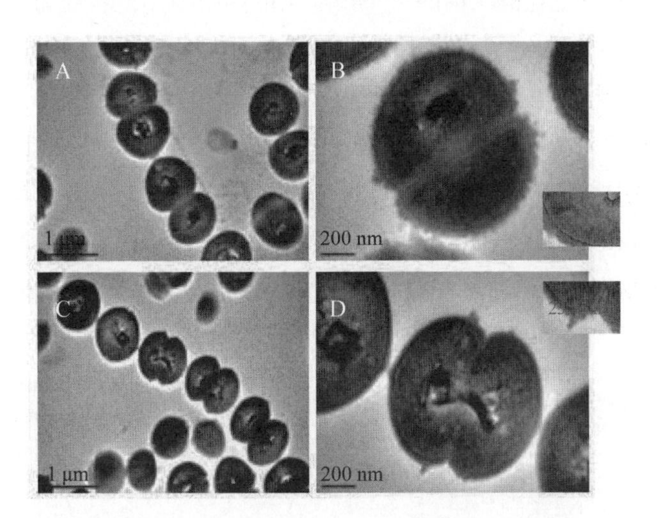

图2-25　细菌形态特征和细胞分裂透射电镜

ZQ0910: A (40 000 ×)和B (120 000 ×); SAΔ*phoB*: C (40 000 ×)和D (120 000 ×)

通过结晶紫染色和共聚焦扫描电镜两种方法检测生物膜厚度（图 2-26 和图 2-27）。结晶紫结果显示，富磷条件（BHI）和限磷条件（含 0.2 mmol/L Pi 的 CDM）两种培养条件下，突变株 SAΔ*phoB* 的生物膜极显著厚于野生菌。另外共聚焦电镜也呈现出相同的结果，即富磷条件下，突变株 SAΔ*phoB* 的生物膜厚度（约

18 μm）大于野生株 ZQ0910 平均生物膜厚度（约 10 μm）；限磷条件下，突变株和野生株平均生物膜厚度均有所增加。值得注意的是，SAΔ*phoB* 平均生物膜厚度（约 80 μm）较野生株 ZQ0910 的生物膜厚度（约 20 μm）呈现出极显著性。即 *phoB* 基因的缺失增加了无乳链球菌生物膜厚度。

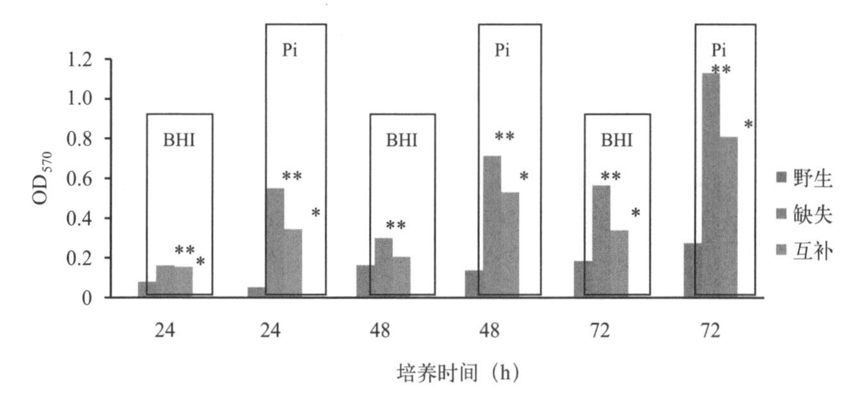

图 2-26　不同菌株的结晶紫染色

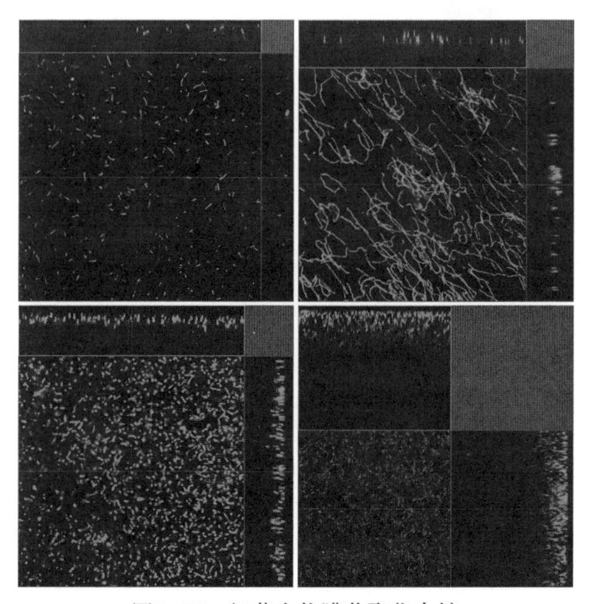

图2-27　细菌生物膜共聚焦电镜

A and B: Orthogonal views of z-stacks of ZQ0910 and SAΔphoB biofilm cultured with BHI (400 × magnification)

C and D: Orthogonal views of z-stacks of ZQ0910 and SAΔphoB biofilm cultured with Pi limited CDM (400 × magnification)

通过比较不同菌株血平板溶血环及对血细胞的溶血百分比显示，*phoB* 缺失降低了无乳链球菌的溶血能力。由图 2–28A 可见，野生株 ZQ0910 和互补株 CΔ*phoB* 在血平板上形成明显的 β–溶血环，突变株 SAΔ*phoB* 的 β–溶血环则较弱。同样，野生株 ZQ0910 和互补株 CΔ*phoB* 对绵羊血细胞的溶血百分比（34.81% 和 25.97%）极显著高于突变株 SAΔ*phoB*（10.42%）（图 2–28B）。

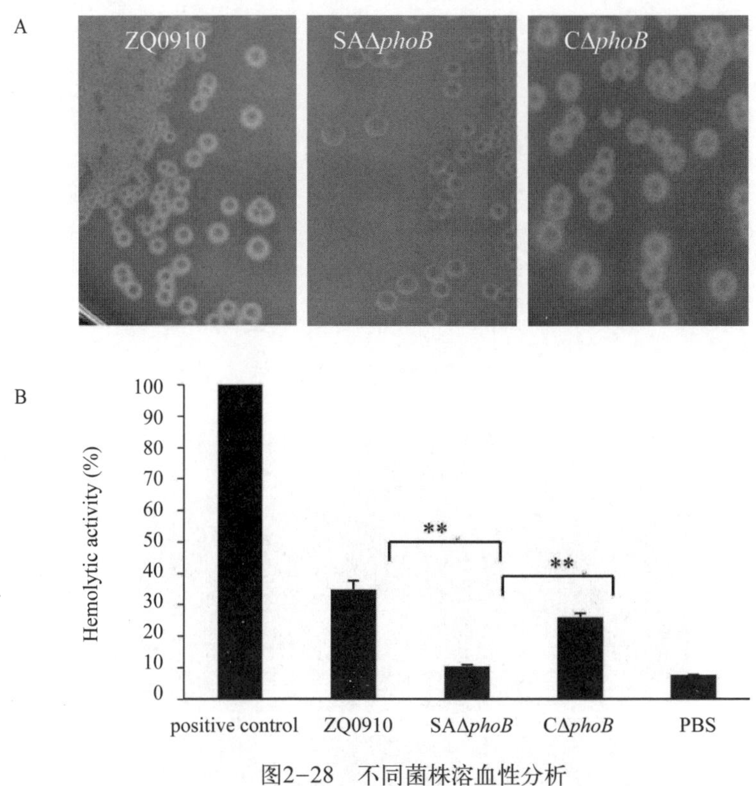

图2–28　不同菌株溶血性分析

A: blood plate; B: RBC

以 FHM 细胞为模型检测三种菌株的侵入和黏附能力。如图 2–29A 和图 2–29B 所示，以三种菌的起始数量为标准，突变株 SAΔ*phoB* 的侵入和黏附能力较野生株和互补株均显著下降，表明 *phoB* 基因在无乳链球菌入侵宿主过程中起到重要作用。同时从罗非鱼头肾中分离巨噬细胞检测三种菌株的抗吞噬能力，如图 2–29C 所示，以三种菌的起始数量为标准，突变株 SAΔ*phoB* 被吞噬率（55.74%）高于野生株（38.5%）和互补株（39.06%），表明 *phoB* 基因突变使其抗吞噬能力降低。

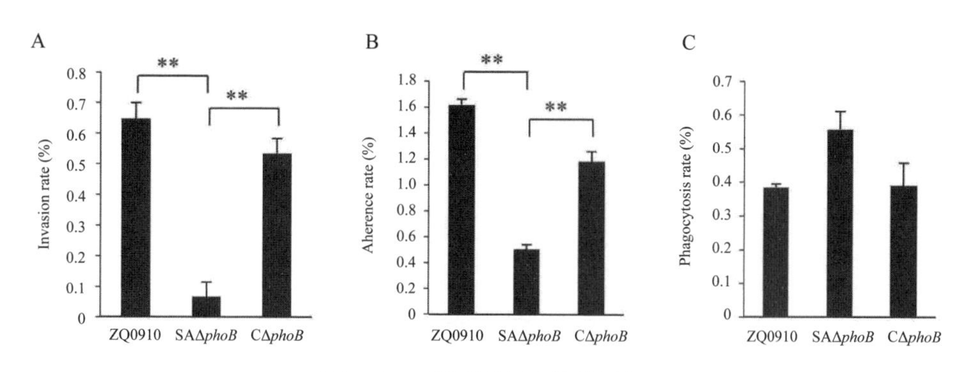

图2-29　不同菌株与细胞的互作

A: Invasion rate; B: Adherence rate; C: Phagocytosis rate

使用相似浓度的野生株 ZQ0910 和突变株 SAΔ*phoB* 以腹腔注射方法感染罗非鱼，如表 2-9 和图 2-30 所示，SAΔ*phoB* 实验组的罗非鱼死亡率仅为 22.5%，且其死亡情况发生在 12 d 以后，野生株的死亡率高达 82.5%，死亡事件集中在 9 d 以前，表明 *phoB* 的缺失使无乳链球菌的毒力显著降低。

表 2-9　ZQ0910 和 SAΔ*phoB* 毒力的检测

细菌株	感染浓度（cfu/mL）	感染鱼数量	存活鱼数量	存活率	死亡率
野生株	5.4×10^8	40	7	17.5%	82.5%
SAΔ*phoB*	5.7×10^8	40	31	77.5%	22.5%

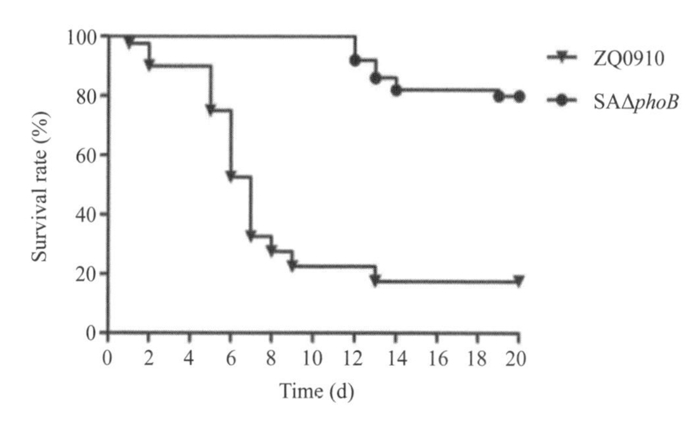

图2-30　罗非鱼感染野生和缺失株Kaplan-Meier存活曲线

第五节　限磷条件下野生株和突变株转录组测定

一、Sa_W 和 Sa_B 差异基因分析

为整体了解无乳链球菌 PhoB 整体调控网络，尤其对生物膜形成及毒力相关基因调控，本研究首先利用第二代高通量测序 RNA-Seq 技术检测了限磷条件下野生株 ZQ0910（命名为 Sa_W）和突变株 SAΔ*phoB*（命名为 Sa_B）差异基因转录水平变化。提取 Sa_W 和 Sa_B 总 RNA，富集 mRNA，构建转录组文库。利用 Illumina HiSeq2000 平台测序，分别获得 13 017 162 和 11 966 206 个 Raw reads，去除带接头和低质量 reads，有效 reads 为 12 689 738 和 11 795 002 个，其中 95.7% 和 99.29% reads 可比对到无乳链球菌 GD201008-001 参考基因组上，93.21% 和 98.15% 的序列具有唯一的比对位置，其定位到编码区域的序列百分比为 86.8% 和 83.9%。由 FPKM 分布图可见，Sa_W 和 Sa_B 转录组测序结果一致性较好。以上结果表明，本次转录组测序质量符合要求，可用于后续分析。

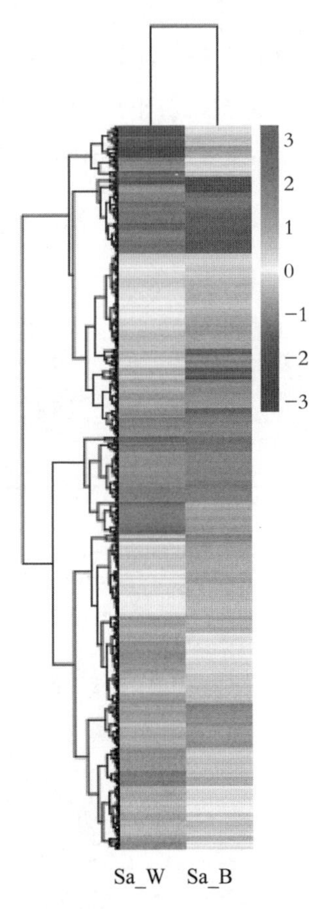

图2−31　差异基因聚类图

通过分析差异基因聚类结果（图 2−31）表明，限磷条件下野生株 Sa_W 与突变株 Sa_B 表达模式存在较大差异。进一步通过绘制基因表达维恩图发现，Sa_W 和 Sa_B 共有 1907 个表达基因，51 个为 Sa_W 特异表达基因，4 个为 Sa_B 特异表达基因（图 2−32）。最后通过比较 Sa_W 与 Sa_B 相同基因的 FDR 值，按照 $|\log_2(\text{fold change})| > 1$ 和 Q value < 0.005 标准则共筛选得到 521 个差异表达基因，其中 284 个基因转录上调，237 个基因转录下调（图 2−32），部分基因详见表 2−7。

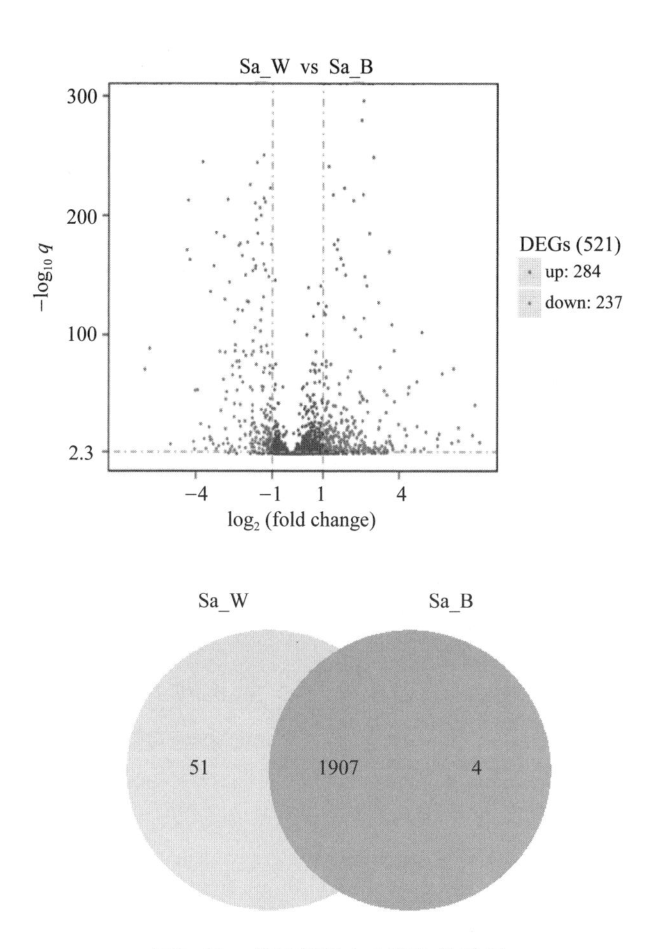

图2-32　差异基因火山图和维恩图

利用 GOseq 软件对差异基因进行 GO 富集分析（图 2-33）发现，主要集中在 30 个主要功能组，其中磷酸烯醇式丙酮酸依赖糖磷酸转移酶系统（phosphoenolpyruvate-dependent sugar phosphotransferase system）、有机物质的运输（organic substance transport）、糖运输（carbohydrate transport）和氧化还原活性（oxidoreductase activity）是四个富集数量较多的功能组别。通过分析 KEGG（Kyoto Encyclopedia of Genes and Genomes）通路富集散点图（图 2-34）可见，本研究的差异表达基因集中定位在磷酸转运系统（phosphotransferase system，PTS）、微生物适应不同环境的代谢途径（microbial metabolism in diverse environments）和 ABC 转运系统（ABC transporters）三个方面。本研究以 KEEG 通路富集分析结果

为基础，详细列举了差异表达参与的主要代谢通路（表 2–11）。

值得注意的是，与突变株相比，限磷条件下野生株 ZQ0910 涉及毒力相关基因呈现了不同程度的上调，如 1 个介导细菌进入宿主上皮细胞的内化素编码基因（A964_0907）上调 4.6 倍，6 个编码胞外黏附蛋白基因（A964_1028、A964_0836、A964_0773、A964_1909、A964_0398、A964_1374）最高上调 4.7 倍，6 个编码溶血素相关基因（A964_0662、A964_0663、A964_0664、A964_0660、A964_0665、A964_0673）以及调节无乳链球菌毒力基因表达的双组分系统调节子 *ciaR* 基因；而生物膜形成相关的基因均通过上调或下调实现了生物膜厚度降低，例如编码生物膜相关的 6 个基因（A964_1150、A964_1143、A964_1142、A964_1137、A964_1135、A964_0727）和正调节生物膜形成的双组分系统（LytS/R 和 LrgB/A）均呈现了下调模式，负调节生物膜形成的丝氨酸肽酶编码基因 *htrA* 则上调 2.94 倍。由此可见，无乳链球菌 PhoB 不仅调节磷离子代谢和多种物质转运，而且参与无乳链球菌生物膜形成和毒力基因表达调控。

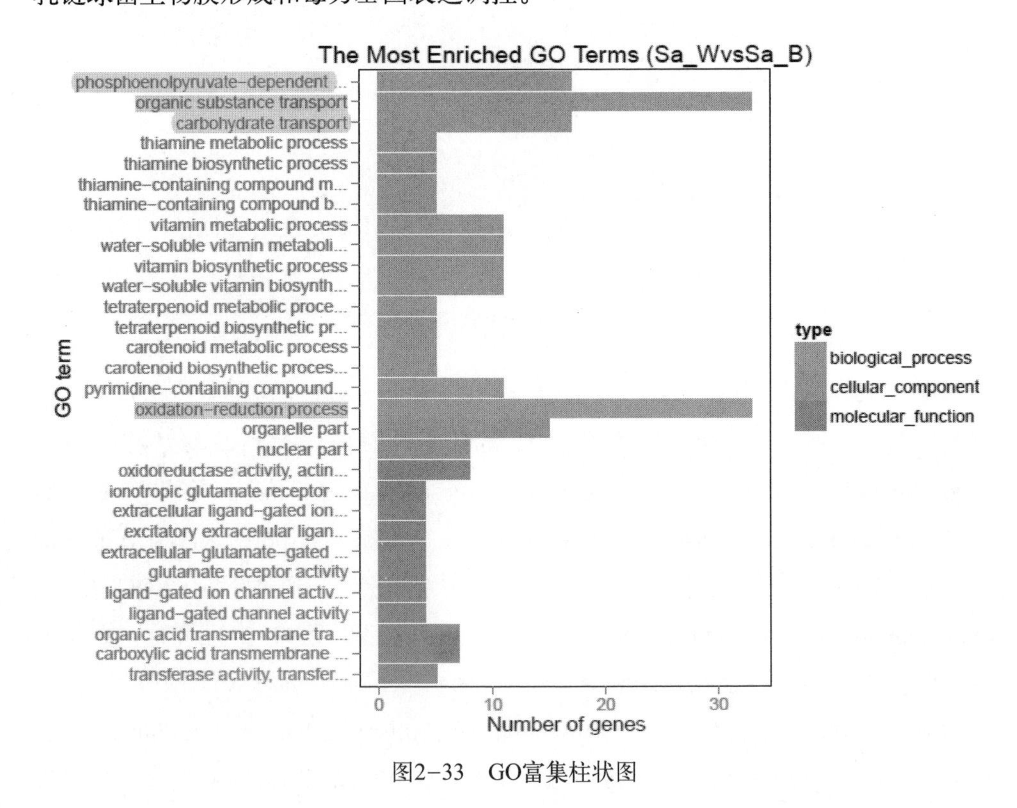

图2–33　GO富集柱状图

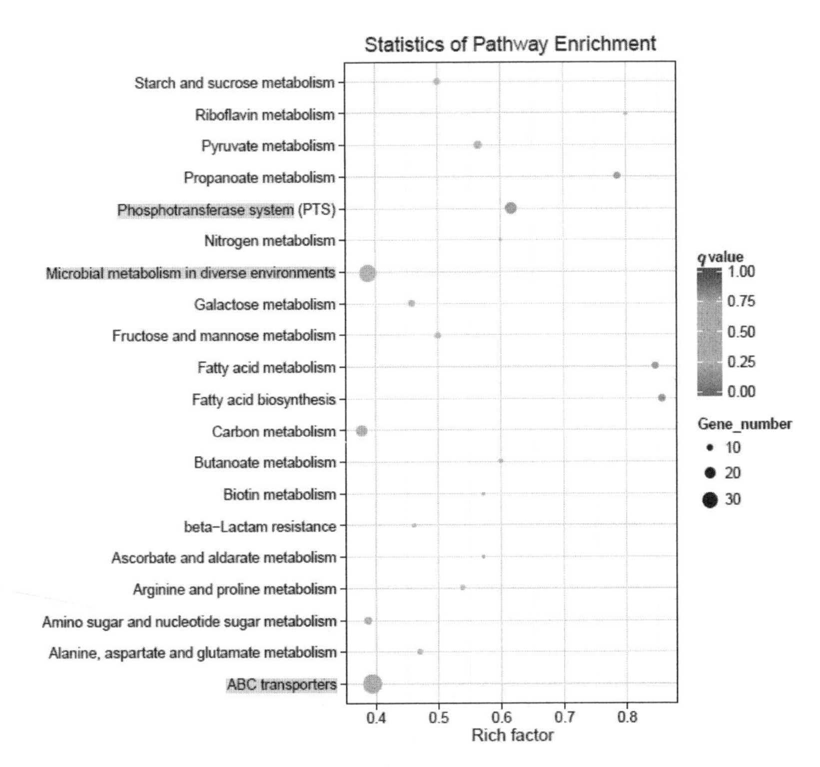

图2-34　KEGG富集散点图

表 2-11　限磷条件下 Sa_W 和 Sa_B 转录水平变化 $\log_2$(fold change) > 1 倍以上部分基因

Category	Gene Name	Gene ID	Putative Function	Log_2 (foldchange)
Virulent genes	–	A964_1028	fibrinogen-binding protein	4.699 9
	–	A964_0836	fibronectin binding protein	3.203 7
	–	A964_0140	IgA-binding beta antigen	1.925 9
	–	A964_1995	peptidoglycan-binding protein LysM	2.520 8
	–	A964_0031	group B streptococcal surface immunogenic protein	−1.663 5
	–	A964_0773	cell wall surface anchor protein	1.739
	–	A964_1909	putative cell-wall anchored surface adhesin	3.250 6

续表

Category	Gene Name	Gene ID	Putative Function	Log_2 (foldchange)
	–	A964_0398	cell wall surface anchor protein	1.072
	–	A964_1264	surface antigen-like protein	1.119 5
	–	A964_1374	cell wall surface anchor family protein	−1.347 7
	–	A964_1994	immunodominant antigen A	1.121 7
	cylZ	A964_0662	cylZ protein	1.482 6
	cylA	A964_0663	cylA protein	1.469 8
	cylB	A964_0664	cylB protein	1.275 5
	cylG	A964_0660	cylG protein	1.264 3
	cylE	A964_0665	CylE protein	1.024 1
	–	A964_1233	hemolysin III	−1.188 5
	Inl	A964_0907	internalin	4.61
	–	A964_0673	erythrocyte binding protein 2	1.689 7
	–	A964_0238	addiction module toxin RelE	1.628 1
	–	A964_1739	pfoR protein	1.596 3
	–	A964_0628	toxin-antitoxin system antitoxin component PHD family	1.485 8
	–	A964_1015	virulence factor EsxA	−1.43
	gadph	A964_1688	glyceraldehyde-3-phosphate dehydrogenase	1.052 5
	secY	A964_1367	preprotein translocase subunit SecY	−1.082 7
	secA	A964_1363	preprotein translocase subunit SecA	−1.153 6
biofilm	–	A964_0089	lipoprotein	1.303
	–	A964_1150	CpsIaS	−1.082
	CpsE	A964_1143	glycosyl transferase CpsE	−1.130 6
	CpsF	A964_1142	polysaccharide	−1.137 6
			biosynthesis protein CpsF	
	CpsJ	A964_1137	capsular polysaccharide	−1.143 6
			biosynthesis protein CpsJ	

续表

Category	Gene Name	Gene ID	Putative Function	Log_2 (foldchange)
	–	A964_1135	capsular polysaccharide transporter	−1.181 5
	ftsY	A964_0727	signal recognition particle-docking protein FtsY	−1.117 3
	–	A964_1455	glycosyl transferase	2.402 6
	–	A964_1458	glycosyl transferase	2.621 2
	–	A964_0422	glycosyl transferase family 2	1.003 4
	–	A964_2021	serine peptidase HtrA	2.942
Stress gene	dnaK	A964_0100	molecular chaperone DnaK	3.702 3
	hspD1	A964_1920	molecular chaperone GroEL	2.950 5
	dnaJ	A964_0101	chaperone protein DnaJ	2.826 4
	grpE	A964_0099	heat shock protein GrpE	2.797 9
	–	A964_0094	competence protein ComX	2.677 1
	hspE1	A964_1921	co-chaperonin GroES	2.648 7
	uspA	A964_1638	universal stress protein	2.599 4
	rseP	A964_1772	M50A family peptidase	1.976 4
	hrcA	A964_0098	heat-inducible transcription repressor HrcA	1.637 7
	–	A964_1109	CsbD family protein	1.405 2
	TRX	A964_0193	thioredoxin	1.044 4
	–	A964_1345	Fe-S oxidoreductase	−1.802
	–	A964_1581	universal stress protein UspA	−1.995 1
Microbial metabolism in diverse environments	arcC	A964_2014	carbamate kinase	2.481 7
	pcaC	A964_0435	carboxymuconolactone decarboxylase family protein	2.402 8
	eda	A964_0699	2-dehydro-3-deoxyphosphogluconate aldolase	1.8027
	acyP	A964_1513	Acylphosphatase	1.703 9
	–	A964_1551	dihydroxyacetone kinase family protein	−1.502 6
	fbp3	A964_0548	fructose-1-bisphosphatase	−1.643 5

续表

Category	Gene Name	Gene ID	Putative Function	Log_2 (foldchange)
	pgm	A964_1041	phosphoglucomutase	−1.754 7
	ackA	A964_0184	acetate kinase	−1.763 7
	tktB	A964_0286	transketolase	−1.882 2
	pta	A964_1063	phosphotransacetylase	−1.927 4
	cysK	A964_0341	cysteine synthase A	−2.028 3
	adhP	A964_0053	alcohol dehydrogenase	−2.687 5
	paaH	A964_1577	3-hydroxybutyryl-CoA dehydrogenase	−2.751 5
	gabD	A964_1099	succinate-semialdehyde dehydrogenase	−2.781 3
	rhaD	A964_0454	rhamnulose-1-phosphate aldolase	−2.919 8
	talB	A964_1729	fructose-6-phosphate aldolase 2	−3.369 8
	ulaG	A964_1720	L-ascorbate 6-phosphate lactonase	−4.030 6
	arcC	A964_1972	carbamate kinase	−5.553 5
	–	A964_0287	bacteriocin immunity protein	−1.361 5
	–	A964_1462	DUF4956 domain-containing protein	5.510 9
Two-component system	pstS	A964_1831	phosphate ABC transporter substrate-binding protein	2.819 5
	phoR	A964_1825	sensor histidine kinase	−3.200 1
	phoP	A964_1826	phosphate regulon response regulator PhoB	6.084
	lytS	A964_0198	sensor histidine kinase	−1.353 7
	lytR	A964_0199	response regulator	−1.625 8
	lrgB	A964_0201	Murein hydrolase regulator LrgB	−5.803 5
	lrgA	A964_0200	Murein hydrolase regulator LrgA	−5.985 3
	glnL	A964_1975	response regulator	−2.642 4
	glnK	A964_1974	sensor histidine kinase	−2.485 1
	ciaR	A964_0964	DNA-binding response regulator CiaR	1.656
	ComX	A964_0094	competence protein ComX	2.677 1

续表

Category	Gene Name	Gene ID	Putative Function	Log_2 (foldchange)
Phosphotransferase system (PTS)	scrA	A964_0290	PTS system transporter subunit IIBC	4.388 2
	scrA	A964_1594	PTS system transporter subunit IIABC	2.589 9
	manX	A964_0367	PTS system mannose-specific transporter subunit IIAB	2.987 6
	manX	A964_1810	PTS system transporter subunit IIA	−2.834 8
	manX	A964_1809	PTS system IIB component	−4.053
	manY	A964_0366	PTS system mannose-specific transporter subunit IIC	2.830 9
	manY	A964_1808	PTS system transporter subunit IIC	−2.574 4
	manZ	A964_0365	PTS system mannose-specific transporter subunit IID	2.771 1
	manZ	A964_1807	PTS system transporter subunit IID	−3.438 7
	gatA	A964_0455	PTS system galactitol-specific transporter subunit IIA	-4.083 5
	gatA	A964_0451	PTS system galactitol-specific transporter subunit IIA	−4.984 9
	gatB	A964_1793	PTS system transporter subunit IIB	1.751 4
	gatB	A964_0457	PTS system galactitol-specific transporter subunit IIB	−3.182 5
	gatC	A964_1725	PTS system transporter subunit IIC	1.538 9
	gatC	A964_0456	PTS system galactitol-specific transporter subunit IIC	−3.805
	gatC	A964_0453	PTS system galactitol-specific transporter subunit IIC	−3.422 4
	sgaA	A964_1733	PTS system transporter subunit IIA	−2.474 1
	sgaB	A964_1734	PTS system transporter subunit IIB	−3.591 6
	sgaT	A964_1735	PTS system ascorbate-specific transporter subunit IIC	−3.480 2
	–	A964_0450	PTS system IIA domain-containing protein	−2.834 3

续表

Category	Gene Name	Gene ID	Putative Function	Log_2 (foldchange)
	treP	A964_0207	PTS system trehalose-specific transporter subunit IIBCA	−4.351 4
	proV	A964_1717	glycine betaine/proline ABC transporter ATP-binding protein	3.812 6
ABC transporters	cbiQ	A964_0841	Cobalt/nickel transport system permease protein	3.437 8
	proW	A964_1716	glycine betaine/proline ABC transporter permease/substrate-binding protein	3.253 9
	pstS	A964_1831	phosphate ABC transporter substrate-binding protein	2.819 5
	–	A964_0717	amino acid ABC transporter amino acid-binding protein	2.739 9
	–	A964_0715	amino acid ABC transporter permease	2.561 8
	–	A964_0718	amino acid ABC transporter ATP-binding protein	2.452 2
	rbsD	A964_0121	D-ribose pyranase	2.391 4
	rbsC	A964_0119	ribose ABC transporter permease	2.336 6
	cbiO	A964_0840	ABC transporter ATP-binding protein	2.284 6
	–	A964_0716	amino acid ABC transporter permease	2.196 7
	rbsA	A964_0120	ribose ABC transporter ATP-binding protein	2.057 1
	nikE	A964_1421	peptide ABC transporter ATP-binding protein	1.947
	rbsB	A964_0118	ribose ABC transporter ribose-binding protein	1.909 2
	oppD	A964_0164	oligopeptide ABC transporter ATP-binding protein	−1.643 3
	oppB	A964_0162	oligopeptide ABC transporter permease	−1.661 6
	oppC	A964_0163	oligopeptide ABC transporter permease	−1.669 7
	oppF	A964_0165	oligopeptide ABC transporter ATP-binding protein	−1.683 2

续表

Category	Gene Name	Gene ID	Putative Function	Log2 (foldchange)
	mppA	A964_0958	ABC transporter substrate-binding protein	−1.697 6
	mtsB	A964_1439	manganese ABC transporter ATP-binding protein	−1.764 8
	mppA	A964_0161	oligopeptide ABC transporter substrate-binding protein	−1.790 5
	siuB	A964_1308	iron compound ABC transporter permease protein	−2.049
	siuA	A964_1306	hypothetical protein	−2.065 3
	siμg	A964_1309	iron compound ABC transporter permease	−2.243 9
	mtsA	A964_1440	4ABC transporter manganese-binding adhesion liprotein	−2.487 3
Carbohydrate transporter	ackA	A964_0184	acetate kinase	−1.7637
	acyP	A964_1513	Acylphosphatase	1.703 9
	adhP	A964_0053	alcohol dehydrogenase	−2.687 5
	araD	A964_1730	L-ribulose-5-phosphate 4-epimerase	−3.311 6
	arcC	A964_2014	carbamate kinase	2.481 7
	eda	A964_0699	2-dehydro-3-deoxyphosphogluconate aldolase	1.802 7
	fbp3	A964_0548	fructose-6-bisphosphatase	−1.643 5
	glgA	A964_0859	glycogen synthase	−2.900 3
	glgB	A964_0856	glycogen branching protein	−2.869 7
	glgC	A964_0857	glucose-1-phosphate adenylyltransferase	−2.302 9
	glgD	A964_0858	glucose-1-phosphate adenylyltransferase GlgD subunit	−2.398 1
	ldh	A964_0937	L-lactate dehydrogenase	1.916
	pflD	A964_1632	formate acetyltransferase	−3.194 6
	pgm	A964_1041	phosphoglucomutase	−1.754 7
	pta	A964_1063	phosphotransacetylase	−1.927 4

续表

Category	Gene Name	Gene ID	Putative Function	Log2 (foldchange)
	rhaD	A964_0454	rhamnulose-1-phosphate aldolase	−2.919 8
	scrK	A964_1593	fructokinase	2.140 3
	sgbH	A964_1732	3-keto-L-gulonate-6-phosphate decarboxylase	−3.671 6
	sgbU	A964_1731	L-xylulose 5-phosphate 3-epimerase	−3.098 9
	suhB	A964_1790	galactose-6-phosphate isomerase subunit LacA	1.893 6
	talB	A964_1729	fructose-6-phosphate aldolase 2	−3.369 8
	tktB	A964_0286	transketolase	−1.882 2
	treC	A964_0208	alpha amylase	−2.377 7
Fatty acid metabolism	eda	A964_0699	2-dehydro-3-deoxyphosphogluconate aldolase	1.802 7
	fabD	A964_0353	acyl-carrier-protein S-malonyltransferase	−2.595 5
	fabG	A964_0354	3-ketoacyl-ACP reductase	−1.935 3
	fabH	A964_0350	3-oxoacyl-ACP synthase	−2.400 4
	fabK	A964_0352	enoyl-ACP reductase	−3.212 3
	paaG	A964_0348	enoyl-CoA hydratase	−2.456 1
Amino acids metabolism	arcA	A964_2010	arginine deiminase	2.190 2
	arcC	A964_2014	carbamate kinase	2.481 7
	arcC	A964_1972	carbamate kinase	−5.553 5
	argG	A964_0128	argininosuccinate synthase	−6.272 1
	argH	A964_0129	argininosuccinate lyase	-6.718 4
	argI	A964_2012	ornithine carbamoyltransferase	1.830 5
	argI	A964_1973	ornithine carbamoyltransferase	−5.043 8
	asnA	A964_0477	asparagine synthetase AsnA	−1.467 4
	carA	A964_1019	carbamoyl phosphate synthase small subunit	2.792 2
	carB	A964_1018	carbamoyl phosphate synthase large subunit	1.417 4

续表

Category	Gene Name	Gene ID	Putative Function	Log_2 (foldchange)
	cysK	A964_0341	cysteine synthase A	−2.028 3
	gabD	A964_1099	succinate-semialdehyde dehydrogenase	−2.781 3
	gapA	A964_1688	glyceraldehyde-3-phosphate dehydrogenase	1.052 5
	ldh	A964_0937	L-lactate dehydrogenase	1.916
	metK	A964_0619	S-adenosylmethionine synthetase	3.510 5
	mmuM	A964_1219	homocysteine methyltransferase	−1.268 5
	mmuM	A964_1896	bifunctional homocysteine S-methyltransferase -methylenetetrahydrofolate reductase	−1.559 4
	pdhD	A964_0884	acetoin dehydrogenaseC thymine PPi dependentC E3 componentC dihydrolipoamide dehydrogenase	−1.095
	pyrB	A964_1020	aspartate carbamoyltransferase	3.126 6
	rpiA	A964_1156	ribose-5-phosphate isomerase A	−1.228 1
	serA	A964_1475	D-isomer specific 2-hydroxyacid dehydrogenase family protein	−1.092 6
	talB	A964_1729	fructose-6-phosphate aldolase 2	−3.369 8
	tktB	A964_0286	transketolase	−1.882 2
Pyrimidine metabolism	carA	A964_1019	carbamoyl phosphate synthase small subunit	2.792 2
	cpdB	A964_1800	bifunctional 3’-cyclic nucleotide 2’-phosphodiesterase/3’-nucleotidase precursor protein	−2.788 3
	ndk	A964_0905	nucleoside diphosphate kinase	2.611 3
	pyrB	A964_1020	aspartate carbamoyltransferase	3.126 6
	pyrF	A964_1023	orotidine 5’-phosphate decarboxylase	1.638 7
Ribosome	ileS	A964_0515	isoleucyl-tRNA synthetase	1.682 9
	proS	A964_1771	prolyl-tRNA synthetase	1.876 1
Vitamin metabolism	fabG	A964_0354	3-ketoacyl-ACP reductase	−1.935 3
	ribD	A964_0749	riboflavin biosynthesis protein RibD	1.834 9

续表

Category	Gene Name	Gene ID	Putative Function	Log_2 (foldchange)
	ribE	A964_0750	riboflavin synthase subunit alpha	1.684 3
	ribH	A964_0752	7-dimethyl-8-ribityllumazine synthase	1.947 1
	tenA	A964_0842	TenA family transcriptional regulator	2.569 4
	thiD	A964_0843	phosphomethylpyrimidine kinase	2.214 9
	thiE	A964_0845	thiamine-phosphate pyrophosphorylase	2.668 9
	thiM	A964_0844	hydroxyethylthiazole kinase	2.779 9
	ulaG	A964_1720	L-ascorbate 6-phosphate lactonase	−4.030 6
Biosynthesis of secondary metabolites	–	A964_1247	Ser/Thr protein phosphatase	−1.811
	adhP	A964_0053	alcohol dehydrogenase	−2.687 5
	arcA	A964_2010	arginine deiminase	2.190 2
	argG	A964_0128	argininosuccinate synthase	−6.272 1
	argH	A964_0129	argininosuccinate lyase	−6.718 4
	argI	A964_2012	ornithine carbamoyltransferase	1.830 5
	argI	A964_1973	ornithine carbamoyltransferase	−5.043 8
	fbp3	A964_0548	fructose-C6-bisphosphatase	−1.643 5
	glgA	A964_0859	glycogen synthase	−2.900 3
	glgB	A964_0856	glycogen branching protein	−2.869 7
	glgC	A964_0857	glucose-1-phosphate adenylyltransferase	−2.302 9
	ldh	A964_0937	L-lactate dehydrogenase	1.916
	metK	A964_0619	S-adenosylmethionine synthetase	3.510 5
	mmuM	A964_1896	bifunctional homocysteine S-methyltransferase-methylenetetrahydrofolate reductase	−1.559 4
	ndk	A964_0905	nucleoside diphosphate kinase	2.611 3
	pgm	A964_1041	phosphoglucomutase	−1.754 7
	purC	A964_0023	phosphoribosylaminoimidazole-succinocarboxamide synthase	2.273
	talB	A964_1729	fructose-6-phosphate aldolase 2	−3.369 8
	tktB	A964_0286	transketolase	−1.882 2

二、荧光定量 PCR 验证溶血和生物膜相关毒力基因表达

本研究选择了与溶血性相关的 6 个基因、生物膜相关的 3 个基因和毒力相关的 4 个基因进行荧光定量 PCR（qRT-PCR）验证。由图 2–35 可知，转录数据库中，*cylE*、*cylB*、*cylZ*、*cylF*、*cylA* 和 *cylD* 基因作为无乳链球菌 β– 溶血 / 细胞毒力基因簇 *cyl* 的成员，野生株的表达均上调，*hemolysin* A 表达下调，而 qRT-PCR 结果则都呈现上调的趋势，表明 *phoB* 基因正调控溶血相关基因，生物膜和毒力相关基因表达模式的转录组和 qRT-PCR 结果相一致。qRT-PCR 结果与转录组数据的一致性，说明本研究构建的转录组数据库结果正确可靠，为进一步对 PhoB 调控的功能验证提供了技术保障。

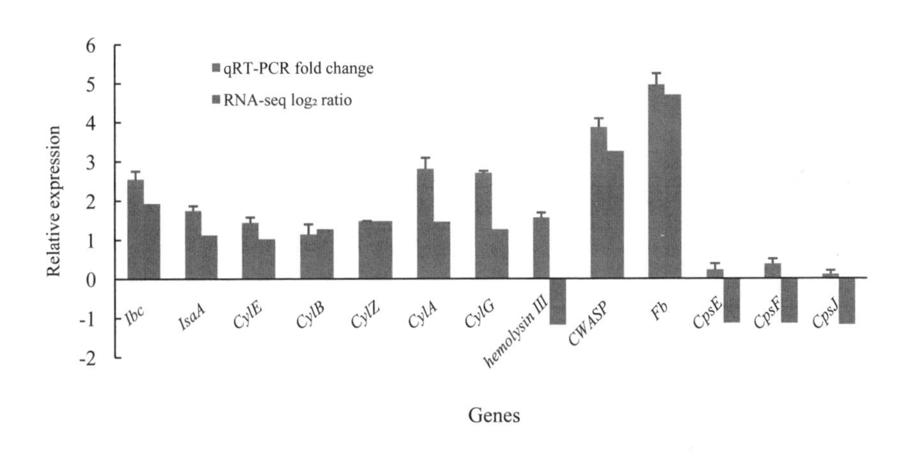

图2–35　qRT-PCR验证结果

Ibc: IgA-binding beta antigen; IsaA: immunodominant antigen A; cylE/B/Z/A/G: hemolysin genecluster; CWASP: cell wall surface anchor protein; Fb: fibrinogen-binding protein; CpsE: glycosyl transferase; CpsF: polysaccharide biosynthesis protein; CpsJ: capsular polysaccharide biosynthesis protein

三、限磷条件下野生株 ZQ0910 和突变株 SAΔ*phoB* 的蛋白图谱

为了全面地研究 *phoB* 基因如何调控无乳链球菌生物膜形成及毒力基因表达，本研究进一步采用经典蛋白质双向电泳技术检测限磷条件下野生株 ZQ0910 和突变株 SAΔ*phoB* 的差异表达蛋白。提取样本 ZQ0910 和 SAΔ*phoB* 菌体总蛋白，进行双向电泳，得到两个样品的全菌蛋白图谱，代表胶图如图 2–36。采用 Image Master 软件对蛋白图谱进行分析，样本 ZQ0910 和 SAΔ*phoB* 分别平均检测到 370

和 348 个蛋白点。通过比对野生株 ZQ0910 和突变株 SAΔ*phoB* 样品中相同蛋白质点的相对丰度值（%Vol），即为蛋白质表达差异水平，最终得到 60 个在限磷条件下表达水平发生变化＞1.5 倍的蛋白质（$P < 0.01$），其中 33 个蛋白质表达水平上升，27 个蛋白质表达水平降低（图 2–37），通过 MASCOT 搜索程序在 NCBIprot 数据库中进行检索，比对获得这些蛋白质信息，详细见表 2–12。

通过 NCBIprot 数据库比对和 KEGG 通路中蛋白功能注释 60 个差异蛋白，其中有 5 个蛋白质与毒力相关，分别为：纤连蛋白结合蛋白（cell wall associated fibronectin-binding protein）、丝氨酸 / 苏氨酸蛋白激酶（serine/threonine protein kinase）、I 型 3–磷酸甘油醛脱氢酶（type I glyceraldehyde-3-phosphate dehydrogenase）、L–乳酸脱氢酶（L-lactate dehydrogenase）、免疫球蛋白 A1 蛋白酶（immunoglobulin A1 protease）和钛型接合转移释放酶（Ti-type conjugative transfer relaxase，TraA）；有 2 个与细胞膜相关且在突变株中呈现了上调，分别为脂蛋白（lipoprotein）和正调节生物膜形成的双组分系统调节子 LiaR，可见 *phoB* 基因的缺失不论从转录组还是蛋白水平上均对无乳链球菌生物膜和毒力产生了影响。另外，有关应激、氧化还原反应和转录调节的多个蛋白被鉴定，包括应激蛋白（UspA 和 Gls24）、分子伴侣（GroES 和 HtpG）、2–硝基丙烷加氧酶（2-nitropropane dioxygenase）、过氧化物酶（2-Cys peroxiredoxin 和 peroxiredoxin）、过氧化物还原酶（alkyl hydroperoxide reductase protein C）和超氧化物歧化酶（superoxide dismutase）以及 6 个双组分系统调节磷离子、生物膜、耐药外排泵、锌离子、氮离子效应蛋白（PhoR、LiaR、PadR、AdcR、LysR、NtrB）。其余蛋白则分别定位在磷酸转运、蛋白质翻译、细胞分裂、DNA 复制和糖类、脂肪酸及氨基酸代谢通路上，其中 9 个蛋白质与糖类代谢（碳水化合物）相关，包括葡萄糖酸还原酶（2, 5-diketo-D-gluconic acid reductase）、丙酮酸激酶（pyruvate kinase）、6–磷酸果糖醛缩酶（fructose-6-phosphate aldolase）、甘露糖 –6–磷酸异构酶（mannose-6-phosphate isomerase）、黄素还原酶（FMN reductase）、磷酸转乙酰酶（phosphotransacetylase）、脱氧核糖二嘧啶光裂解酶（deoxyribodipyrimidine photo-lyase）和腺苷酸琥珀酸合成酶（adenylosuccinate synthase）。

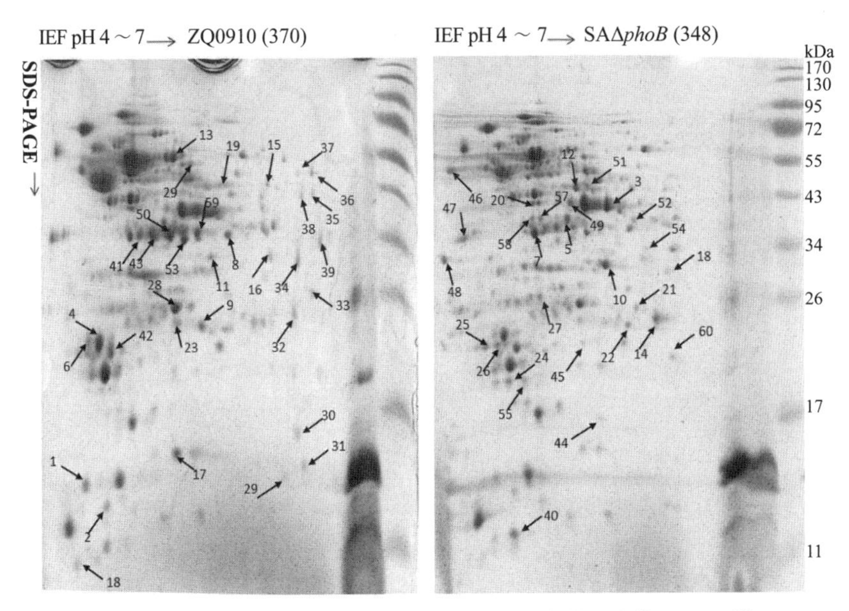

图2-36　野生株ZQ0910和突变株SAΔ*phoB*全菌蛋白的2-DE图谱

表 2-12　无乳链球菌野生株 ZQ0910 和突变株 SAΔ*phoB* 限磷条件下差异表达蛋白质谱鉴定结果

Category	Spot	Locus	Protein identification	Molecular mass（Da）	pI	Score	Coverage (%)
Virulent-related	9	CYG01632	cell wall associated fibronectin-binding protein	382 589	5.33	96	24
	13	WP_065638634	serine/threonine protein kinase	72 299	5.58	91	42
	17	WP_000260659	type I glyceraldehyde-3-phosphate dehydrogenase	36 025	5.25	119	53
	33	WP_047199239	L-lactate dehydrogenase	33 382	5.82	134	26
	39	COF35734	immunoglobulin A1 protease	93 765	6.51	92	36
	15	WP_064820496	Ti-type conjµgative transfer relaxase TraA	170 985	6.65	119	37

续表

Category	Spot	Locus	Protein identification	Molecular mass （Da）	pI	Score	Coverage (%)
Cell wall	22	WP_048594323	lipoprotein	916 719	4.48	127	17
Stress response	41	WP_055349967	universal stress protein UspA	17 081	5.17	332	66
	2	EPW24043	molecular chaperone GroES	9 697	4.75	94	70
	8	WP_011235078	molecular chaperone HtpG	72 902	4.85	92	43
	6	WP_000431291	Gls24 family general stress protein	19 250	4.75	156	34
Oxidation-reduction	16	WP_025197285	2-nitropropane dioxygenase	33 372	5.7	614	60
	24	WP_000206527	2-Cys peroxiredoxin	18 513	4.77	405	74
	25	WP_000060538	peroxiredoxin	20 717	4.55	286	58
	26	WP_000060538	Alkyl hydroperoxide reductase protein C	20 731	4.55	289	73
	42	EAO77322	superoxide dismutase	20 055	4.98	370	53
Transcriptional regulator	11	AKU99937	Two-component sensor histidine kinase PhoR	75 190	5.45	96	44
	23	WP_045254438	helix-turn-helix transcriptional regulator LiaR	104 184	5.44	95	41
	30	WP_047105634	PadR family transcriptional regulator	12 943	9.33	73	68
	34	WP_017647935	transcriptional regulator AdcR	16 812	5.88	77	35
	14	WP_056923290	LysR family transcriptional regulator	36 071	6.01	65	22
	27	WP_067610209	PAS domain-containing sensor histidine kinase NtrB	40 980	5.74	88	48
	4	WP_057706106	ATP-dependent Clp protease ATP-binding subunit ClpC	91 844	5.84	104	47
	10	WP_054118685	ATP-dependent Clp protease ATP-binding subunit ClpA	86 103	6.2	94	36

续表

Category	Spot	Locus	Protein identification	Molecular mass (Da)	pI	Score	Coverage (%)
Carbohydrate transporter	58	WP_047207523	2, 5-diketo-D-gluconic acid reductase	31 321	5.32	94	30
	21	WP_017646603	pyruvate kinase	54 179	5.11	327	55
	44	WP_000394894	fructose-6-phosphate aldolase	24 316	5.67	290	49
	31	WP_017649056	mannose-6-phosphate isomerase, class I, partial	31 452	5.19	298	33
	46	WP_000766632	FMN reductase	22 342	5.07	129	29
	57	CNJ98227	phosphotransacetylase	35 911	4.83	324	62
	29	WP_012286947	deoxyribodipyrimidine photo-lyase	52 895	5.68	71	28
	12	WP_050140968	adenylosuccinate synthase	47 678	5.7	379	50
	3	WP_050196939	cupin	14 953	4.66	240	41
Amino acid metabolism	19	WP_000221015	gamma-glutamyl-phosphate reductase	45 686	5.28	167	31
	43	EIS76155	glutamine amidotransferases class-II family protein	28 653	8.92	55	38
	37	WP_019014270	4-hydroxy-tetrahydrodipicolinate synthase	31 486	6.51	65	35
	18	WP_000195397	ornithine carbamoyltransferase 2, catabolic	38 209	5.25	261	67
Fatty acid metabolism	48	CCO73945	beta-ketoacyl-ACP reductase	25 878	5.57	280	66
	50	WP_000175070	beta-ketoacyl-[acyl-carrier-protein] synthase II	43 851	5.15	296	52

续表

Category	Spot	Locus	Protein identification	Molecular mass (Da)	pI	Score	Coverage (%)
Phosphate transport	1	WP_061459954	phosphocarrier protein HPr, partial	7 474	4.99	133	91
	7	WP_050148616	PTS sorbose transporter subunit IIB	17 963		401	84
Protein translation	20	WP_000268452	30S ribosomal protein S2	28 611	5.22	509	65
	55	WP_000331498	50S ribosomal protein L17	14 539	9.65	188	54
	28	WP_067659664	tRNA threonylcarbamoyladenosine biosynthesis protein TsaE	18 229	5.43	44	47
	35	WP_000083745	methylenetetrahydrofolate--tRNA-(uracil(54)-C(5))-methyltransferase (FADH(2)-oxidizing) TrmFO	49 613	6.06	161	35
DNA replication	52	WP_057765643	stage III sporulation protein AA	34 209	8.59	96	62
	36	WP_032076541	DNA mismatch repair protein MutS	103 208	5.4	92	33
	47	WP_000452064	transposase	14 451	4.41	293	74
Cell division	40	WP_013376900	gliding motility protein	454 369	5.33	91	17
	59	WP_001185359	cell division protein SepF	23 487	5.12	429	64
	32	WP_034737898	chromosome segregation protein SMC	125 388	5.09	99	40
Other	49	WP_023276788	hypothetical protein	15 703	9.1	42	18
	60	CSB76037	Uncharacterised protein	3 656	10.2	58	47
	56	WP_010889758	hypothetical protein	254 431	4.74	132	27

[a]: 数字编号对应图4-10中的蛋白点；[b]: Spot numbers refer to the proteins labeled in Fig. 2-36.

四、转录组和蛋白质组结果的相关性分析

通过 RNA-seq 和 2-DE 分析发现，在限磷条件下无乳链球菌的野生株 ZQ0910 与缺失株 SAΔ*phoB* 分别有 521 个基因和 60 个蛋白质发生了差异变化。蛋白质组研究主要分析了全菌蛋白即菌体内可溶性蛋白质的表达情况，因而对鉴定得到的差异表达蛋白与其在转录水平上的变化进行了相关性评价，其中 22 个蛋白质同时在转录水平上也发生了差异表达，包括 8 个同时下调表达和 8 个同时上调表达，另外 6 个蛋白质则与转录水平的变化呈反向相关。

第六节　无乳链球菌 sRNA 鉴定及分析

一、无乳链球菌 sRNA 鉴定

对在无乳链球菌 RNA-Seq 深度测序中获得的 17 个候选 sRNA 进行 RT-PCR 分析，发现候选 sRNA 中的 SAR-1、SAR-4 和 SAR-9 呈阳性反应，我们初步认为这 3 条 sRNA 存在于无乳链球菌中（图 2−37）。应用地高辛试剂盒制备 3 条 sRNA 的 DNA 探针，提取无乳链球菌总 RNA 后进行变性 PAGE 电泳，然后转印至尼龙膜，紫外交联后用 DNA 探针进行 Northern blotting 进一步验证 SAR-1、SAR-9 和 SAR-4（图 2−38），结果表明这 3 条 sRNA 为真实存在于无乳链球菌中。

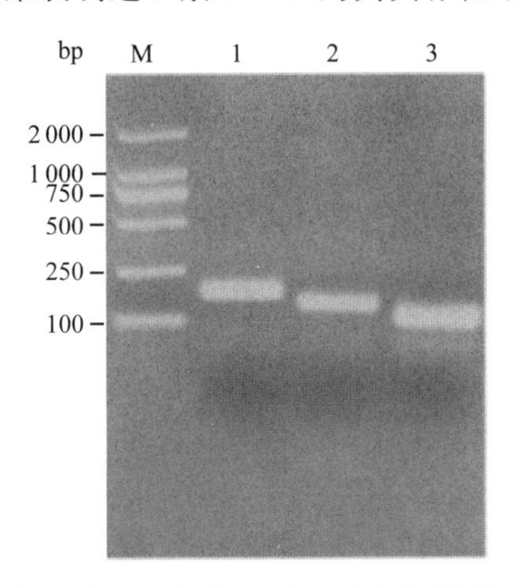

图2−37　SAR-1、SAR-9、SAR-4 RT-PCR产物电泳

M：DL2000 DNA分子量标准；1：SAR-9；2：SAR-1；3：SAR-4

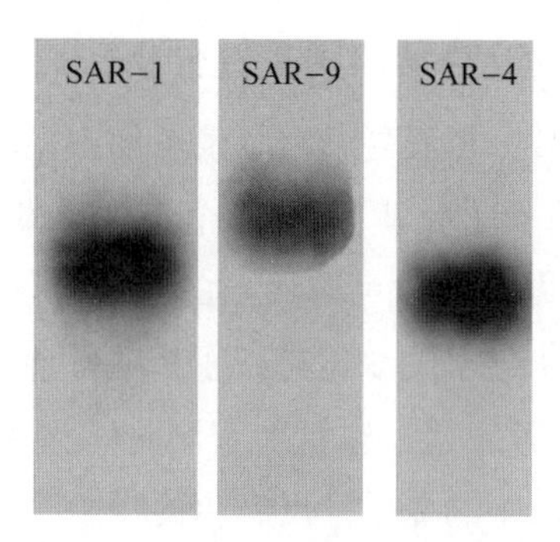

图2-38 SAR-1、SAR-9、SAR-4 Northern blot结果

二、RACE 寻找无乳链球菌 sRNA 起始点

实验采用 Takara 公司 5'-Full RACE Kit 和 3'-Full RACE Core Set with Prime Script™ Rtase 试剂盒进行扩增无乳链球菌 sRNA 侧翼序列，实验中用 DNase I 对 RNA 模板进行处理以彻底避免基因 DNA 的污染，同时注意避免 RNA 降解，确保无乳链球菌 sRNA RACE 实验的可靠性。PCR 产物测序拼接后获得 SAR-1 和 SAR-4 的起始点，但无法获取 SAR-9 的起始点。其中 SAR-1 全长为 173 nt，序列为 CTAACATATCAATCCATAAAACCCTTTTTGTAAACGTTTTATTTATTACTAG TATATCTTTTATAAACCAATTTATATGAAATCGTCATAAACTTTTGAAAATTGC AGTGTCAACCAAATACCACTATATCTAAAAACTAGTAAATGATAAGTGAAGTC AAGGAAAATTCAA，在无乳链球菌基因组的 1722687 至 1722860 位置处；SAR-4 全长为 179 nt，序列为 AGATGAGTTTAAAGAAGCGATTGATAAAGG CTATATT TCAGGGAACACAGTAGCGATAGTGGTAAAAACGGAAAGATATTTGATTATGT GTTACTACACGAAGTGAGAGAAGAAGAGGTTGTTACAGTTGAGAGAGTGC TTGATGTAGTACTGAGGAAGTTATCATAATAACGGACCA，在无乳链球菌基因组的 672576 至 672755 位置处。应用 TargetRNA2 对上述两条 sRNA 的目标基因预测，结果表明 SAR-1 最有可能调控的目标基因是 uridine phosphorylase、RNA methyltransferase、GntR family transcriptional regulator、MerR family transcriptional regulator 等，SAR-4 最有可能调控的目标基因是 cardiolipin synthetase、GTP-dependent nucleic acid-binding protein EngD、amino acid ABC transporter amino acid-binding protein、acetyltransferase、ribonucleotide-diphosphate reductase、acetolactate synthase 等。

三、无乳链球菌 ΔSAR-1 突变株生物学表型特征

设计相应引物，应用同框缺失法将缺失 SAR-1 序列的 8-162 位 nt 的片段导入 pSET4s 自杀质粒中形成重组质粒 pSET4sΔSAR-1，将供体菌和受体菌结合使重组自杀质粒进入无乳链球菌野生株，利用二次同源交换筛选已缺失 SAR-1 的突变株 ΔSAR-1（图 2–39），将突变株和野生株的目的片段扩增后进行测序，表明突变株 ΔSAR-1 构建成功。

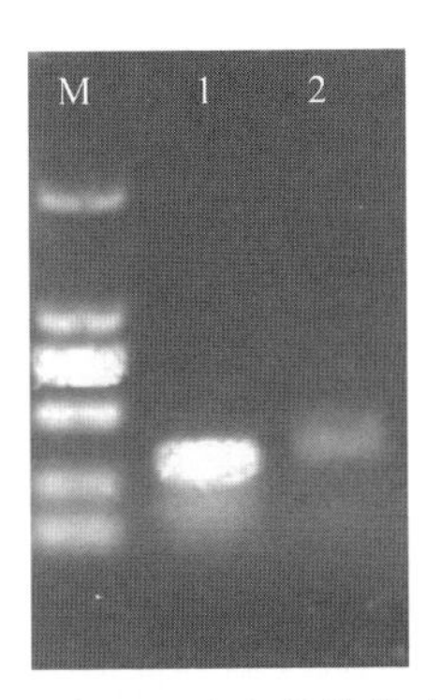

图2–39　ΔSAR-1突变株的构建及验证

M: DL2000; 1: 突变株目的片段; 2: 野生株目的片段

无乳链球菌 ΔSAR-1 连续传代 30 次后，用培养物作模板，做 PCR，检测出 316 bp 特定条带（图 2–40）。而作为阴性对照株野生株 HY9901，不能检测出相应条带。这些结果表明本研究突变株能够稳定遗传。

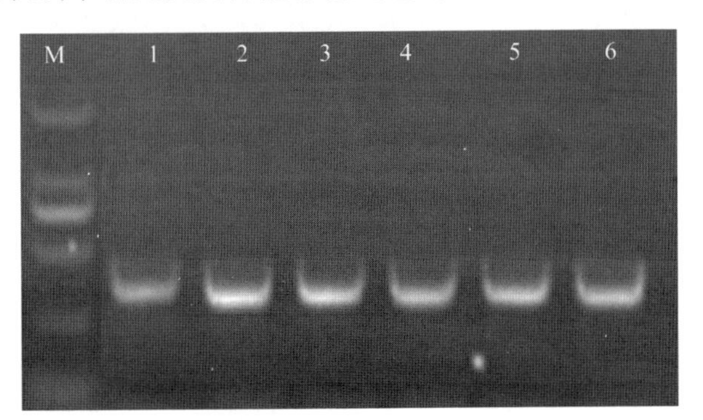

图2–40　无乳链球菌ΔSAR-1遗传稳定性检测

M: DL2000; 1: 原始ΔSAR-1; 2: 传代5次; 3: 传代10次; 4: 传代15次; 5: 传代20次; 6: 传代30次

通过比较无乳链球菌野生株和 ΔSAR-1 在培养基中的生长曲线可以看出，两

个菌株的生长情况基本一致，即 SAR-1 的缺失对无乳链球菌的生长没有影响（图 2-41）。

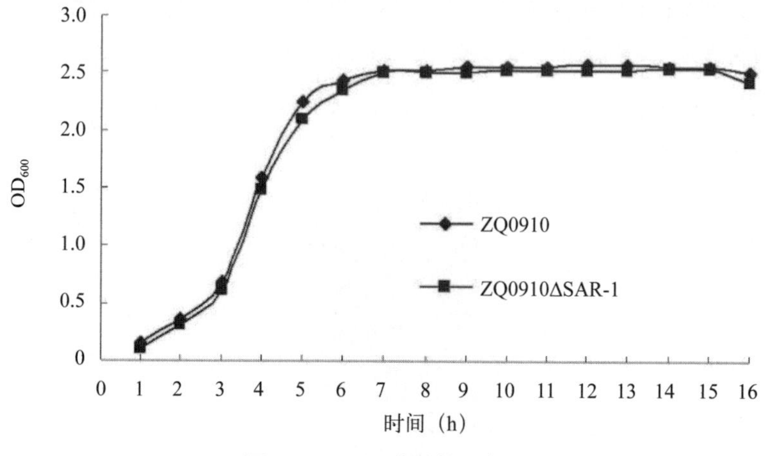

图2-41 不同菌株的生长曲线

在泳动实验平板上无乳链球菌野生株和 ΔSAR-1 的泳动圈直径平均为 4.7±0.2 cm 和 4.5±0.3 cm，经统计分析发现两者之间没有明显的差异，表明 sRNA SAR-1 的缺失对无乳链球菌的泳动没有影响。

利用结晶紫染色法测定 sRNA SAR-1 的缺失是否对无乳链球菌生物膜的生成有影响。从图中可以看出野生株和 ΔSAR-1 具有相似的生物被膜形成能力，两者没有显著差别，提示 SAR-1 对菌株的生物被膜形成能力没有显著的影响（图 2-42）。

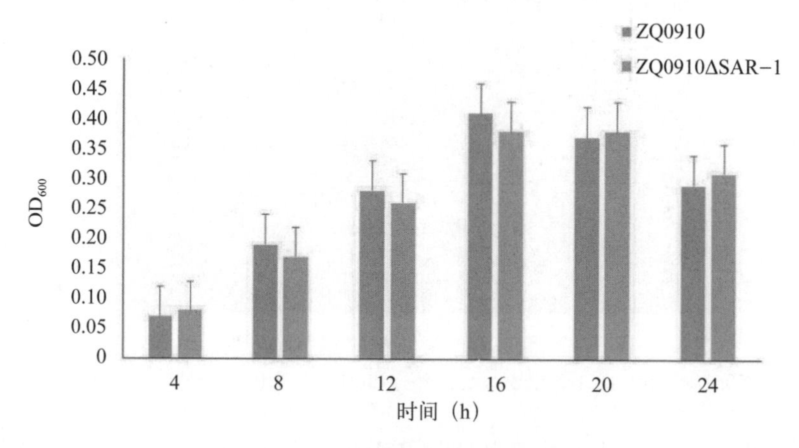

图2-42 不同菌株生物被膜形成能力

分别将无乳链球菌野生株和 ΔSAR-1 培养之后以 1 ： 100 比例转接到新鲜的培养基中，培养至 OD_{600} 为 0.5 左右后收获菌体。用 pH 7.2 的 PBS 清洗菌体 3 次。然后再用 PBS 梯度稀释菌株，对 50 g 奥尼罗非鱼进行人工感染。分为 5 个溶度注射组（10^4 ～ 10^8 cfu/mL），每个浓度 20 尾鱼，以腹腔注射的方式每尾注射 0.1 mL 相应浓度的菌液。同时以 PBS 注射组为对照组。将人工感染后的斜带石斑鱼正常喂养。记录 15 d 内鱼体死亡数目至死亡情况稳定。同时观察死鱼症状，分离死鱼体内的细菌接至 BHI 平板上培养，PCR 检测 16S rDNA，确认死于无乳链球菌感染。结果表明野生株和 ΔSAR-1 的 LD_{50} 分别为 7.6×10^6 cfu/尾和 3.8×10^5 cfu/尾，经统计分析发现两者之间存在明显的差异，表明 sRNA SAR-1 可以调控无乳链球菌对寄主动物的侵染和毒力。

四、无乳链球菌 ΔSAR-1 突变株蛋白质组学分析

无乳链球菌野生株和 ΔSAR-1 培养之后取全菌蛋白 2D-DIGE 电泳后进行蛋白质表达的比较（图 2–43）。通过 LC-MALDI 软件分析找出差异蛋白，从中选择 21 个丰度较高的蛋白点进行质谱鉴定，鉴定出 15 个阳性结果（表 2–13）。其中 A1、A5、A7、A9、A10 和 A14 在突变株中表达上调，其他 9 个蛋白点在突变株中表达下调。

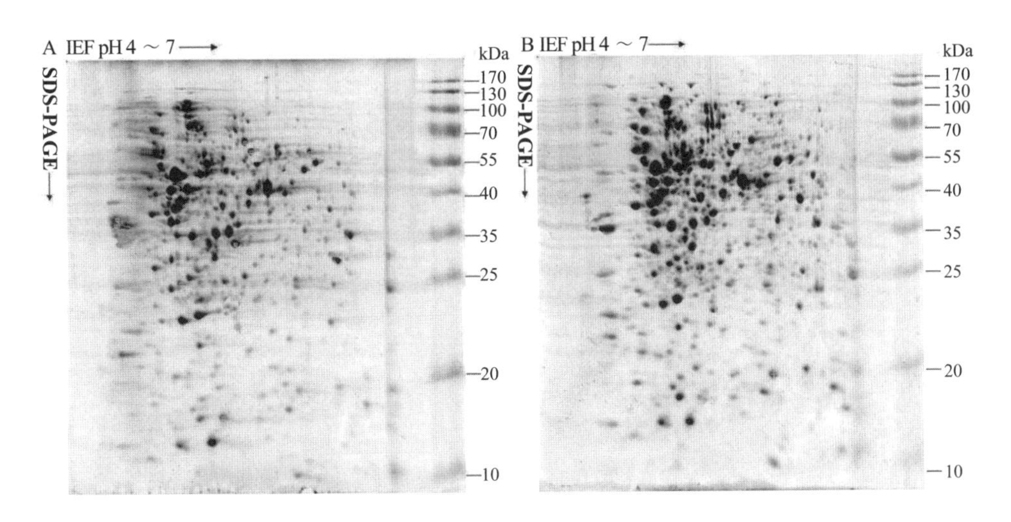

图2–43　无乳链球菌野生株ZQ0910和ZQ0910△SAR-1全菌蛋白双向电泳图

表 2-13　无乳链球菌差异蛋白质 LC-MALDI 鉴定结果

Protein No.	Protein Name	Gene symbol	Function
A1	uridine phosphorylase		biosynthesis of cofactors, prosthetic groups, and carriers: Other
A2	electron transfer flavoprotein, alpha-subunit	Alpha-ETF	iron-binding
A3	amino acid ABC transporteracid-binding		transport and binding proteins
A5	recombinase RecA component	RecA	DNA metabolic process
A7	predicted lipase		energy metabolism
A8	transcriptional regulator		regulation of gene
A9	iron ABC transporter ATP-binding protein		establishment of localization
A10	tRNA pseudouridine synthase B	truB	pseudouridine synthesis
A11	glutamine synthetase		amino acid biosynthesis
A12	pantothenate kinase		phosphate-containing compound metabolic
A13	nucleoside diphosphate kinase		nucleoside diphosphate metabolic
A14	hypothetical protein		unknown
A18	GntR family transcriptional regulator	GntR	regulation of gene
A19	orotate phosphoribosyltransferase		UMP biosynthetic process
A20	aspartate-semialdehyde dehydrogenase		isoleucine metabolic process; threonine

第三章　罗非鱼免疫机理的研究

摘要

鱼类特异性免疫在整个机体免疫系统中扮演着越来越重要的角色。因此，阐明鱼类体免疫应答中的作用类型、组织定位以及在病原入侵时的表达变化和功能，为揭示鱼类的免疫防御机制提供重要的理论基础。在本研究中，课题组以联合国粮农组织推荐的优质养殖鱼类——罗非鱼为研究对象，应用同源性克隆和 RACE-PCR 技术克隆了罗非鱼 *sIgM*、*mIgD*、*Lck*、*CD59*、*CD2BP2*、*NCCRP-1*、*CD28*、*CD80/86* 和 *C-type lectin* 等免疫相关基因全长 cDNA 序列，并对其进行生物信息学分析。利用 qRT-PCR 技术对灭活无乳链球菌诱导前后的罗非鱼 *sIgM*、*mIgD*、*Lck*、*CD59*、*CD2BP2*、*NCCRP-1*、*CD28*、*CD80/86* 和 *C-type lectin* 的组织分布差异以及在不同组织中的时间表达模式进行研究。结果发现，上述基因均在健康罗非鱼的多个组织中有表达，无乳链球菌刺激之后，上述基因的 mRNA 水平在多个组织中均较快发生显著性上调，暗示这些基因在细菌感染早期的特异性免疫应答阶段发挥着重要作用。根据罗非鱼 *NCCRP-1* 的基因序列分别构建 NCCRP-1 胞外结合区域以及胞内转录活化区 + 信号转导区三个酵母双杂交诱饵质粒，通过酵母双杂交技术分别从罗非鱼肝脏和头肾 cDNA 文库中筛选互作蛋白。结果总计筛选出 11 个与 NCCRP-1 有潜在相互作用的蛋白。使用酵母双杂交技术，进行点对点验证，最终证实 NCCRP-1 可与 C-type lectin、serotransferrin 相互作用。对于罗非鱼 *sIgM*、*CD59*、*C-type lectin* 和 *serotransferrin* 进行蛋白表达，并获得可溶性表达蛋白。应用表达蛋白制备了 sIgM 多克隆抗体并对罗非鱼肠、脾脏、头肾及鳃组织进行了免疫组织化学分析。发现肠、脾脏、头肾及鳃组织中均有明显的阳性信号；sIgM 亚细胞定位表明其主要存在于肠上皮细胞膜附近。补体抑制试验结果表明 CD59 具有补体抑制活性，且这种活性具有物种选择性。此外，生物素 - 链霉亲和素 ELISA 以及集落形成单位试验结果表明 CD59 能结合革兰氏阳性菌细胞壁的主要组分 PGN 和 LTA，并对无乳链球菌具有一定的抗菌活性。酵母双杂交测定显示 CD28 可直接与 CD80/86 相互作用。

第一节　罗非鱼 *sIgM* 和 *mIgD* 基因克隆、表达模式及组织分布研究

一、罗非鱼 *sIgM* 和 *mIgD* 重链基因的克隆及序列分析

根据 *IgM* 基因的保守序列设计一对简并引物 MF/MR，进行 PCR 扩增后得到

493 bp 片段（图 3–1），根据所得到的片段分别设计 3’ 特异性引物和 5’ 特异性引物，RACE-PCR 后得到 1 280 bp 和 591 bp 的核苷酸序列（图 3–2）。利用 DNAMAN 软件对所得到的核苷酸序列进行拼接，最终得到 1 921 bp 的罗非鱼 *sIgM* 全长序列（GenBank 登录号：KF305823）。根据 Genbank 中已提交的其他硬骨鱼类的 *IgD* 序列，设计简并引物 DF1/DR1、DF2/DR2、DF3/DR3，PCR 扩增后分别得到 342 bp、863 bp、671 bp 的核苷酸片段序列（图 3–3）。根据这些得到的序列，分别设计 3’ 端特异性引物 3-DSP1 和 3-DSP2 以及 5’ 端特异性引物 5-DSP1 和 5-DSP2，进行 RACE-PCR 扩增后分别得到 3’ 端 1 104 bp 和 5’ 端 822 bp 的核苷酸序列（图 3–4）。通过软件对获得的所有序列进行拼接，最终得到 3 347 bp 的 *mIgD* 基因全长 cDNA 序列（GenBank 登录号：KF530821）。

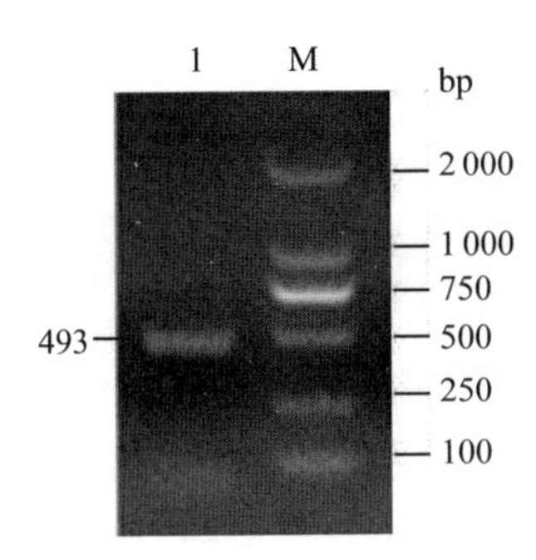

图3–1　*sIgM*基因片段PCR产物琼脂糖凝胶电泳

M：DL2 000DNA分子量标准；1：PCR 产物

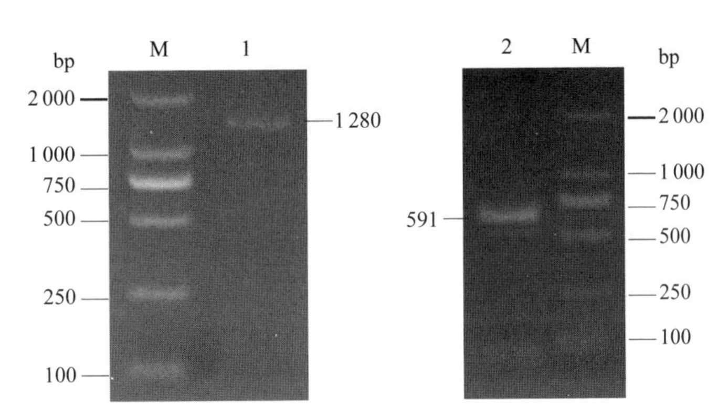

图3–2　3’和5’RACE PCR扩增产物琼脂糖凝胶电泳

M: DL2 000DNA分子量标准; 1: 3’RACE PCR产物; 2: 5’RACE PCR产物

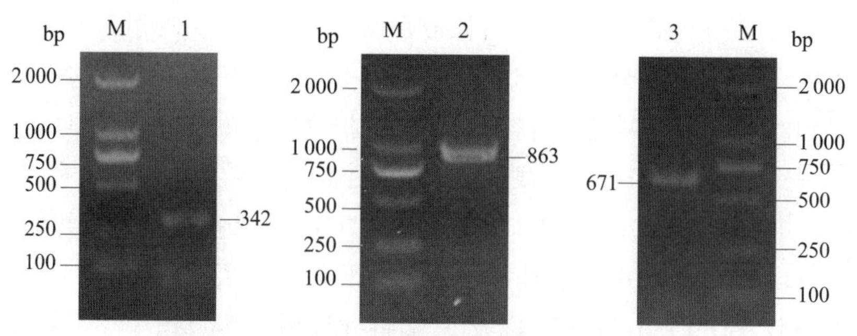

图3-3　*mIgD*基因片段PCR产物琼脂糖凝胶电泳

M: DL2000DNA分子量标准; 1, 2, 3: PCR产物

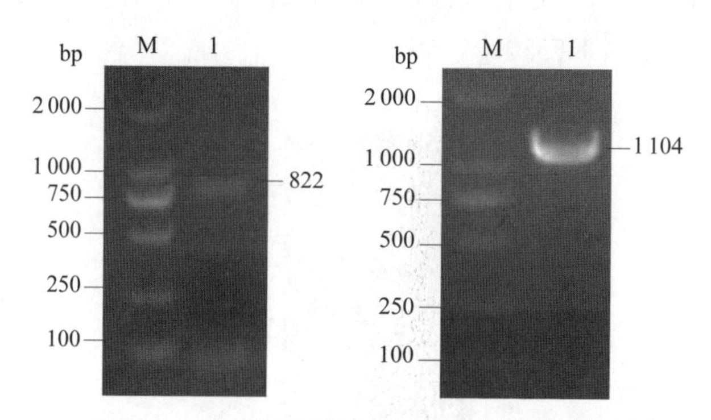

图3-4　*mIgD*基因RACE-PCR产物琼脂糖凝胶电泳

M: DL2000DNA分子量标准; 1: 5'RACE PCR产物; 2: 3'RACE PCR产物

采用生物信息学方法，对上述两个基因进行相应的分析，结果表明，罗非鱼*sIgM*基因cDNA序列全长为1 921 bp，完整开放阅读框（open reading frame，ORF）为1 740 bp，5' 非编码区（5'-UTR）为41 bp，3' 非编码区（3'-UTR）为140 bp，编码579个氨基酸（图3–5）。预测分子量（MW）为64.26 kDa，理论等电点（pI）为5.36。在氨基酸序列N端发现1–19氨基酸处为信号肽结构，不存在跨膜区。通过在线分析工具分别对罗非鱼sIgM氨基酸序列进行分析，发现该蛋白序列含有30个磷酸化位点（图3–6）和4个O–糖基化位点（图3–7）。蛋白质结构功能域分析，确定sIgM有一个可变区（VH）、一个连接区段（JH）和四个恒定区（CH）。将罗非鱼的*sIgM*基因恒定区氨基酸序列与红鳍东方鲀（*Takifugu rubripes*）、斑马鱼（*Danio rerio*）、大马哈鱼（*Oncorhynchus mykiss*）、黄尾鱼（*Plecoglossus altivelis*）、南极岩斑鳕鱼（*Notothenia coriiceps*）、头带冰鱼（*Chaenocephalus aceratus*）及团头

鲂（*Megalobrama amblycephala*）的 sIgM 恒定区氨基酸序列进行序列相似性对比（图 3–8），发现每个恒定区几乎都含有保守的半胱氨酸和色氨酸。根据不同鱼类的 IgM 氨基酸序列构建的系统进化树显示（图 3–9），罗非鱼 IgM 与牙鲆（*Paralichthys olivaceus*）和军曹鱼（*Rachycentron canadum*）亲缘关系较近。

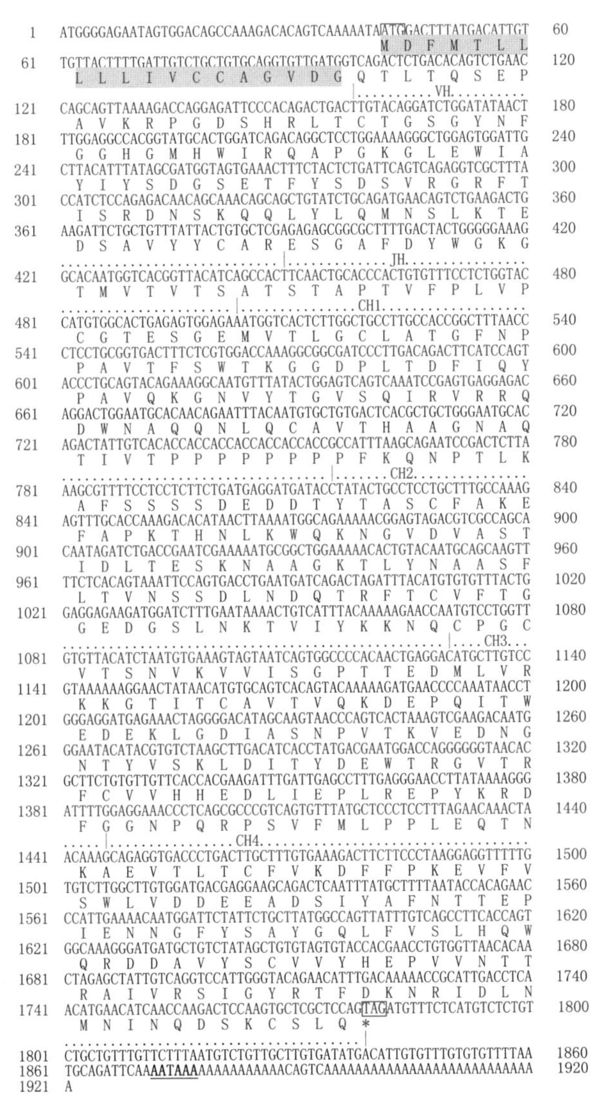

图3–5　罗非鱼*sIgM*基因全长cDNA序列及其推测的氨基酸序列

方框标明的是起始密码子（ATG）和终止密码子（TAG），阴影标记的是信号肽，polyA加尾信号加粗标明，氨基酸分区用分隔符标明。

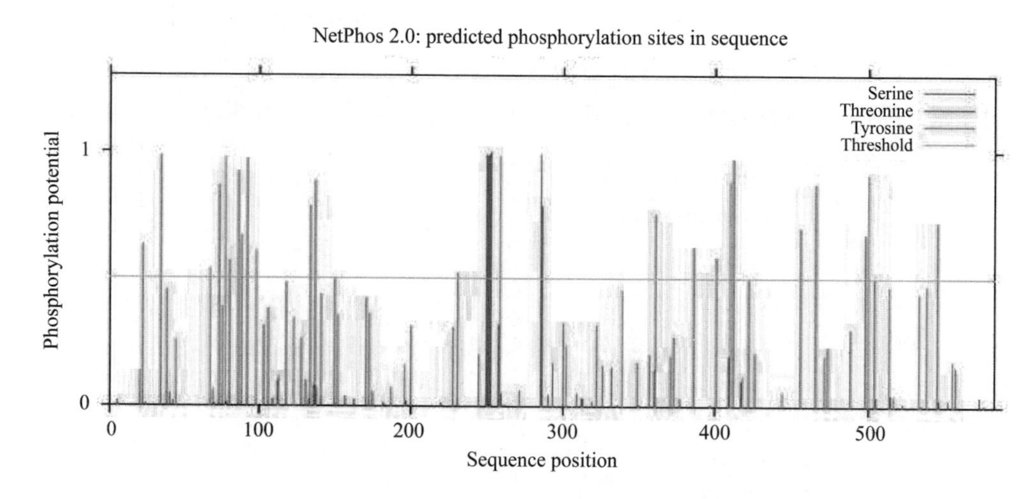

图3-6　罗非鱼sIgM氨基酸序列磷酸化位点预测图谱

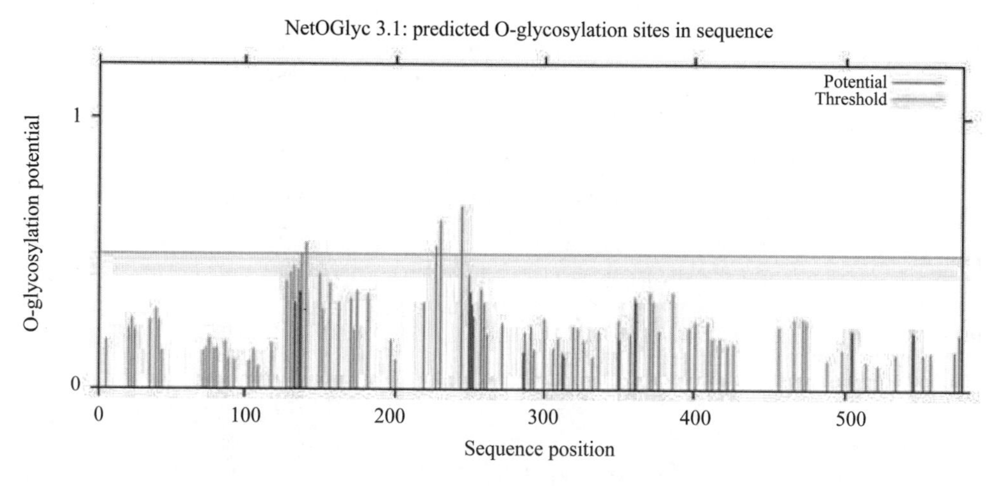

图3-7　罗非鱼sIgM氨基酸序列O-糖基化位点图谱

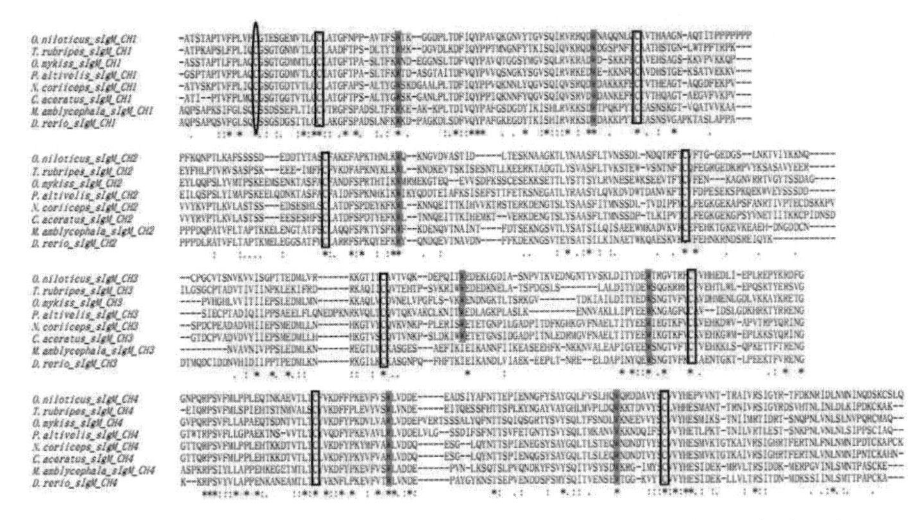

图3-8　罗非鱼sIgM与其他硬骨鱼sIgM恒定区氨基酸序列的多重序列比对

相同氨基酸用*表示，相似氨基酸用．和：表示；椭圆框内的氨基酸表示用于连接轻链的半胱氨酸；黑框内的氨基酸表示用以形成链内二硫键的半胱氨酸；灰色阴影内的氨基酸表示保守的色氨酸；*sIgM*种类及相应的GenBank登录号如下：罗非鱼，KF305823；红鳍东方鲀，AB125609.1；斑马鱼，AF281480.1；大马哈鱼，AY870259.1；黄尾鱼，AB703441.1；南极岩斑鳕鱼，AF437740.1；头带冰鱼，AF437736.1；团头鲂，KC894945.1

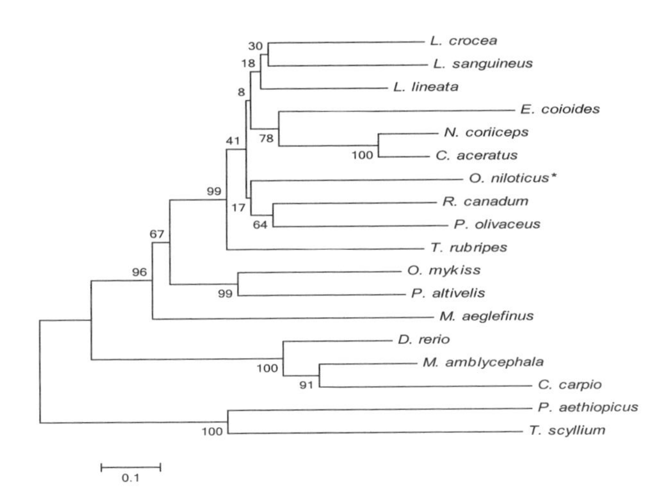

图3-9　NJ法构建的IgM家族成员系统进化树

IgM种类及相应的GenBank登录号如下：*O. niloticus*: KF305823; *T. rubripes*: AB125609.1; *D. rerio*: AF281480.1; *O. mykiss*: AY870259.1; *P. altivelis*: AB703441.1; *N. coriiceps*: AF437740.1; *C. aceratus*: AF437736.1; *M. amblycephala*: KC894945.1; *M. aeglefinus*: AJ784314.1; *T. scyllium*: AB557736.1; *E. coioides*: JQ743909.1; *P. olivaceus*: BAC99314.1; *T. scyllium*: AB557736.1; *P. aethiopicus*: AF437725.1; *L. crocea*: ACM24795.1; *R. canadum*: AFN02400.1; *C. carpio*: BAA34719.1; *L. sanguineus*: ADX01345.1; *L. lineata*: FJ864715.1.

罗非鱼 *mIgD* 基因 cDNA 序列全长为 3 347 bp，ORF 为 3 015 bp，5'-UTR 为 31 bp，3'-UTR 为 301 bp，编码 1 004 个氨基酸。预测 MW 为 110.9 kDa，理论 pI 为 6.24。在氨基酸序列 N 端发现 1–17 氨基酸处为信号肽结构，靠近 3' 端存在跨膜区（图 3–10）。通过在线分析工具分别对罗非鱼 mIgD 氨基酸序列进行分析，发现该蛋白序列含有 56 个磷酸化位点(图 3–11)和 3 个 O– 糖基化位点(图 3–12)。本实验克隆获得罗非鱼 *mIgD* 重链基因结构与大菱鲆、鳜鱼 *IgD* 结构相似，不存在外显子复制现象，基本结构为 VDJ–μ1–δ1–δ2–δ3–δ4–δ5–δ6–δ7–TM。通过将罗非鱼 mIgD 与其他硬骨鱼类 IgD 重链恒定区氨基酸序列比对发现，几乎每个恒定区均存在多个色氨酸和半胱氨酸的保守位点，色氨酸对免疫球蛋白的空间结构的形成及功能起到重要的作用，而半胱氨酸对链内二硫键的形成，维持 Ig 空间结构起着决定性的作用（图 3–13）。由于在 IgD 的第一个恒定区（CH1）没有多余的半胱氨酸与氢键相连，因此在 CH1 之前连接一个 IgM 的恒定区（μ1），利用 IgM-μ1 上的多余的半胱氨酸与氢键相连。

根据 GenBank 上已经获得的硬骨鱼类 IgD 恒定区序列构建系统进化树（图 3–14），可以看出罗非鱼 mIgD 序列恒定区与其他硬骨鱼类恒定区分别聚在一起，且 CH1 和 CH6 聚为一支，CH2 和 CH5 聚为一支，而其他的恒定区则各自聚为一支。罗非鱼 mIgD 恒定区与其他鱼类恒定区相似度比对（表 3–1），可以得出罗非鱼 mIgD 恒定区与庸鲽和鳜鱼相似性最高，相似度分别为 64% 和 63%。

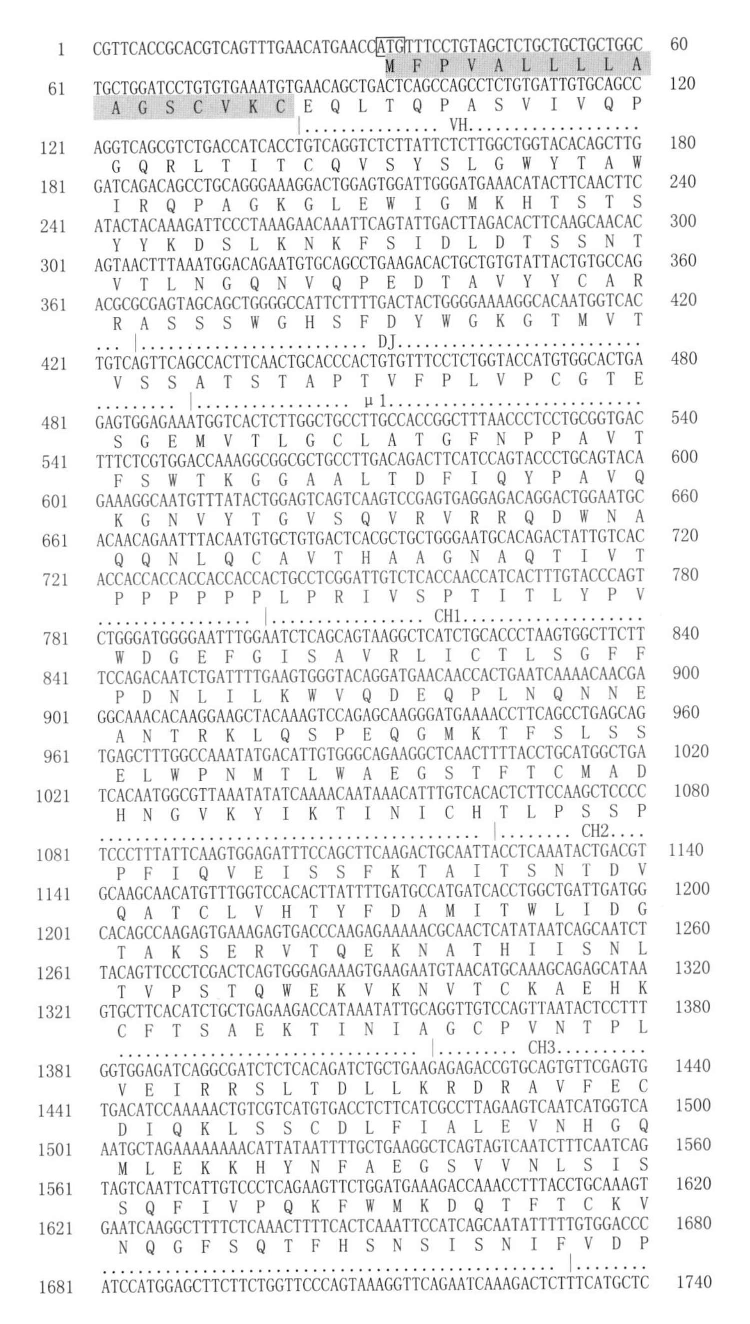

图3-10　罗非鱼*mIgD*基因全长cDNA序列及其推测的氨基酸序列

方框标明的是起始密码子（ATG）和终止密码子（TAG），阴影标记的是信号肽，polyA加尾信号加粗标明，氨基酸分区用分隔符标明。

```
        S  M  E  L  L  L  V  P  S  K  G  S  E  S  K  T  L  S  C  S
1741   TGGATGGGGCTTCAACCCTAACATTACATGGTTGTCTGAGTCTCAGGAAAGGTCTCCAAA   1800
        G  W  G  F  N  P  N  I  T  W  L  S  E  S  Q  E  R  S  P  N
1801   TTCCACTAATATCAGCATGAGTGTAGATGGACATATTAGAGTAACGAGTCAACTTGTAAT   1860
        S  T  N  I  S  M  S  V  D  G  H  I  R  V  T  S  Q  L  V  I
1861   TGATCACTCTGAGTGGAAAAATGGGAATACCTTCACCTGTGAAGTGTCTGACAGGTCTCT   1920
        D  H  S  E  W  K  N  G  N  T  F  T  C  E  V  S  D  R  S  L
1921   GAACACACGTATCACAAAAACGATCAGTCTCTGTTCAGAAACTCCAGCATCATCTCAGAT   1980
        N  T  R  I  T  K  T  I  S  L  C  S  E  T  P  A  S  S  Q  I
       ................. CH4............ |.........................
1981   AGTTGGGGTTTATGTCCAGGGACCACCACCACAGCTGAGTGAGAACAAAGGACATGTGAC   2040
        V  G  V  Y  V  Q  G  P  P  P  Q  L  S  E  N  K  G  H  V  T
2041   TATTACCTGTCTTCTGGTCGGCCCTAATCTTAATGATTTCTCCATCACCTGGAGAGTAGG   2100
        I  T  C  L  L  V  G  P  N  L  N  D  F  S  I  T  W  R  V  G
2101   TGGGAGTCCTGCGAGTAATGTCCTTACTTATCCCCCATTGAGTCACAGCAATGGAACAGA   2160
        G  S  P  A  S  N  V  L  T  Y  P  P  L  S  H  S  N  G  T  E
2161   GACTCGACAGAGCTTCCTTAATGTGTCAGCAGTGGACTGGAATGCATATACAAACATTTC   2220
        T  R  Q  S  F  L  N  V  S  A  V  D  W  N  A  Y  T  N  I  S
2221   TTGTGAAGGAAAACATCCATGCTCCAATCAGGGGAATGAAGACCATATAAGCAAAAGCAC   2280
        C  E  G  K  H  P  C  S  N  Q  G  N  E  D  H  I  S  K  S  T
        ........................ CH5............................
2281   AGTCCGCCTTGTGCCAACAGTGAAGATAATACAACCAACTGCCTCTGAACTTTTTATGTC   2340
        V  R  L  V  P  T  V  K  I  I  Q  P  T  A  S  E  L  F  M  S
       |......................... CH6............................
2341   TGACAACGTAACGCTTGTTTGCCTAGTGTCTGGATTTTTCCCTGCTAACATCATAGTGTA   2400
        D  N  V  T  L  V  C  L  V  S  G  F  F  P  A  N  I  I  V  Y
2401   CTGGGAAGAAGATGGCCAGACTCTCCCATCCTCGCATTATGTTAACAGTCCTCCATGGAA   2460
        W  E  E  D  G  Q  T  L  P  S  S  H  Y  V  N  S  P  P  W  K
2461   ATACTCAGGGAGCAGCTCTTACTCTGTGAGCAGCAGACTAAACATATCCAAAACTGAAGA   2520
        Y  S  G  S  S  S  Y  S  V  S  S  R  L  N  I  S  K  T  E  D
2521   CAAAAGGTCTACGTATTCTTGTGTTGTCAAACATGAGTCATCTAAAGAGCCTGTTGAAAC   2580
        K  R  S  T  Y  S  C  V  V  K  H  E  S  S  K  E  P  V  E  T
2581   CACTATAACTGATGTGTTTGCCTCAGTGATCTACAGCCAACCATCAGCCTACTTGCTTGA   2640
        T  I  T  D  V  F  A  S  V  I  Y  S  Q  P  S  A  Y  L  L  E
        ............... |.................. CH7..................
2641   GGGCTCTAATGAACTTGTGTGTCTGGTCTTTGGCTTCAGTCCTGTATCCATTAACATCAC   2700
        G  S  N  E  L  V  C  L  V  F  G  F  S  P  V  S  I  N  I  T
2701   TTGGTTGAATGAAAAAAAAGAATTGCTGAACTACAACACCAGTGAGCCCCACAGAGGCCC   2760
        W  L  N  E  K  K  E  L  L  N  Y  N  T  S  E  P  H  R  G  P
2761   AGATGGAAAGTTCAATGTCCAGAGCCACCTTTACCTGTCCCAAGATAAATTCTTACCTGG   2820
        D  G  K  F  N  V  Q  S  H  L  Y  L  S  Q  D  K  F  L  P  G
2821   GGTGGTCTTCACCTGCAGGGTCATCCATGCCAACACCACCCTGTCCCTGAATATATCAAA   2880
        V  V  F  T  C  R  V  I  H  A  N  T  T  L  S  L  N  I  S  K
2881   ACCAGATACACCGGATTACTGTAATTTATTTGACAACATTGTGCATGCTGATGTGAATCA   2940
        P  D  T  P  D  Y  C  N  L  F  D  N  I  V  H  A  D  V  N  Q
       .. |........................ TM............................
2941   AGACACAGCTGAGGAAAGCTGGAATGTGGTTTTCACCCTCATTGGTTTTTTCATCACCGC   3000
        D  T  A  E  E  S  W  N  V  V  F  T  L  I  G  F  F  I  T  A
3001   CACCATATATGGTATCATAGTTACATTGATTAAGACTAAATCA[TGA]TGTTCACAGGACGG   3060
        T  I  Y  G  I  I  V  T  L  I  K  T  K  S  *
        ...................................... |
3061   TTCCTGTATTATGACTGAAATATGGAAATTCTGGGGGTTTGAACAGCACCTGTCCTGACT   3120
3121   AGTTTAAACATTTAATGCTTTTTGTTTCCATGTTATTAATGGCATTGTTTATGCTTTACA   3180
3181   ATTTTTGACATTTGTGTTTTAGTTTTGTGCTAGATGTGACATGTATGTAAGATGATGTGA   3240
3241   GGGAATGCATTAAAATCAATAAAGAAAACGAATGACTAAATGCATTAAAAATCAATAAAG   3300
3301   AAAACGAATGACTAATAAAAAAAAAAAAAAAAAAAAAAAAAAAAAAAAAA             3347
```

续图3-10　罗非鱼*mIgD*基因全长cDNA序列及其推测的氨基酸序列

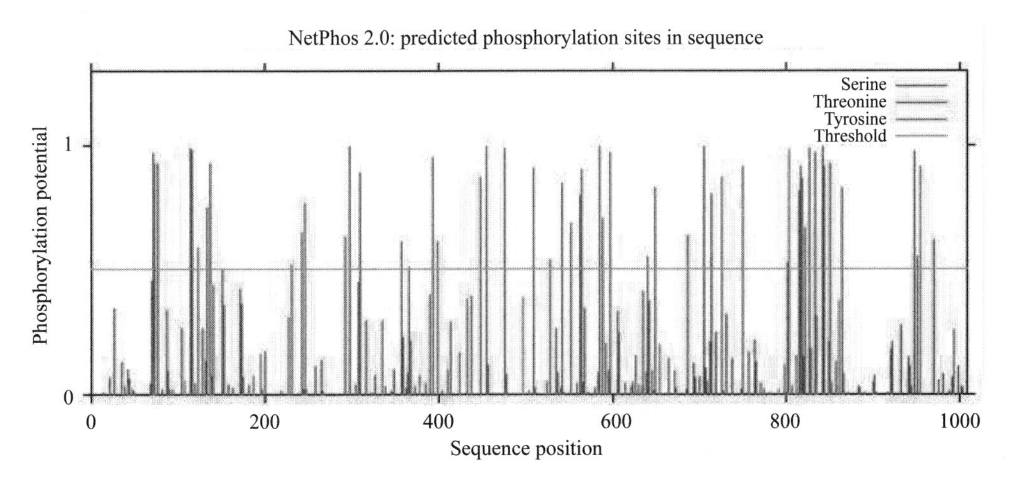

图3-11　罗非鱼mIgD氨基酸序列磷酸化位点预测图谱

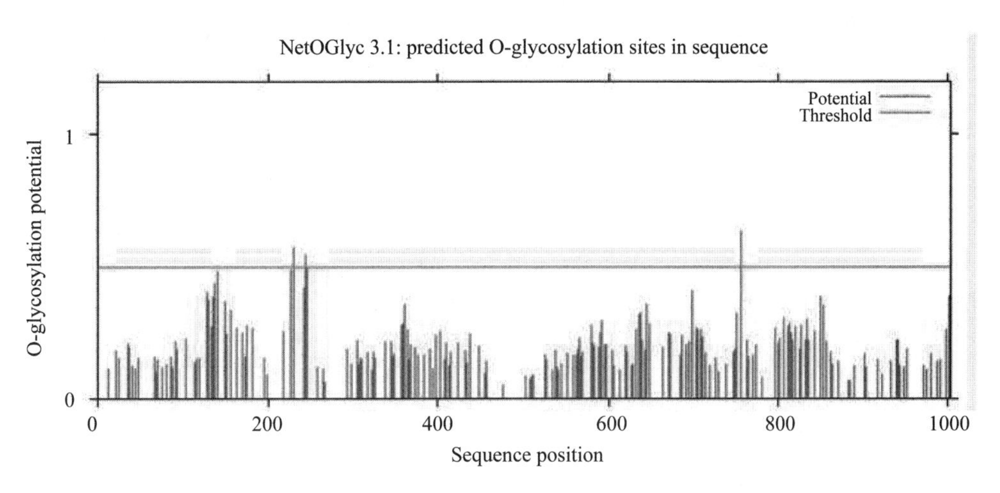

图3-12　罗非鱼mIgD氨基酸序列O-糖基化位点图谱

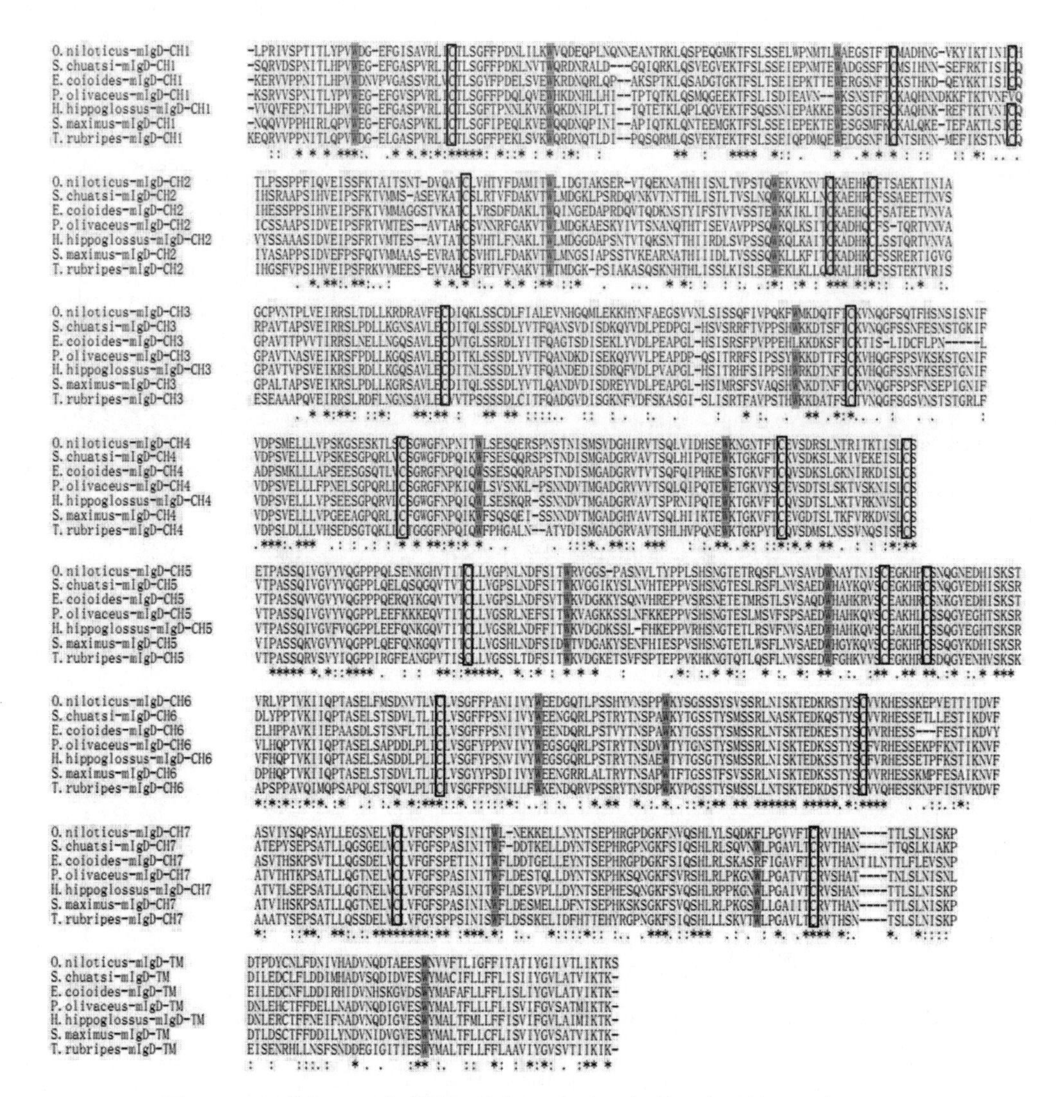

图3-13　罗非鱼mIgD与其他硬骨鱼IgD恒定区氨基酸序列的多重序列比对

相同氨基酸用*表示，相似氨基酸用．和：表示；黑框内的氨基酸表示用以形成链内二硫键的半胱氨酸；灰色阴影内的氨基酸表示保守的色氨酸；mIgD种类及相应的GenBank登录号如下：*O. niloticus*: KF530821; *S. chuatsi*: ACO88906.1; *S. maximus*: AFQ38975.1; *E. coioides*: AFI33218.1; *P. olivaceus*: BAB41204.1; *H. hippoglossus*: AAL79933.1; *T. rubripes*: BAD34541.1.

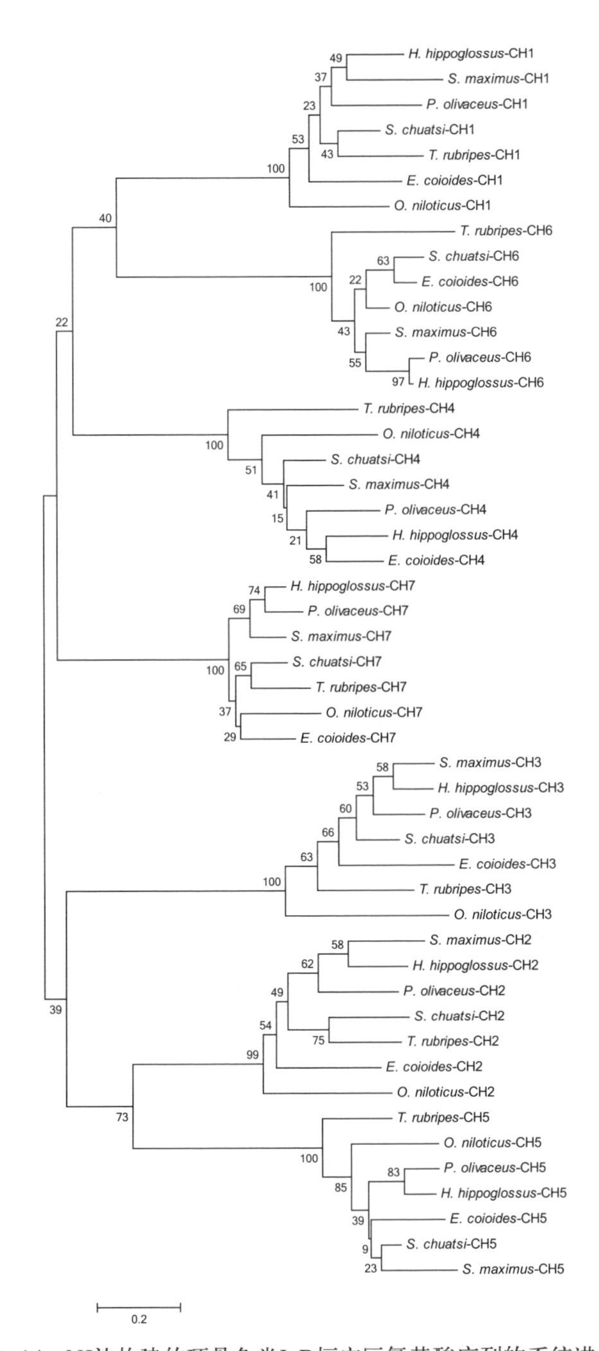

图3–14 NJ法构建的硬骨鱼类IgD恒定区氨基酸序列的系统进化树

IgD种类：*O. niloticus*: KF530821; *S. chuatsi*: ACO88906.1; *S. maximus*: AFQ38975.1; *E. coioides*: AFI33218.1; *P. olivaceus*: BAB41204.1; *H. hippoglossus*: AAL79933.1; *T. rubripes*: BAD34541.1.

表 3-1　罗非鱼 mIgD 恒定区与其他鱼类恒定区相似度

物种	相似度（%）								
Species	CH1	CH2	CH3	CH4	CH5	CH6	CH7	CH1-CH7	TM
庸鲽 *H. hippoglossus*	53	56	45	57	63	69	69	64	54
鳜鱼 *S. chuatsi*	60	52	50	63	75	76	73	63	59
牙鲆 *P. olivaceus*	53	48	46	52	62	68	64	55	50
大菱鲆 *S. maximus*	50	53	48	56	70	70	69	58	56
斜带石斑鱼 *E. coioides*	50	55	50	61	68	70	66	57	53
东方红鳍鲀 *T. rubripes*	55	45	44	46	61	62	64	53	48

二、罗非鱼 *sIgM* 和 *mIgD* 基因的表达模式研究

以 *β-actin* 为内参基因，应用实时荧光定量 PCR（qRT-PCR）技术探讨健康罗非鱼和经过灭活的无乳链球菌免疫 36 h 后的罗非鱼体内的 *sIgM* 和 *mIgD* 这两种基因在头肾、脾脏、胸腺、肝脏、心脏、肌肉、肠、脑、性腺、肾脏、皮肤、鳃等 12 种组织中的表达差异。

结果发现，健康罗非鱼体内，*sIgM* 主要在肠、脾脏、头肾和鳃中表达，而在肌肉、脑和心脏中几乎不表达；而 *mIgD* 主要在头肾、脾脏、胸腺和肾脏中表达，在鳃、肠道、肝脏及皮肤等组织内也有表达，而在肌肉、性腺、脑和心脏中几乎不表达。在经过灭活的无乳链球菌免疫 36 h 后，*sIgM* 和 *mIgD* 基因的表达量在绝大多数组织中都发生上调，并且在一些免疫器官如头肾、脾脏、胸腺中的表达量显著高于健康组织中（图 3-15）。

应用 qRT-PCR 技术，以 *β-actin* 为内参基因，利用特异性引物进行荧光定量 PCR 检测经灭活无乳链球菌免疫 0、4 h、8 h、12 h、24 h、36 h、48 h、60 h、72 h、84 h、96 h 后罗非鱼头肾、脾脏、胸腺、肠、肾脏、皮肤、鳃等 7 种组织中 *sIgM* 和 *mIgD* 基因 mRNA 表达情况。结果表明，免疫后的罗非鱼 *sIgM* 在肠、鳃

及皮肤中最先表达，分别于 8 h、12 h、12 h 达到峰值；而 *sIgM* 在脾脏、肾脏、头肾及胸腺中的表达量也发生上调，分别于 48 h、60 h、48 h 和 36 h 达到峰值，在到达峰值之后，*sIgM* 表达量也开始出现下调现象（图 3–16）。在免疫初期，罗非鱼 *mIgD* 在肠、鳃及皮肤中的表达量迅速升高，直到 8 h、24 h 和 12 h 后分别到达最高，随后 *mIgD* 表达量逐渐下降至免疫前水平。而在脾脏、肾脏、头肾及胸腺等免疫组织中，*mIgD* 的表达量首先呈现缓慢升高的现象，当表达量分别于 72 h、48 h、60 h、48 h 达到峰值后再呈现下调趋势（图 3–17）。

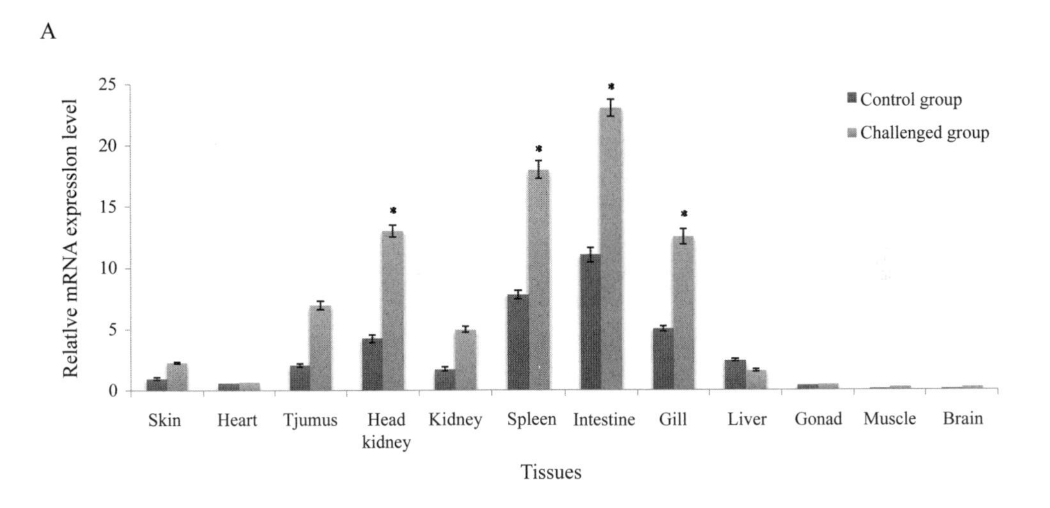

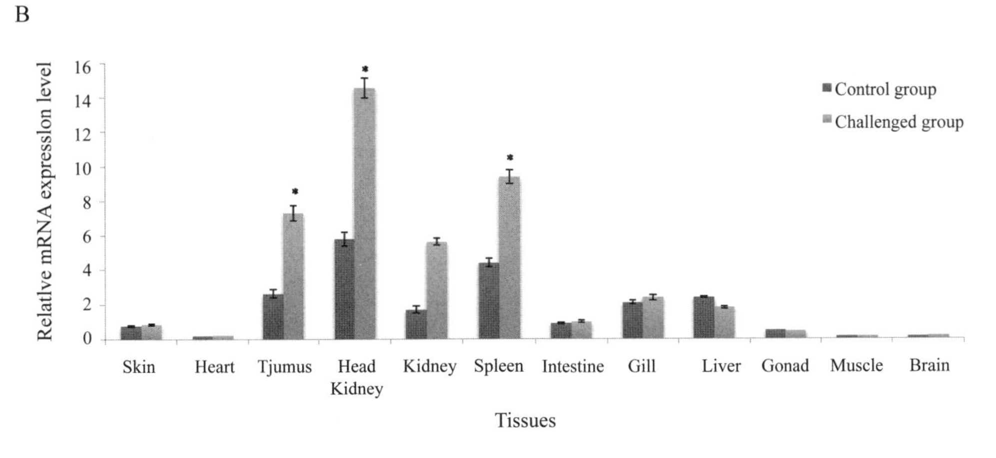

图3–15　荧光定量PCR检测健康和免疫罗非鱼*sIgM*（A）和*mIgD*（B）mRNA组织间表达差异
*: 0.01＜ P＜ 0.05, **: P＜0.01.

A

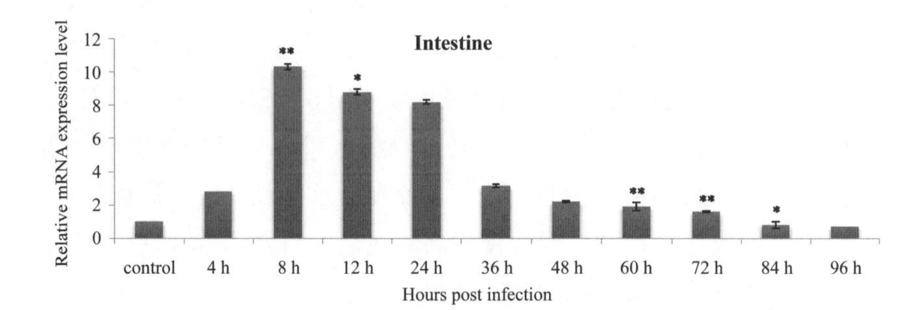

B

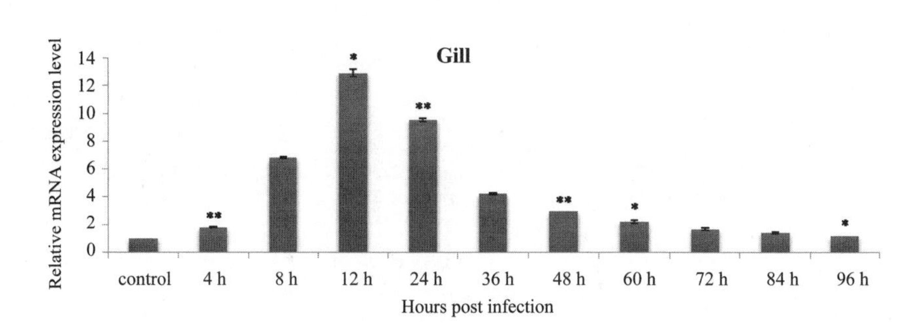

C

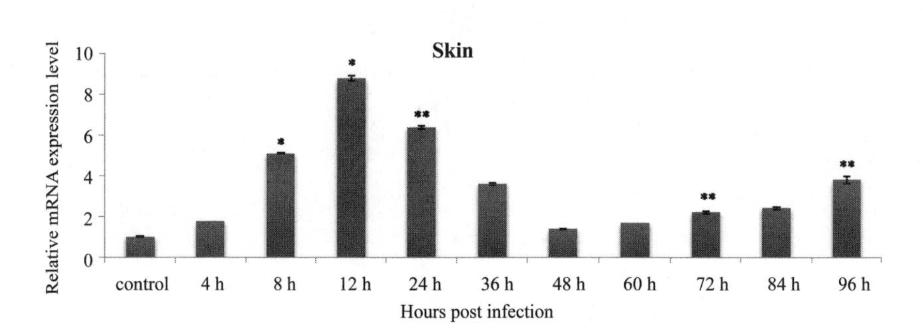

D

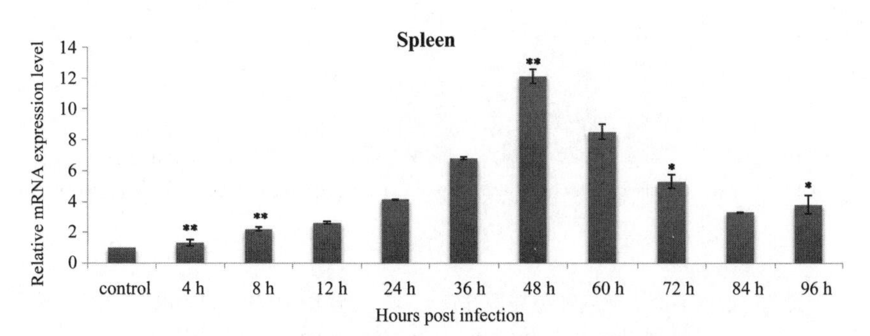

图3-16　荧光定量PCR检测在黏膜免疫组织中*sIgM*基因的时间表达情况

E

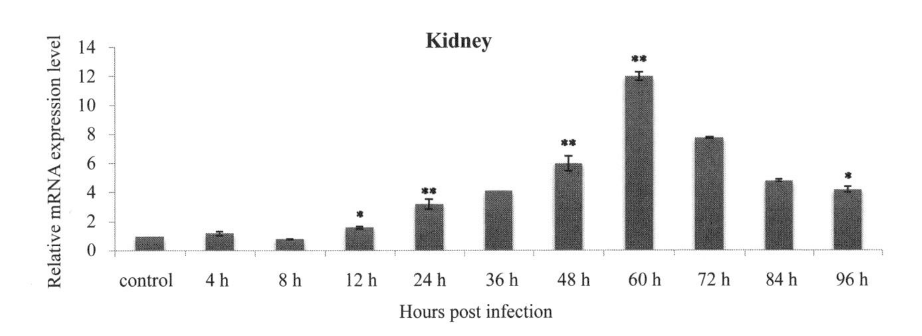

F

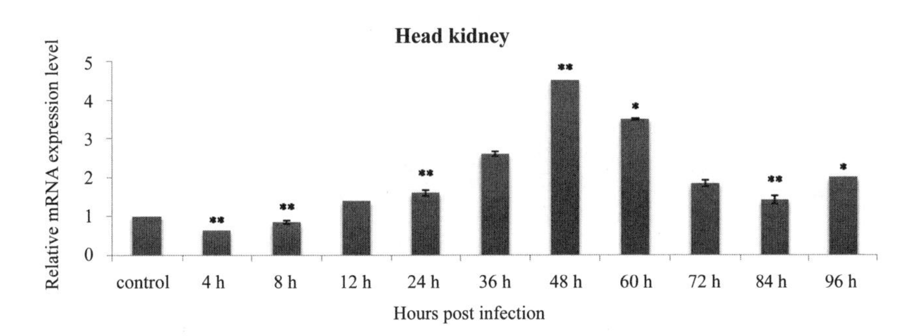

G

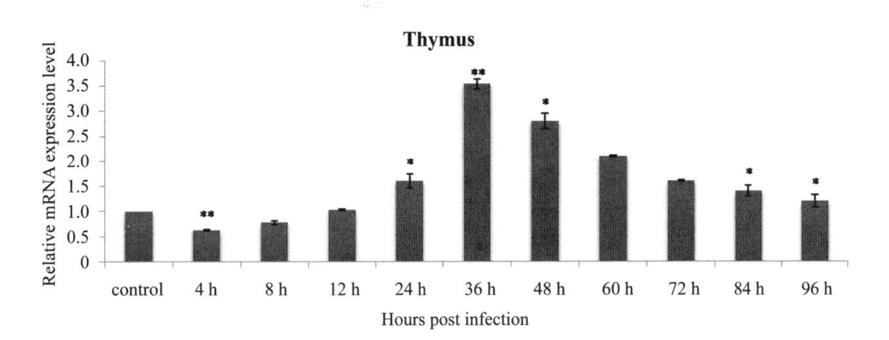

续图3-16　荧光定量PCR检测在黏膜免疫组织中*sIgM*基因的时间表达情况

A

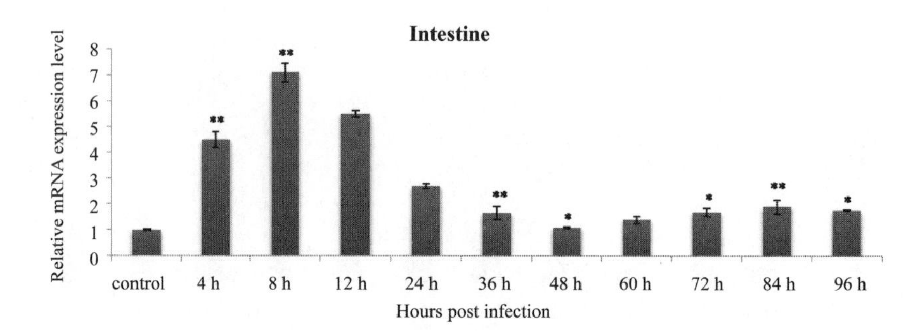

B

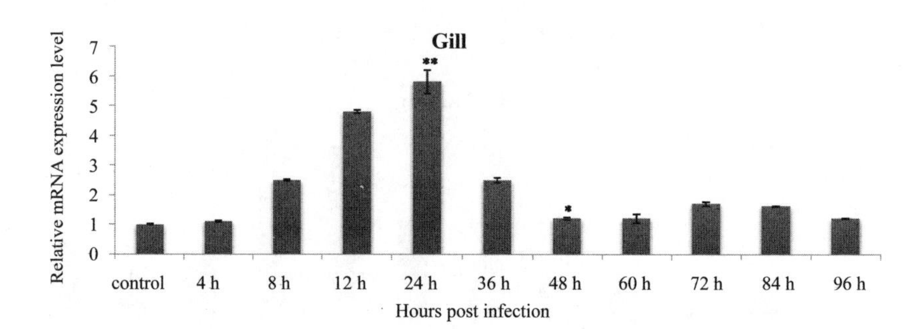

C

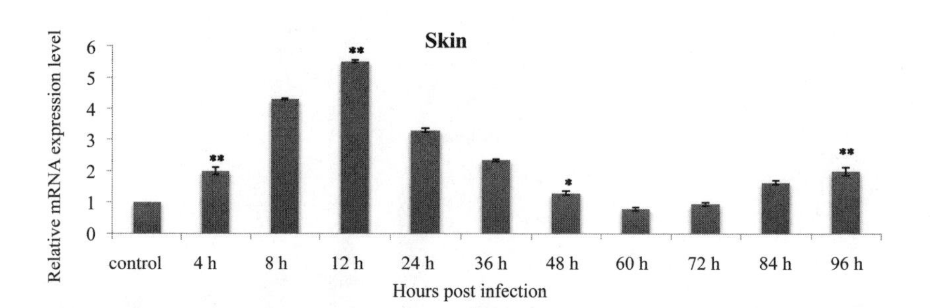

D

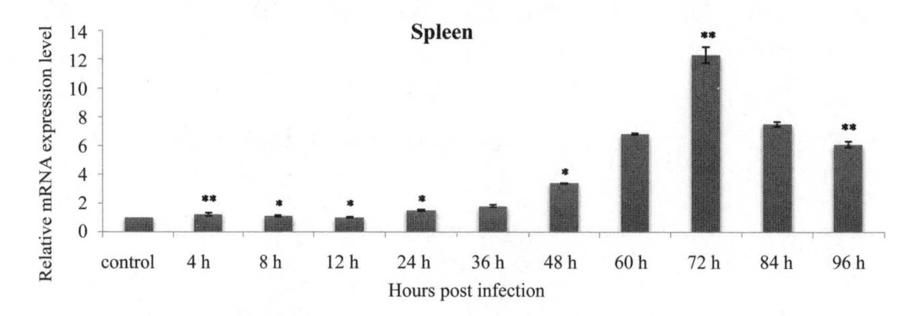

图3-17　荧光定量PCR检测在各组织中*mIgD*基因的时间表达情况

E

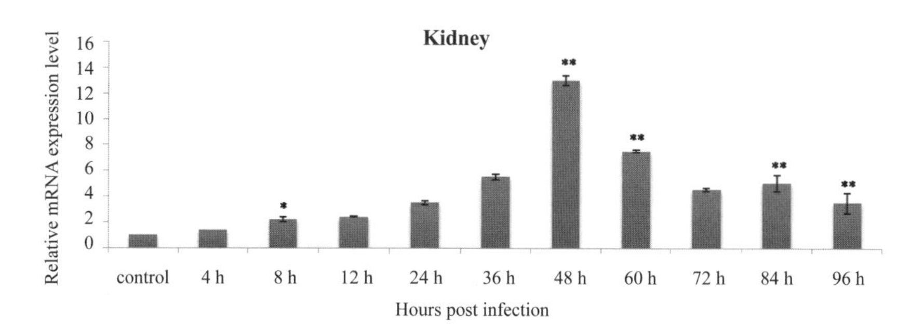

F

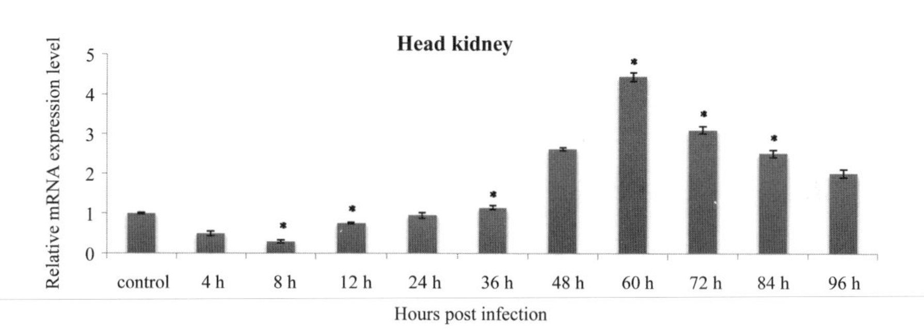

G

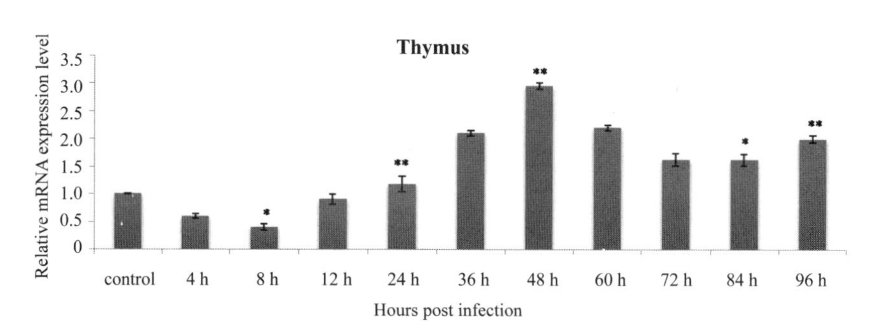

续图3-17　荧光定量PCR检测在各组织中*mIgD*基因的时间表达情况

因此，*sIgM* 和 *mIgD* 的表达模式非常相似，均在肠、皮肤、鳃中最先表达，分别于 24 h 之前达到峰值；而在其他免疫器官或组织如胸腺、头肾、脾脏和肾脏中，在经灭活的无乳链球菌免疫 36 h 后才陆续达到峰值。

三、罗非鱼 sIgM 多克隆抗体的制备

根据设计的罗非鱼 *sIgM* 恒定区引物，得到 1 338 bp 的恒定区片段。测序后证实为 *sIgM* 目的序列。将 *sIgM* 基因的目的片段与 pET-28a(+) 载体连接后转化，菌落 PCR 鉴定及测序验证 pET28-μ-M 重组质粒构建成功（图 3–18）。

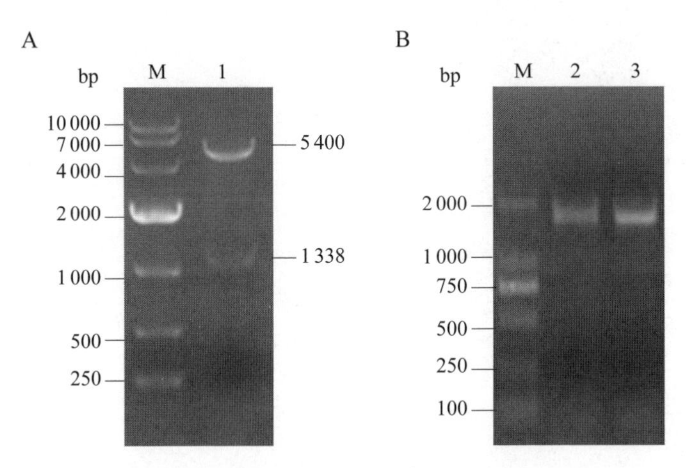

图3–18　*sIgM*基因原核表达载体的鉴定

M：DL10 000DNA分子量标准（A），DL2 000DNA分子量标准（B）；
1：pET28-sIgM/BamH Ⅰ+EcoR Ⅰ；2、3：阳性克隆

将重组质粒 pET28-μ-M 转化入 *E.coli* BL21，经诱导条件（37℃，0.5 mmol/L IPTG，4 h，OD_{600} 0.4 ~ 0.6）诱导后，可以表达出 52.37 kDa 左右的融合蛋白（图 3–19），而 sIgM 恒定区的蛋白分子量为 49.37 kDa，pET-28a 所表达的标签蛋白分子量约为 3 kDa。将经过不同诱导条件诱导的重组质粒与未经诱导的重组质粒所表达的蛋白分别进行 SDS-PAGE 分析（图 3–19）。通过对温度、IPTG 浓度和时间的优化，确定重组质粒 pET28-μ-M 最佳诱导条件为：37℃条件下，IPTG 浓度为 0.05 mmol/L，诱导 4 h。从图 3–20（A）中可以看到，细菌超声破碎后，重组蛋白主要存在于沉淀中，而在上清液中几乎不存在，因此，重组融合蛋白主要是以包涵体的形式表达。

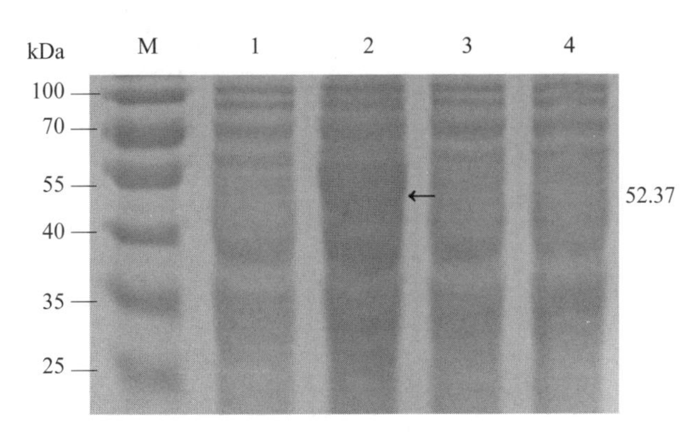

图3-19　pET28-μ-M在大肠杆菌BL21中表达的SDS-PAGE分析

M：蛋白分子量标准；1、2：pET28-μ-M诱导前后；3、4：pET-28a诱导前后

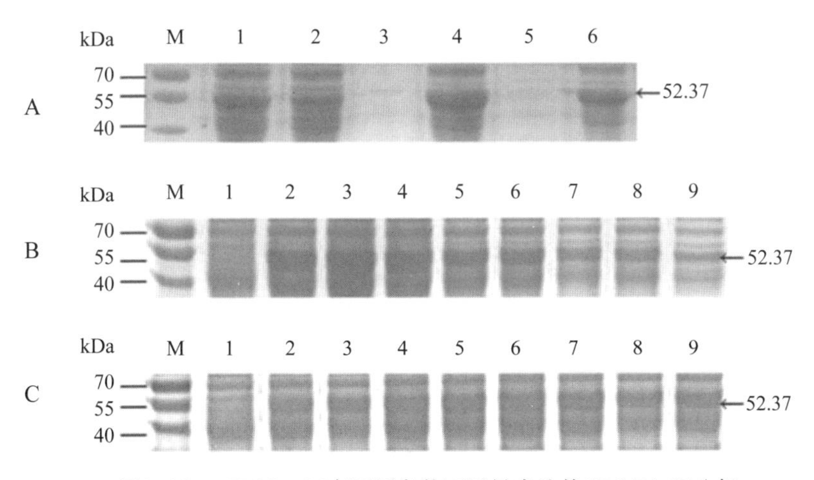

图3-20　pET28-μ-M在不同条件下诱导表达的SDS-PAGE分析

A. pET28-μ-M在不同温度条件下表达的SDS-PAGE分析

M：蛋白分子量标准；1：37℃诱导全菌蛋白；2：28℃诱导全菌蛋白；3：37℃诱导上清；4：37℃诱导沉淀；5：28℃诱导上清；6：28℃诱导沉淀

B. pET28-μ-M在不同IPTG浓度条件下表达的SDS-PAGE分析

M：蛋白分子量标准；1-9分别为IPTG浓度

C. pET28-μ-M在不同诱导时间条件下表达的SDS-PAGE分析

M：蛋白分子量标准；1-9分别为诱导0，0.5h，1h，2h，3h，4h，5h，6h，7h后的全菌蛋白

在最佳诱导条件下诱导 pET28-sIgM 重组蛋白，收集菌体，提取包涵体，将蛋白样品用 HisTrap™ HP 亲和层析柱进行纯化。分别采用不同浓度的咪唑缓冲液洗脱，收集后进行 SDS-PAGE 电泳检测，图 3-21 显示在 200 mmol/L 咪唑浓度条

件下洗脱纯化效果最好。Western blot 分析显示（图 3–22），纯化后的 sIgM 重组融合蛋白可以与 His-Tag 单克隆抗体结合，蛋白大小和融合蛋白大小一致，结合测序结果推断，已成功表达出罗非鱼 sIgM 蛋白。

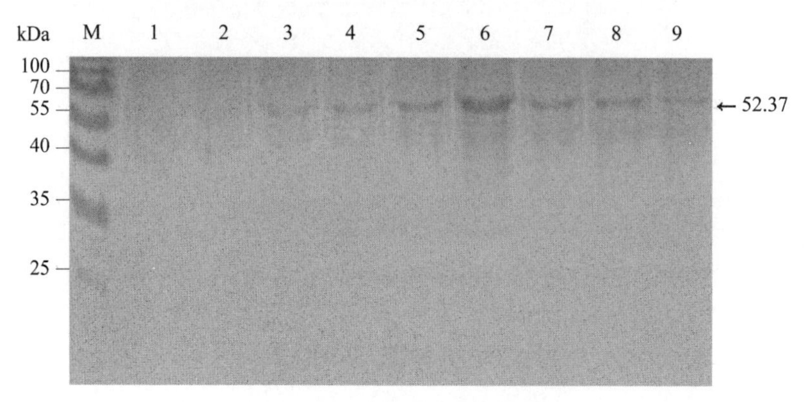

图3–21　sIgM融合蛋白的纯化

M：蛋白分子量标准；1：提取的融合蛋白包涵体；2–9：不同浓度咪唑浓度的洗脱液洗脱效果

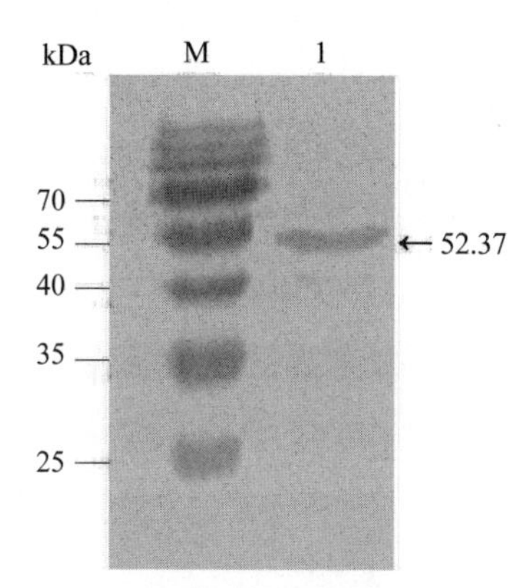

图3–22　纯化重组蛋白的蛋白免疫印迹分析

M：蛋白分子量标准；1：sIgM蛋白印迹

利用纯化的 sIgM 融合蛋白，按照常规方法免疫新西兰大白兔，制备了兔抗 sIgM 多克隆抗体。从表 3–2 及图 3–23 中可以看出，A 兔子抗血清按照 1 ： 256 000 稀释时，检测结果仍可判定为阳性，B 兔子抗血清按照 1 : 128 000 稀释时，检测结果也为阳性，ELISA 检测效价发现，sIgM 融合蛋白可以产生高效价的抗体，抗体效价约为 1 ： 256 000。

表 3-2　间接 ELISA 检测兔子血清效价

名称	negtive	blank	2k	8k	16k	32k	64k	128k	256k	512k
A兔子	0.029	0.026	1.622	1.136	0.805	0.528	0.319	0.189	0.093	0.074
B兔子	0.045	0.053	1.566	0.964	0.667	0.398	0.246	0.160	0.102	0.091

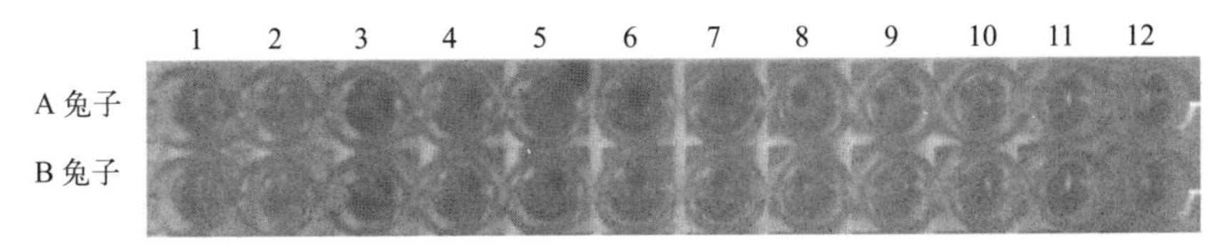

图3-23　间接ELISA检测兔子血清效价（TMB）显色实验

四、sIgM 阴性细胞分析

为进一步研究 sIgM 在罗非鱼主要免疫器官的分布，应用制备的多克隆抗体对罗非鱼肠、鳃、头肾及脾脏组织进行了免疫组织化学分析。通过比较抗血清三个稀释度下的显色情况，最终确定 1 ∶ 300 为一抗的最佳工作浓度。在该条件下，非特异性染色较少，显色明显，对比度较高。

从切片镜检结果看，在肠、脾脏、头肾及鳃组织中均有明显的阳性信号，阴性对照中则无阳性信号。在肠和鳃组织中，阳性信号存在于富含黏液细胞的上皮细胞层表面，而在杯状细胞中则不存在（图 3-24 和图 3-25）。而在脾脏和头肾组织中，阳性信号特定存在于淋巴细胞中，而各个对照组细胞均未见棕褐色特异性反应产物（图 3-26 和图 3-27）。

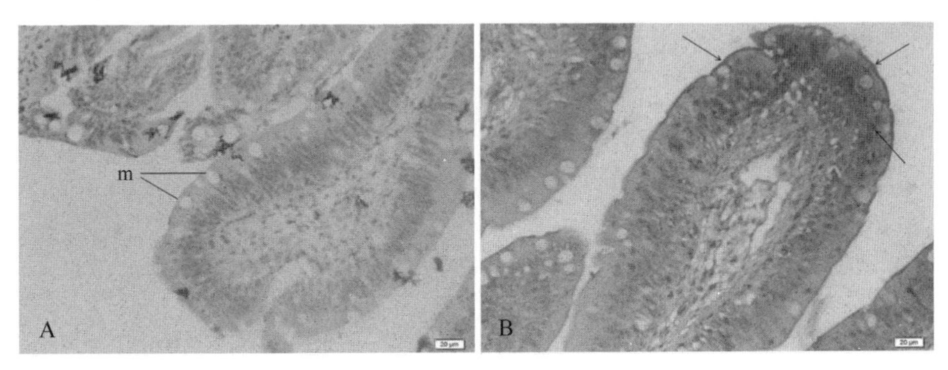

图3-24　肠免疫组化结果

A. 阴性对照组；B. 罗非鱼肠组织中sIgM免疫组织化学的实验组；
箭头表示阳性信号，m表示杯状细胞

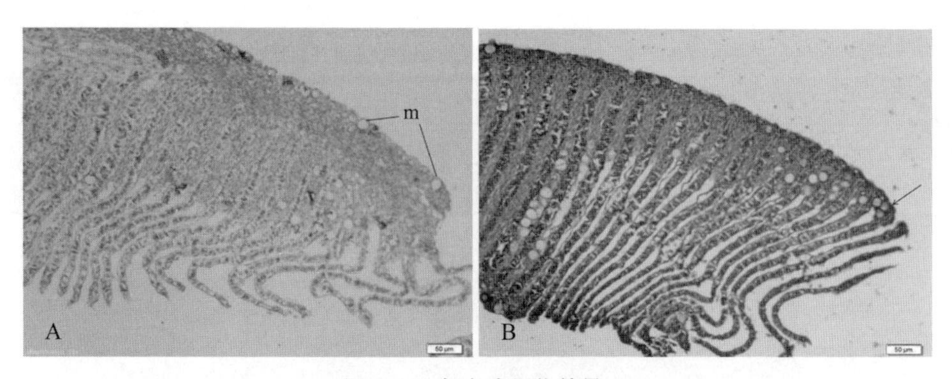

图3-25　鳃免疫组化结果

A. 阴性对照组；B. 罗非鱼鳃组织中sIgM免疫组织化学的实验组；
箭头表示阳性信号，m表示黏液细胞

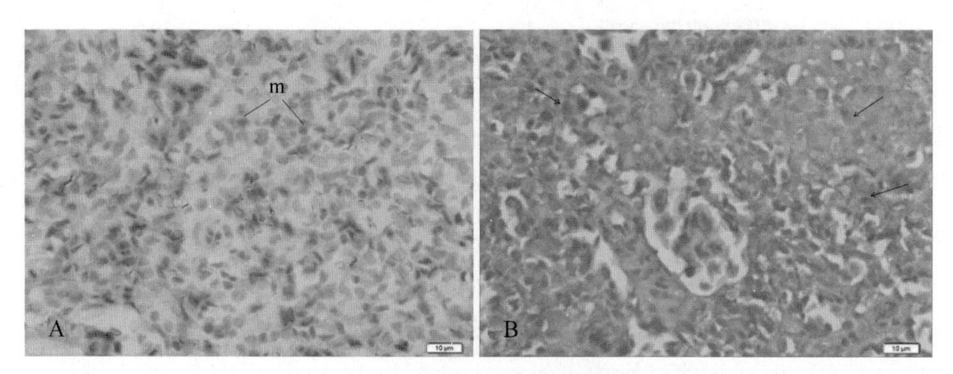

图3-26　脾脏免疫组化结果

A. 阴性对照组；B. 罗非鱼脾脏组织中sIgM免疫组织化学的实验组；
箭头表示阳性信号，m表示淋巴细胞

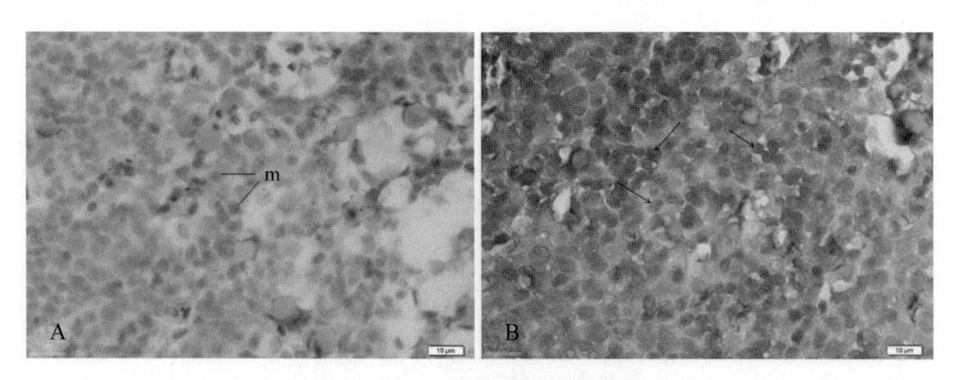

图3-27　头肾免疫组化结果

A. 阴性对照组；B. 罗非鱼头肾组织中sIgM免疫组织化学的实验组；
箭头表示阳性信号，m表示淋巴细胞

为了进一步研究 sIgM 在亚细胞水平上的定位，本实验采用胶体金免疫电镜技术对罗非鱼肠组织的上皮细胞及脾脏器官的淋巴细胞进行分析。结果表明 sIgM 主要存在于肠上皮细胞膜附近（图 3–28A、B），并且在肠组织上皮细胞膜表面的微绒毛附近含量较多（图 3–28C、D）；而在鳃上皮组织中，sIgM 主要存在于包围鳃丝及鳃小片的上皮细胞内（如图 3–29）；对罗非鱼脾脏组织进行免疫电镜分析，结果表明在脾脏组织淋巴细胞内部高尔基体的分泌小泡处存在大量的胶体金颗粒（图 3–30），而高尔基体是加工分泌蛋白质的主要场所，也是抗体加工分泌的主要场所。

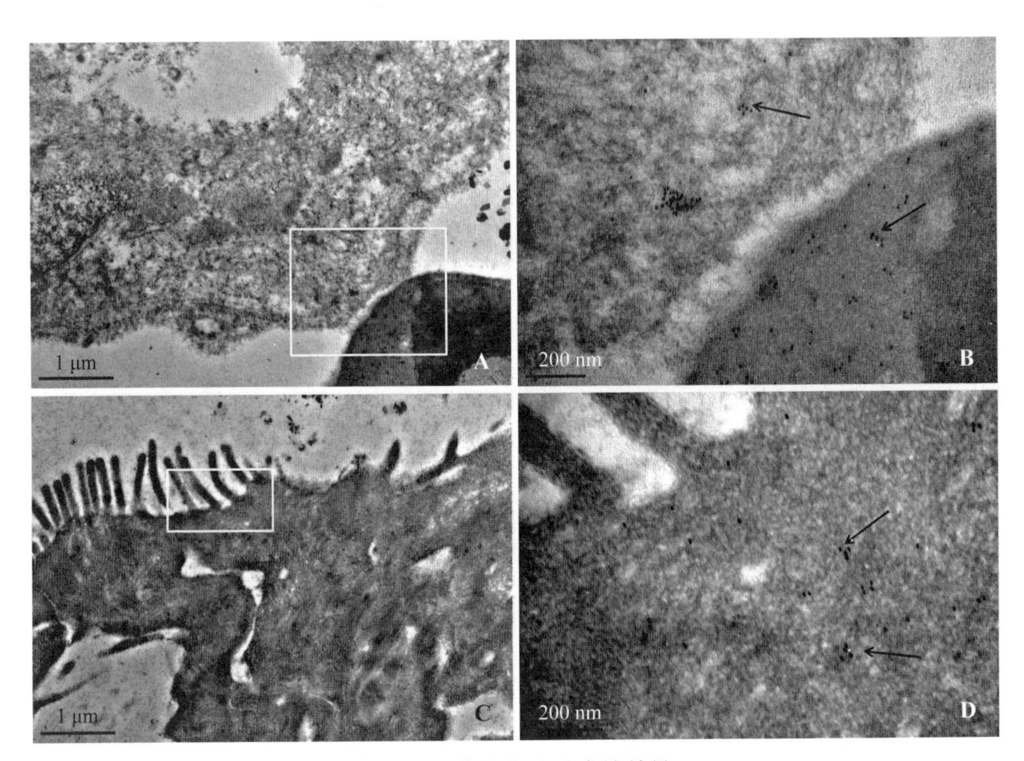

图3–28　肠组织免疫电镜结果

B图为A图中白框放大区域；D图为C图中白框放大区域；图中黑点代表胶体金颗粒，直径约为10 nm

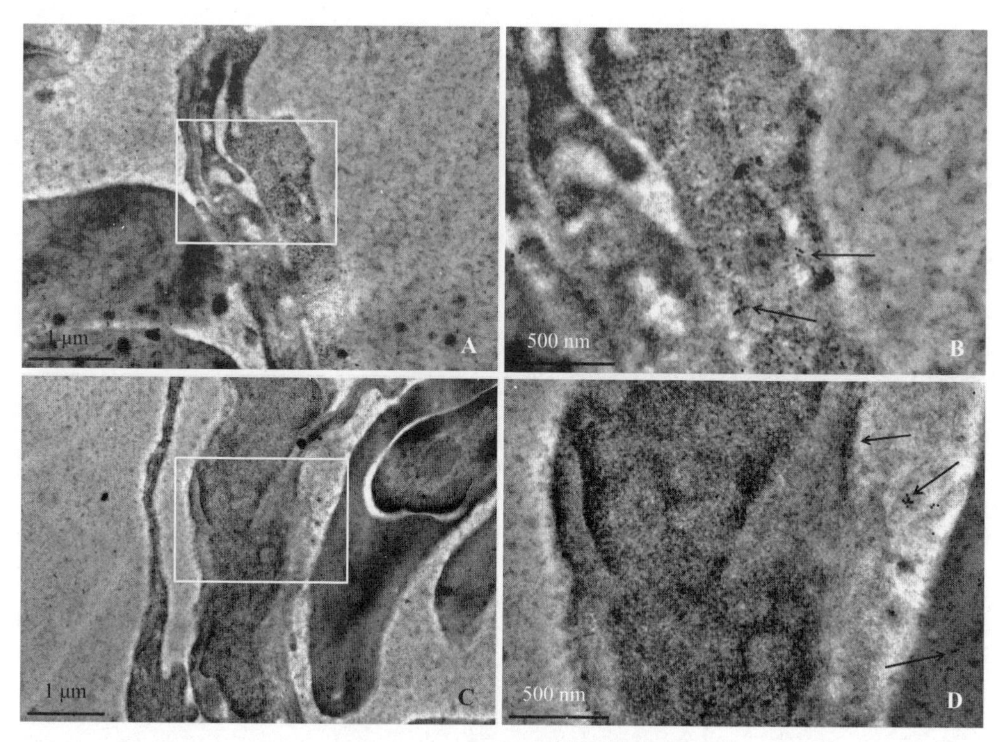

图3-29　鳃上皮组织免疫电镜结果

B图为A图中白框放大区域；D图为C图中白框放大区域；图中箭头指示黑点代表胶体金颗粒，直径约为10 nm

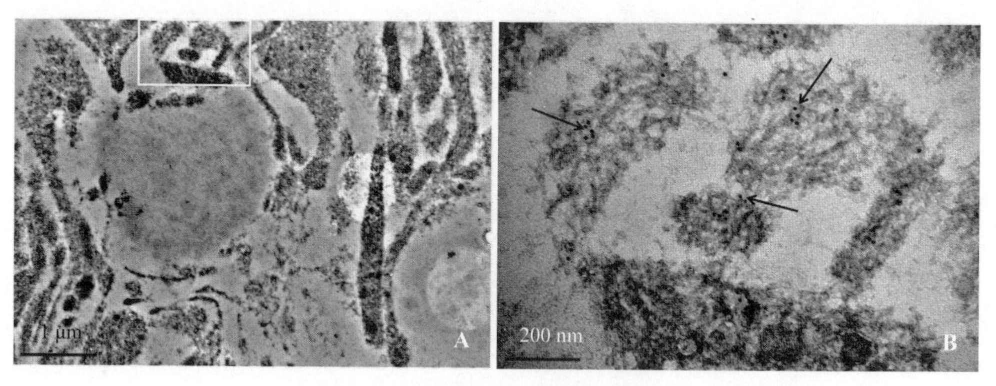

图3-30　脾脏组织免疫电镜结果

B图为A图中白框放大区域；图中黑点为胶体金颗粒，直径约为10 nm

第二节　罗非鱼 *Lck* 基因克隆及表达模式分析

一、罗非鱼 *Lck* 基因的克隆与生物信息学分析

首先根据 GenBank 已报道的鱼类 *Lck* 核苷酸序列设计简并引物 Lck-F/Lck-R，扩增出 1 265 bp 的基因片段（图 3–31A）；然后在该片段上分别设计 5′-RACE 的特异性引物 Lck-SP1/Lck-SP2 和 3′-RACE 的特异性引物 Lck-P1/Lck-P2，最后 PCR 得到 750 bp 的 5′ 端序列（图 3–31B）和 640 bp 的 3′ 端序列（图 3–31C）。将所有获得的片段、5′端和 3′端序列进行拼接，得到 1 927 bp 的 Lck 基因全长 cDNA 序列（图 3–32）。GenBank 的登录号为：KM058084。

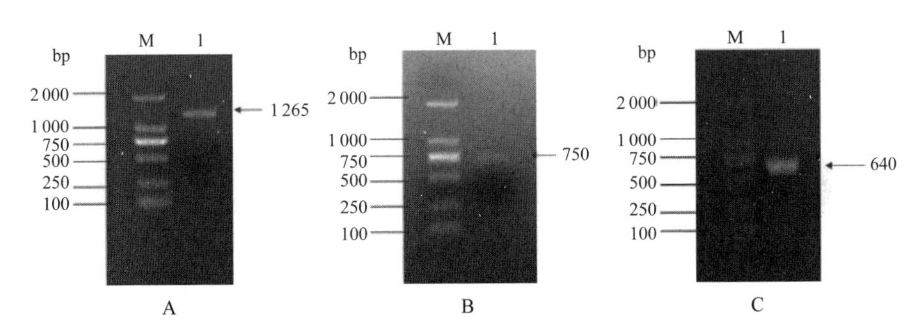

图3–31　*Lck*基因片段及RACE-PCR产物琼脂糖凝胶电泳

A: 1: partial PCR products; B: 1: 5’race; C: 2: 3’race; M: DNA Marker DL2 000

ORF 分析结果显示，该基因序列包含一段长 1 506 bp、编码 501 个氨基酸的开放阅读框、一段长 286 bp 5′-UTR of 和一段长 421 bp 的 3′-UTR，预测其分子量为 57.25 kDa，理论等电点为 5.07。相关软件进行分析，发现该蛋白不具有信号肽序列，也不具有跨膜区。

Lck 所推测的氨基酸序列（图 3–32）包含已知 Lck 的几个重要结构特征。对 Lck 的脂修饰和膜定位起到重要作用的一些残基，保守存在于 Lck N 端的 SH4 结构域，因此 Lck 可能具有与一些基序的哺乳类 Lck 类似的转录后修饰，如 Gly^2 的豆蔻酰化和 Cys^3 和 Cys^5 的棕榈酰化。此外，在人类 Lck 中，双半胱氨酸基序（CxxC 基序）可通过锌扣结构与 CD4 和 CD8a 相应的双半胱氨酸基序（CxxC 基序）结合，这一结构在 Lck 中也是保守的。在 Lck 的磷酸化（对应于人类 Tyr^{394}）和去磷酸化（对应于人类 Tyr^{505}）起着不可或缺作用的两个酪氨酸残基，分别位于 Lck 的 SH1 结构域和 COOH 结构域。

```
-286                 CAACCTTTCAACGACAGGAAACTCTCTGGGTTGCTCCCCTCCACAG -241
-240 TGCGCATGTGTGCATGCAGGCACCGCATAAGCGCTCCTGTGATAGTGTTATAATAAGAGA -181
-180 AGCGGATGATGACATCTTCACACCTAAGCTCAAGTGCTGAAAAACTTGCTTGCTGCACTT -121
-120 AAAGAACTCTTTTAAAAAAAGAAGATTTAAATAAGAGTTTCTCAATGGCGGCACCTGAAA -61
 -60 TCTGACATTATTGGACATTACTGGACGCTTGAGGAGAAGTTTCATATCCAAAGAGAAAAG -1
   1 ATGGGCTGCAACTGCAGTTCGGACTATTCAGACAGTGACTGGATCGAGAACTTGGATGAA 60
   1 M  G  C  N  C  S  S  D  Y  S  D  S  D  W  I  E  N  L  D  E  20
  61 ATCTGCGAACACTGCAACTGTCCCATACCGCCACAATCATGCAACCCATACACAGATCAG 120
  21 I  C  E  H  C  N  C  P  I  P  P  Q  S  C  N  P  Y  T  D  Q  40
 121 CTGATTCCATATCCATCGCAGATGACACCTCCTACATCACCTTTACCAGTCAACGTTGTG 180
  41 L  I  P  Y  P  S  Q  M  T  P  P  T  S  P  L  P  V  N  V  V  60
 181 GTGGCCATTTACAGCTATGAGCCCACTCATGACGGCGACCTCGGCTTCGACAAAGGAGAC 240
  61 V  A  I  Y  S  Y  E  P  T  H  D  G  D  L  G  F  D  K  G  D  80
 241 AAACTCAAGATCCTCAACAAGGATGATCCAGAATGGTATCTGGCAGAGTCTCTCACCACA 300
  81 K  L  K  I  L  N  K  D  D  P  E  W  Y  L  A  E  S  L  T  T  100
 301 GGCCAGCAGGGCTACATCCCCCACAACTTTGTCGCATTGTCCACCGTGGAGACTGAACCG 360
 101 G  Q  Q  G  Y  I  P  H  N  F  V  A  L  S  T  V  E  T  E  P  120
 361 TGGTTCTTCAGGAACATTTCGAGAAACGAAGCCATGAGGCTGCTCCTCGCTCCTGGGAAT 420
 121 W  F  F  R  N  I  S  R  N  E  A  M  R  L  L  L  A  P  G  N  140
 421 ACGCAGGGTTCCTTCCTGATTCGAGAGAGTGAGACCGCTAAAGGATCATACTCGTTATCA 480
 141 T  Q  G  S  F  L  I  R  E  S  E  T  A  K  G  S  Y  S  L  S  160
 481 GTGAGAGATCTGGACCATAACACAGGTGAAGGAGTGAAGCACTACAGGATCCGCAACATG 540
 161 V  R  D  L  D  H  N  T  G  E  G  V  K  H  Y  R  I  R  N  M  180
 541 GACAATGGTGGCTTCTACATCACAGCGAAGATATCCTTCAACTCACTGAAGGAGCTCGTC 600
 181 D  N  G  G  F  Y  I  T  A  K  I  S  F  N  S  L  K  E  L  V  200
 601 CAGCATCACTCACGTGATGCAGACGGGCTGTGCACAAAGCTGGTGAAACCATGTCAGTCG 660
 201 Q  H  H  S  R  D  A  D  G  L  C  T  K  L  V  K  P  C  Q  S  220
 661 AGGGCACCGCAGAAGCCTTGGTGGCAGGACGAGTGGGAGATTCCTCGTGAGTCCCTGAAA 720
 221 R  A  P  Q  K  P  W  W  Q  D  E  W  E  I  P  R  E  S  L  K  240
 721 CTGGAGCGCAGGCTCGGAGCTGGGCAGTTTGGAGAAGTCTGGATGGGTGTCTACAACAAT 780
 241 L  E  R  R  L  G  A  G  Q  F  G  E  V  W  M  G  V  Y  N  N  260
 781 GACAGGAAAGTGGCAATCAAGAATCTGAAAATGGGCACTATGTCAGTGGAAGCTTTCTTG 840
 261 D  R  K  V  A  I  K  N  L  K  M  G  T  M  S  V  E  A  F  L  280
 841 GCAGAAGCCAACATGATGAAGAACCTGCAGCATCCTCGCCTCGTCCGCCTCTTCGCTGTG 900
 281 A  E  A  N  M  M  K  N  L  Q  H  P  R  L  V  R  L  F  A  V  300
 901 GTTACCCAGGAGCCAATCTACATTGTCACCGAGTACATGGAAAATGGTAGCCTGGTGGAT 960
 301 V  T  Q  E  P  I  Y  I  V  T  E  Y  M  E  N  G  S  L  V  D  320
 961 TACCTGAAAACAACAGAGGGAAGCAATTTGCCCATGAACGTCCTGATAGAGATGTCATCT 1020
 321 Y  L  K  T  T  E  G  S  N  L  P  M  N  V  L  I  E  M  S  S  340
1021 CAGGTGGCTGACGGCATGGCATTTATTGAGCAGAAAAATTACATTCATCGAGATCTGCGA 1080
 341 Q  V  A  D  G  M  A  F  I  E  Q  K  N  Y  I  H  R  D  L  R  360
1081 GCTGCCAATATTCTCGTCTCTCATGAGCTCATTTGCAAGGTTGCTGACTTTGGACTCGCC 1140
 361 A  A  N  I  L  V  S  H  E  L  I  C  K  V  A  D  F  G  L  A  380
1141 CGACTCATAGAGGACAACGAATACACAGCCAGAGAGGGTGCAAAGTTCCCCATTAAATGG 1200
 381 R  L  I  E  D  N  E  Y  T  A  R  E  G  A  K  F  P  I  K  W  400
1201 ACCGCCCCAGAAGCTATTAACTATGGCACCTTCTCCATAAAATCTGATGTGTGGTCATTT 1260
 401 T  A  P  E  A  I  N  Y  G  T  F  S  I  K  S  D  V  W  S  F  420
1261 GGGATCCTCCTTACAGAAATAGTGACATATGGACGCATTCCTTACCCTGGTATGTCTAAC 1320
 421 G  I  L  L  T  E  I  V  T  Y  G  R  I  P  Y  P  G  M  S  N  440
1321 CCAGAGGTTATCCAGAACCTGGAGCGGGGCTACAGAATGCCACAGCCTGACAACTGCTCC 1380
 441 P  E  V  I  Q  N  L  E  R  G  Y  R  M  P  Q  P  D  N  C  S  460
1381 GATGCTCTTTATAGCATCATGTGTCACTGCTGGAAGGAGAGTCCGGAGGAGAGACCTACG 1440
 461 D  A  L  Y  S  I  M  C  H  C  W  K  E  S  P  E  E  R  P  T  480
1441 TTTGAGTACCTGAGGAATGTTCTGGAGGATTTCTTCACATCCACAGAGAGGCAATACCAG 1500
 481 F  E  Y  L  R  N  V  L  E  D  F  F  T  S  T  E  R  Q  Y  Q  500
1501 GAATAGCTAGGAATAGACACATGCAATTAACAGATTCAAACTAAGGCACAGCCTGTGAAA 1560
     E  *                                                        501
1561 GTGGATGCTGGATTTTAATTTTTTTTTCTTTAGAAGAATGCATGCCTTTCTACTGATAGG 1620
1621 GATAAACAGACATTTTCCAAGTTTCTGCATCAAATATATTCTGATGTGACCACTTAGATA 1680
1681 TGATACTATTACCTATGGAACTATGAATATGAACCAGAAACAGCTGGATCAGAGCCAGCA 1740
1741 GCAGAGGGGAGAGTGATCGCCAAGCTGCTTGAATTAACTGGGGACTGACTGATGTGGATA 1800
1801 AGCAGCTGCTCTCCTGGTGCTTGTTATTAACATGTAAATACTGTTCACTGCTTCAGCTGT 1860
1861 GTTTTACCTCTGCTGTTTAATAAATGTTTTTGAAAGTGTTCTAAAAAAAAAAAAAAAAAA 1920
1921 AAAAAAA                                                      1927
```

图3–32　罗非鱼*Lck*基因全长cDNA序列及其推导的氨基酸序列

BLAST 分析和多重序列对比结果表明 Lck 与其他已知的 Lck 分子具有较高的同源性，特别是在总体结构上包括 Lck 在内的已知 Lck 分子都主要由四个亚基组成，即 N 端的 SH4 特异结构域、SH3 和 SH2 接头结构域、SH1 激酶结构域以及 C 端的一个调节性尾部（图 3–33）。根据不同物种的 Lck 氨基酸序列构建的系统进化树显示，罗非鱼 Lck 与大菱鲆的亲缘关系较近，且包括罗非鱼 Lck 在内的鱼类 Lck 独立聚为一枝，符合脊椎动物系统进化的趋势（图 3–34）。使用 SWISS-MODEL 在线软件，我们对人类 Lck 和罗非鱼 Lck 的三维结构进行了预测，发现二者具有极其相似的三维结构，表明人类 Lck 的各项功能可能在罗非鱼中高度保守（图 3–35）。通过外显子 – 内含子结构分析，我们发现罗非鱼 Lck 和其他脊椎动物Lck分子一样，都是由12个外显子以及11个内含子构成，且每个编码氨基酸外显子的长度与其他脊椎动物Lck分子对应外显子的长度相似（图3-36），这说明Lck的基因结构从鱼类到哺乳类都具有高度的保守性。

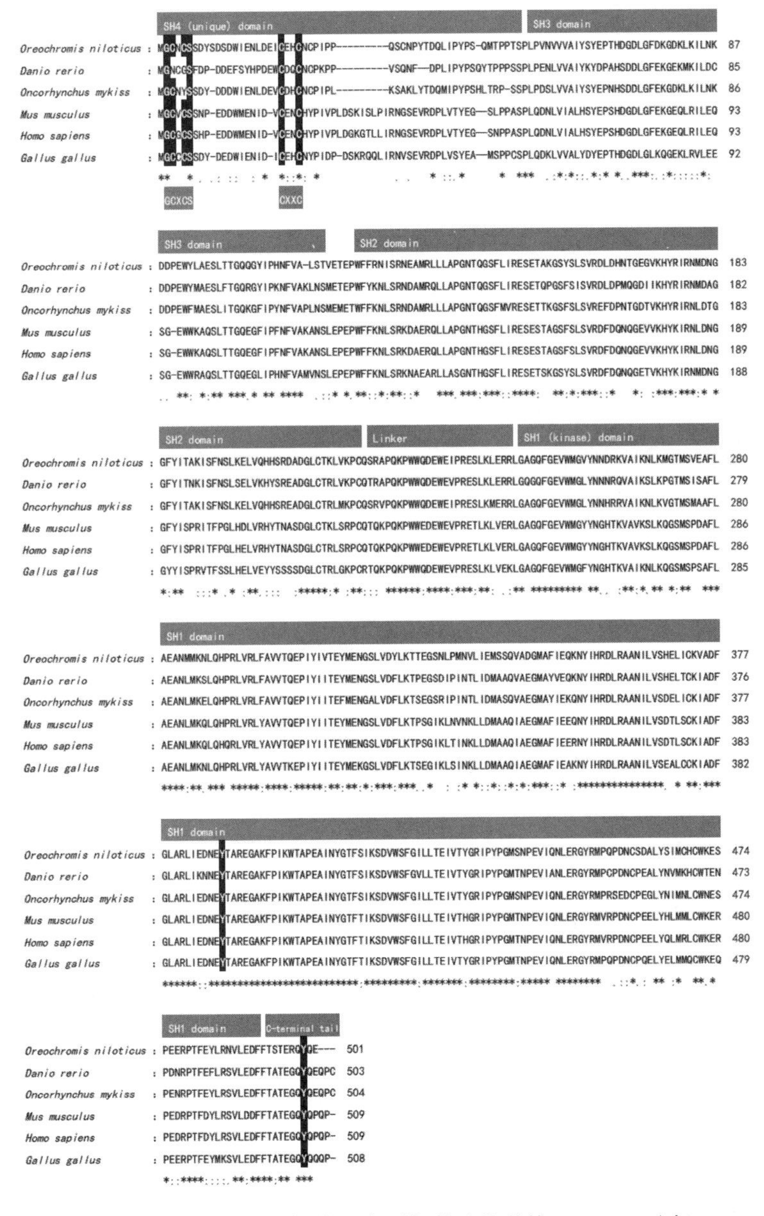

图3-33　罗非鱼Lck氨基酸序列与其他物种的Alignment分析

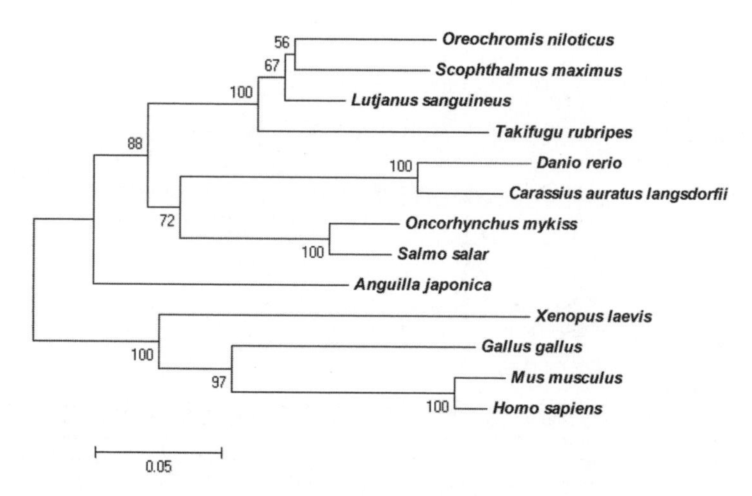

图3-34　Lck家族成员的系统进化树分析

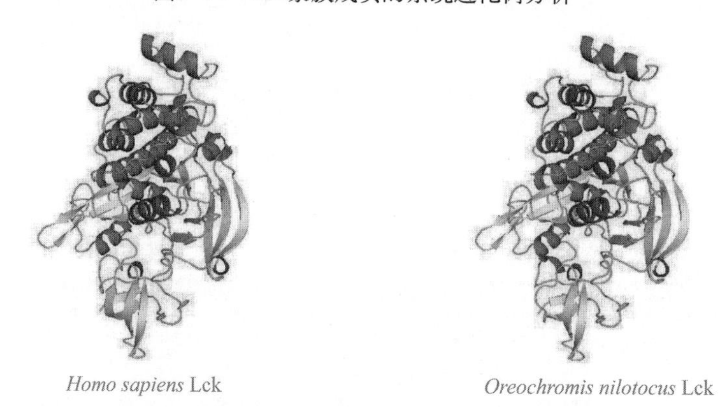

图3-35　人类、斑马鱼和罗非鱼Lck的三维结构

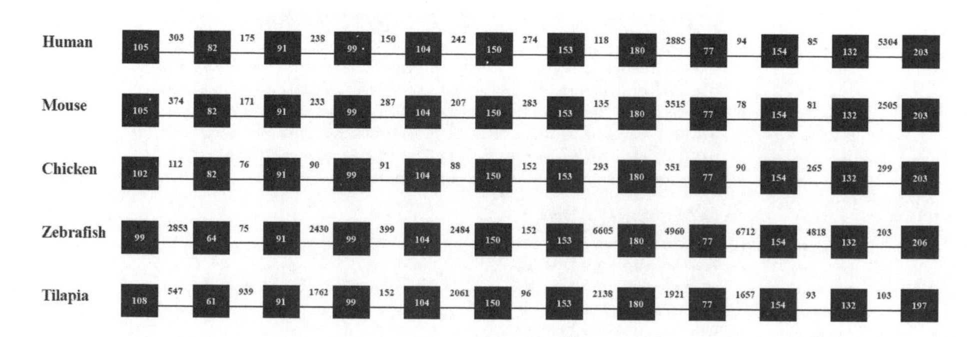

图3-36　罗非鱼以及其他脊椎动物Lck的基因结构

黑色矩形方格代表编码氨基酸的外显子，黑色矩形方格之间的横线代表内含子，黑色矩形方格和横线上的数字分别代表每个外显子和内含子的核苷酸数目。

二、罗非鱼 *Lck* 基因的差异表达分析

应用荧光定量 PCR 探讨了健康罗非鱼以及经灭活无乳链球菌免疫后的罗非鱼的头肾、胸腺、脾脏、肝脏、皮肤、肌肉、肠、鳃和脑 9 个组织中 *Lck* 的表达差异。在健康罗非鱼体内，*Lck* mRNA 的表达主要在胸腺、脾脏、头肾和鳃中被检测到；在经灭活无乳链球菌免疫 48 h 后，*Lck* mRNA 在胸腺、脾脏和头肾的表达都发生了显著的上调（图 3–37）。

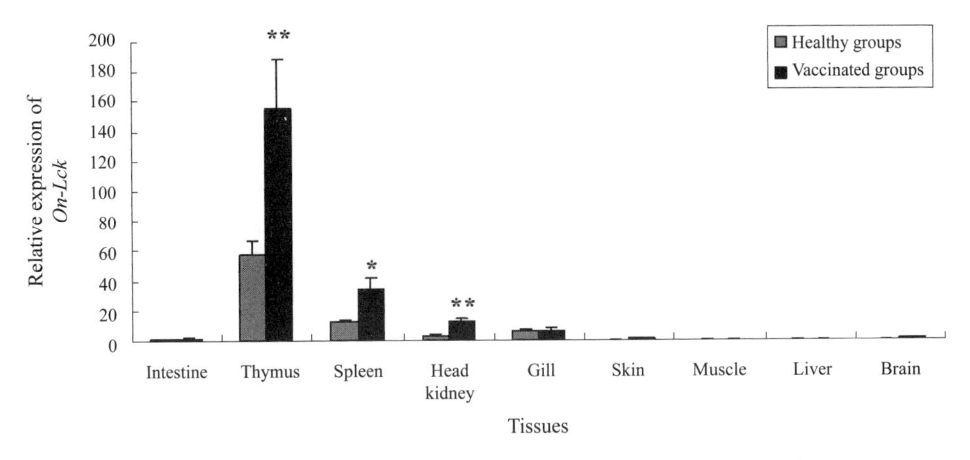

图3–37　荧光定量PCR检测健康和免疫后罗非鱼（免疫48 h后）
Lck mRNA的组织表达差异

此外，利用荧光定量 PCR 探讨了经灭活无乳链球菌免疫 0、4 h、8 h、12 h、24 h、48 h、72 h 及 96 h 后的罗非鱼的头肾、胸腺、脾脏、肝脏、皮肤、肌肉、肠、鳃和脑 9 个组织中 *Lck* 的表达差异。在胸腺、脾脏和头肾，*Lck* 的表达在免疫后具有明显的时间依赖性表达模式。*Lck* 在胸腺和脾脏的表达水平于免疫 48 h 后达到峰值，而在胸腺则是于免疫 72 h 后达到峰值（图 3–38）。

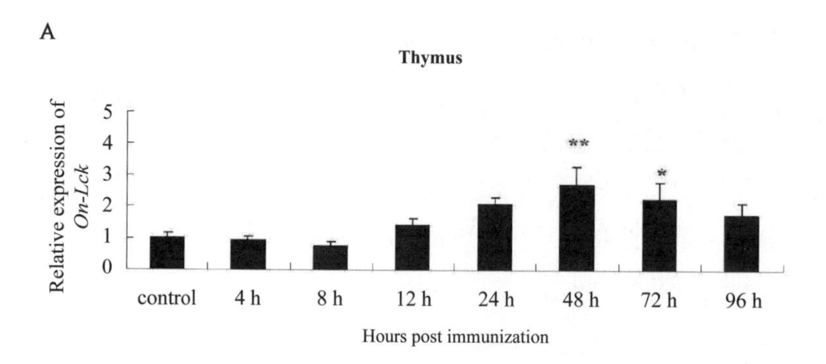

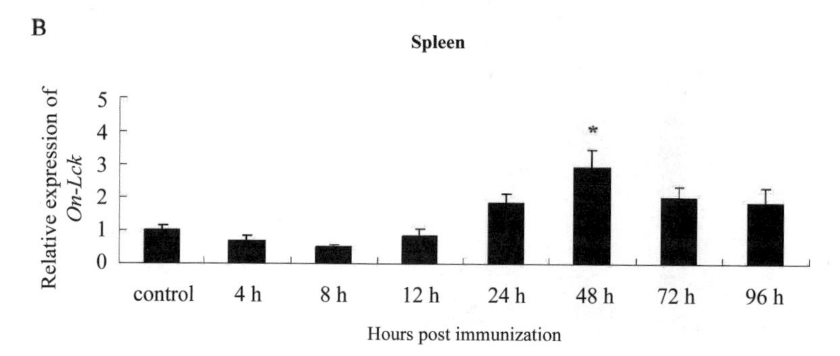

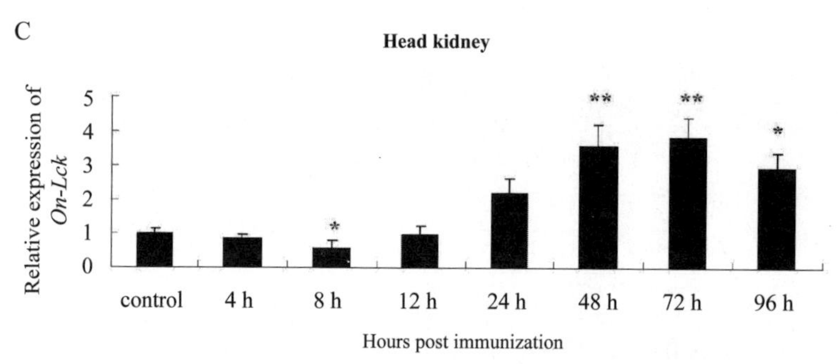

图3–38　荧光定量PCR检测罗非鱼*Lck*在头肾（A）、脾（B）和脑（C）中的时序表达差异

第三节　罗非鱼 T 细胞免疫相关基因的功能研究

一、尼罗罗非鱼 *CD59* 基因克隆、表达模式及功能研究

首先根据本实验室所测得的罗非鱼转录组数据设计特异性引物 CD59-F/CD59-R，扩增出 712 bp 的基因片段（图 3–39A）；然后在该片段上分别设计 5’-RACE 的特异性引物 CD59-SP1/CD59-SP2 和 3’-RACE 的特异性引物 CD59-P1/

CD59-P2，最后得到 319 bp 的 5’ 端序列（图 3–39B）和 848 bp 的 3’ 端序列（图 3–39C）。将所有获得的片段、5’ 端和 3’ 端序列进行拼接，得到 1 176 bp 的 *CD59* 基因全长 cDNA 序列（图 3–40）。GenBank 的登录号为：KM823662。

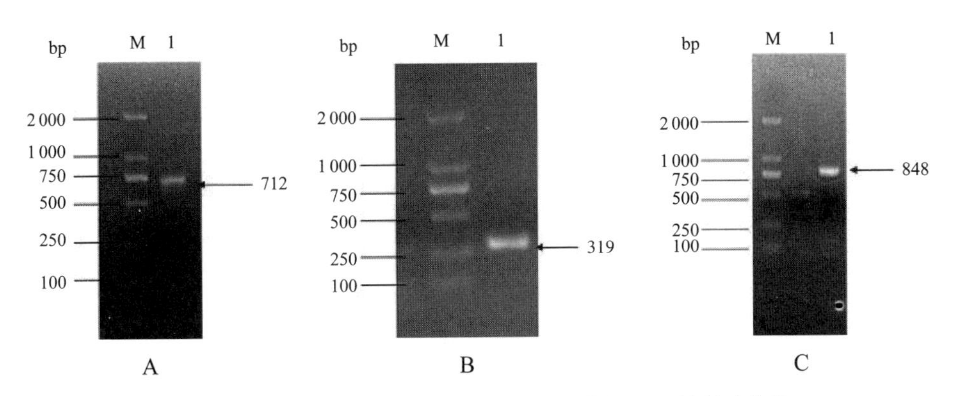

图3–39　*CD59*基因片段及RACE-PCR产物琼脂糖凝胶电泳

A. 1: partial PCR products; B. 1: 5’race; C. 1: 3’race; M: DL2 000 DNA Marker

ORF 分析结果表明，该基因序列包含一段长 354 bp、编码 117 个氨基酸的完整开放阅读框、一段长 74 bp 5’-UTR 和一段长 748 bp 的 3’-UTR，预测其分子量为 12.97 kDa，理论等电点为 8.23。通过利用相关软件进行分析，发现该蛋白的 N 端为一个 21 个氨基酸组成的信号肽区域，C 端为一个通过丝氨酸（Ser）连接的由 24 个氨基酸组成的 GPI 锚定区，中间为一个 CD59 特有的 LU 结构域，在 LU 结构域之中还有保守的 CCXXXXCN 基序以及 10 个对其蛋白三维结构的维持起到重要作用的半胱氨酸残基（图 3–40），这与已知其他物种的 CD59 蛋白的结构相一致。

BLAST 分析和多重序列对比结果（图 3–41）表明虽然各个物种的 CD59 之间的同源性较低，但 CD59 的 5 大特征结构，即 N 端的疏水性信号肽、C 端的 GPI 锚定区、中间的 LU 结构域、保守的 CCXXXXCN 基序以及 10 个对其蛋白三维结构的维持起到重要作用的半胱氨酸残基，保守存在于所有脊椎动物 CD59 中。根据不同物种的 CD59 氨基酸序列构建的系统进化树（图 3–42）显示，罗非鱼 CD59 与斑点叉尾鮰、斑马鱼的亲缘关系较近，且包括罗非鱼 CD59 在内的鱼类 CD59 独立聚为一枝，符合脊椎动物系统进化的趋势。使用 SWISS-MODEL 在线软件，我们对人类 CD59、斑马鱼 CD59 和罗非鱼 CD59 的三维结构进行了预测（图 3-43），发现三者具有相似的三维结构，都具有两股β折叠片组成的“指状结构”以及三个β折叠片和一个短螺旋所组成的蛋白核心。

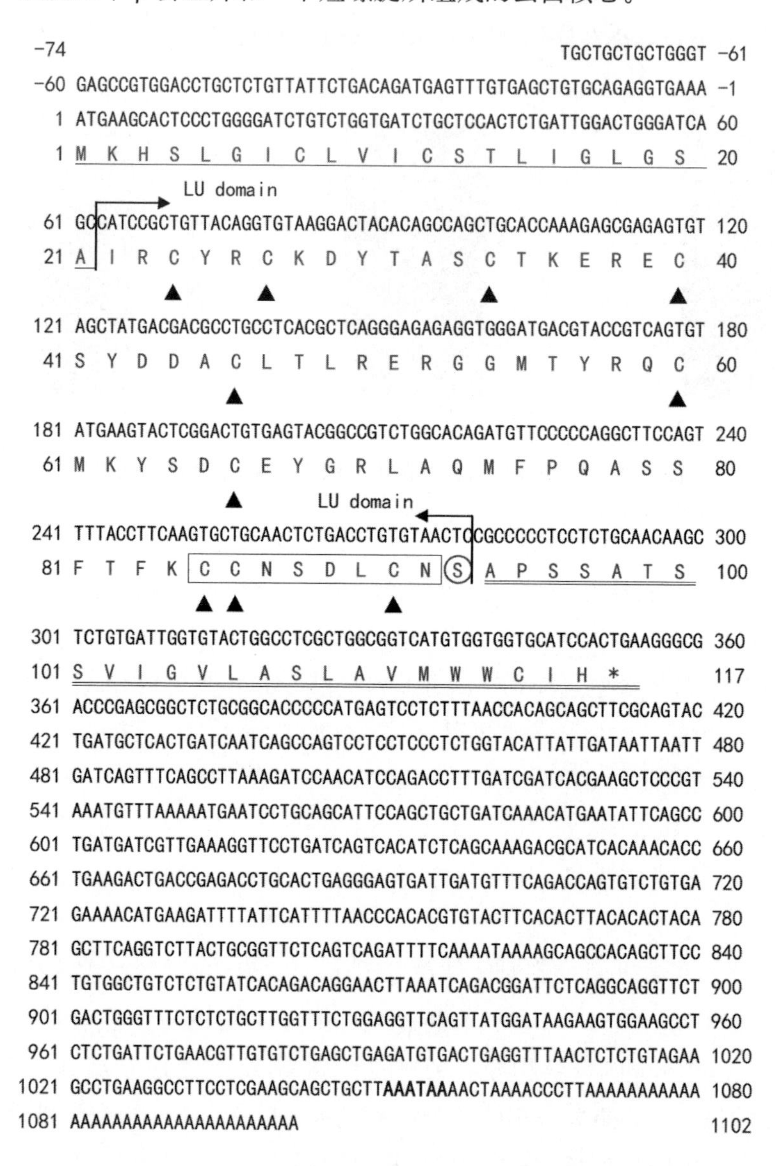

图3-40　罗非鱼*CD59*基因全长cDNA序列及其推导的氨基酸序列

所推断的信号肽序列用单下划线标出，GPI锚定区用双下划线标出，LU 结构域标记于两个箭头之间，保守的“-CCXXXXC-”基序用方框标出，保守的半胱氨酸残基用三角形标出。

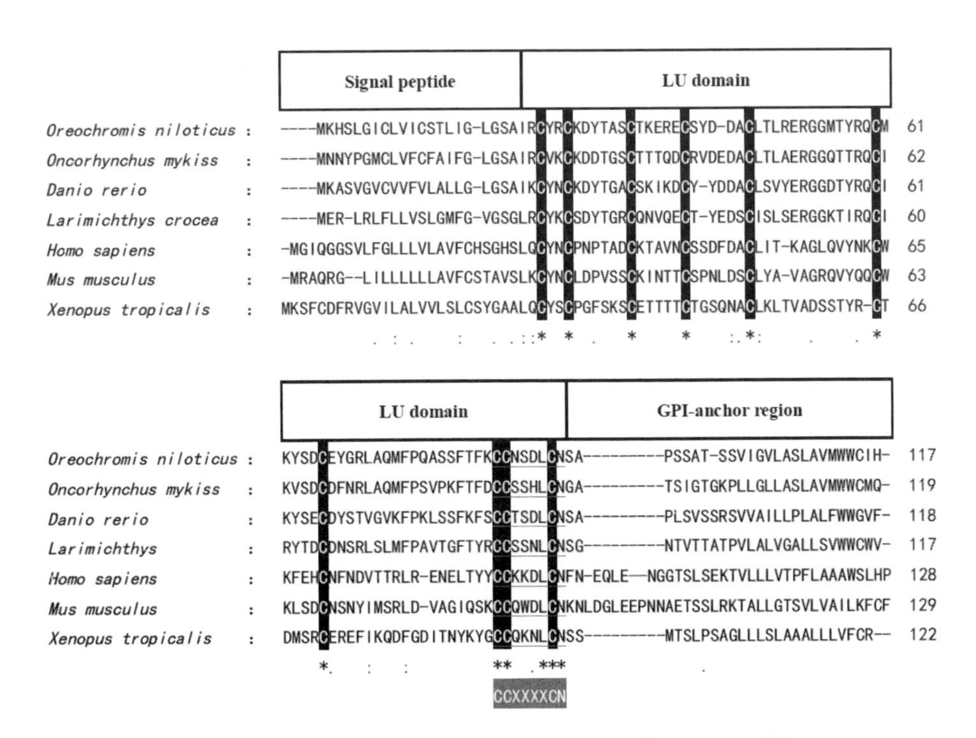

图3-41　罗非鱼CD59氨基酸序列与其他物种的Alignment分析

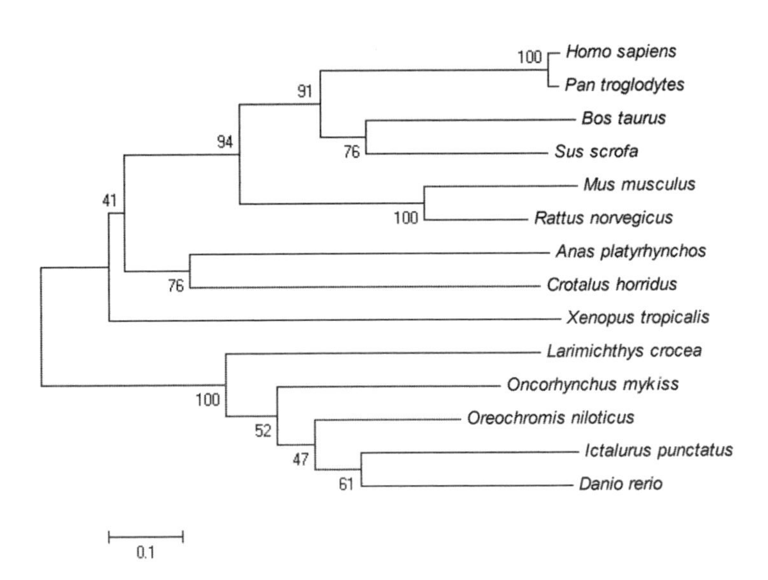

图3-42　CD59家族成员的系统进化树分析

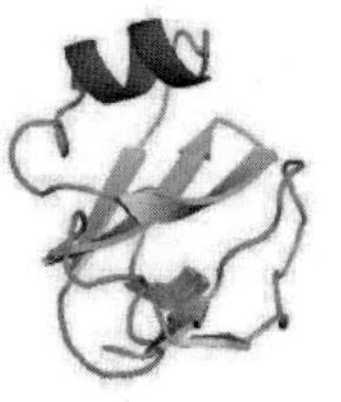
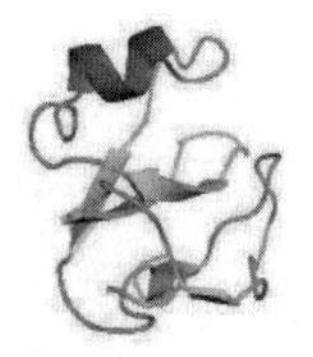

Homo sapiens CD59　　*Danio rerio* CD59　　*Oreochromis niloticus* CD59

图3-43　人类、斑马鱼和罗非鱼CD59的三维结构

应用荧光定量 PCR 探讨了健康罗非鱼以及经灭活无乳链球菌免疫后的罗非鱼的头肾、胸腺、脾脏、肝脏、皮肤、肌肉、肠、鳃和脑 9 个组织中 *CD59* 的表达差异。在健康罗非鱼体内，*CD59* mRNA 的表达在本研究所检测的所有组织中都能检测到，其中在脑的表达量远高于其他组织；在经灭活无乳链球菌免疫 24 h 后，*CD59* mRNA 在皮肤、大脑、头肾、胸腺和脾脏的表达都发生了显著的上调（图 3-44）。

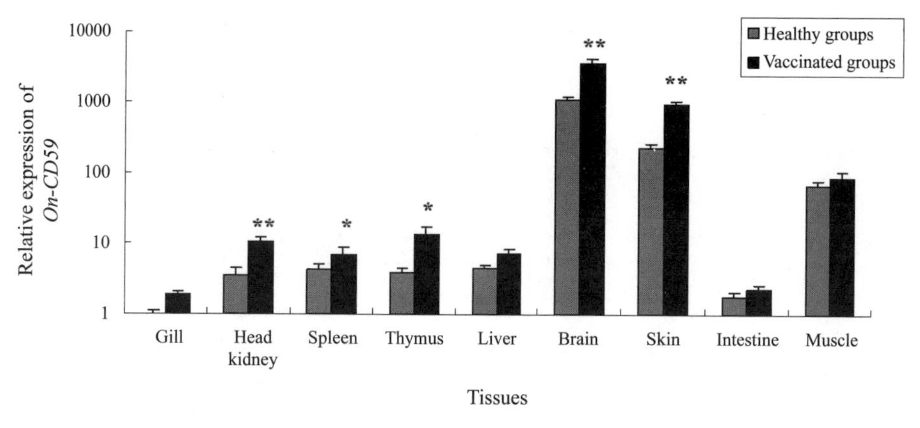

图3-44　荧光定量PCR检测健康和免疫后罗非鱼（免疫24 h后）CD59 mRNA的组织表达差异

此外，本研究还应用荧光定量 PCR 探讨了经灭活无乳链球菌免疫 0、4 h、8 h、12 h、24 h、48 h、72 h 及 96 h 后的罗非鱼的头肾、胸腺、脾脏、肝脏、皮肤、肌肉、肠、鳃和脑 9 个组织中 *CD59* 的表达差异。在灭活无乳链球菌刺激后，*CD59* 的表达在皮肤、脑、头肾、胸腺和脾脏表现出明显的时间依赖性表达模式。*CD59* 在皮肤的表达水平于免疫 12 h 后达到峰值，而在脑和头肾则是于免疫 24 h 后达到峰值，在胸腺和脾脏到达峰值的时间最晚，为免疫 48 h 后（图 3-45）。

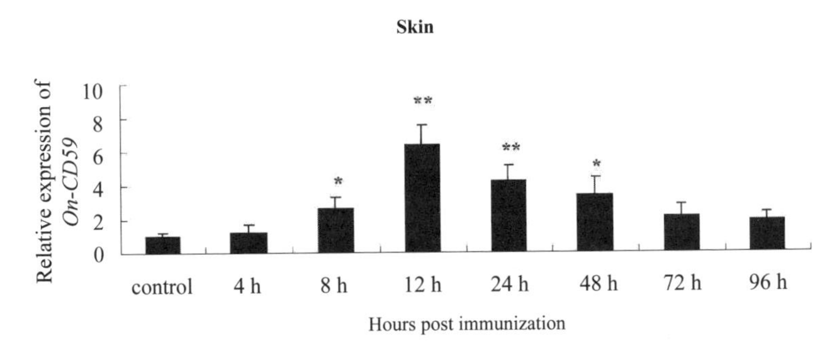

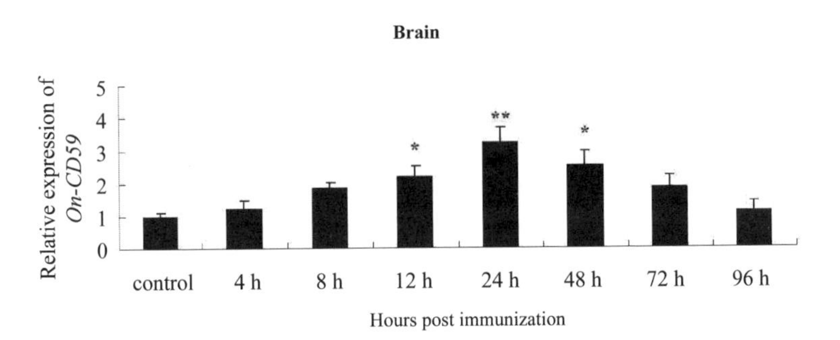

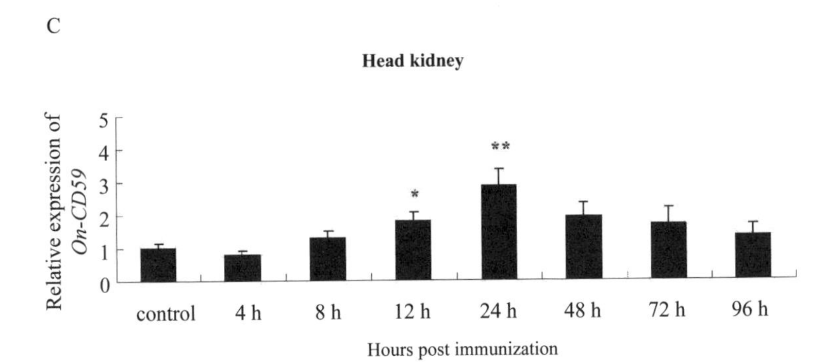

图3-45　荧光定量PCR检测罗非鱼CD59在皮肤（A）、脑（B）、头肾（C）、胸腺（D）和脾脏（E）中的时序表达差异

D

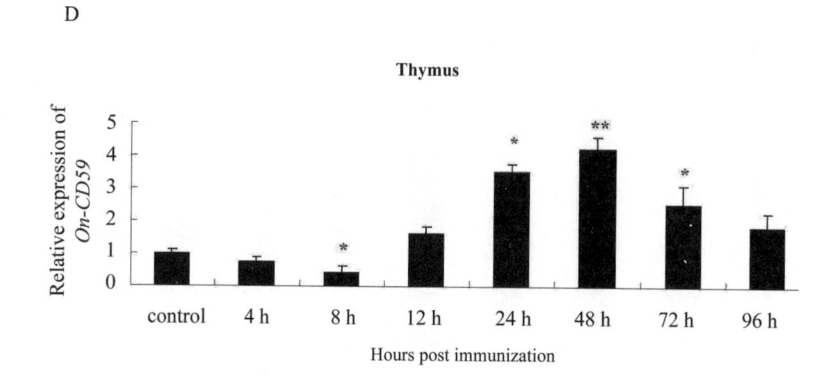

E

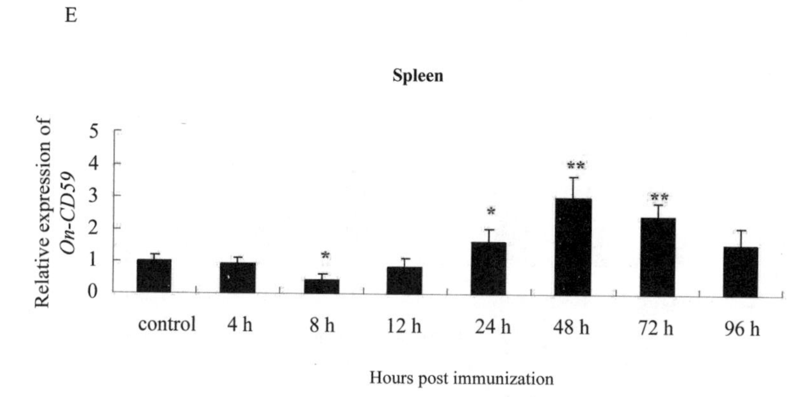

续图3-45　荧光定量PCR检测罗非鱼CD59在皮肤（A）、脑（B）、头肾（C）、胸腺（D）和脾脏（E）中的时序表达差异

PCR 扩增后，得到了 234 bp 的基因片段（去信号肽以及 GPI 锚定位点），与理论结果相符，经测序证实为 CD59 的目标序列。将 CD59 核心片段的 PCR 产物经酶切后与 pET-32a(+) 载体连接，转化到 *E.coli* DH5α 细胞，菌落 PCR 鉴定（图 3-46）及测序验证 pET-32a-CD59 重组表达质粒构建成功。

得到有活性的蛋白是本研究后期蛋白水平功能试验进行的一个前提条件，因此我们通过降低诱导温度（18℃）、摇床转速（150 r/min）和 IPTG 的浓度（0.2 mmol/L）以降低蛋白的表达速度，防止包涵体的形成，使蛋白成功表达于上清（图 3-47，lane 3），并利用 His Trap™ HP 柱得到了纯化的上清蛋白（图 3-47，lane 4）。Western blot 分析（图 3-47，lane 5）显示，纯化的 CD59 重组蛋白可与 His-Tag 单克隆抗体结合，显现出与重组蛋白大小一致的条带，结合测序结果可推断，已成功表达罗非鱼CD59。

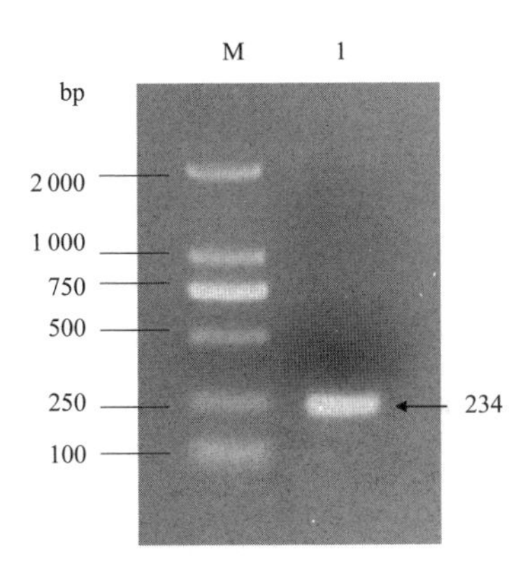

图3-46　重组表达质粒pET-32a-CD59的菌落PCR鉴定

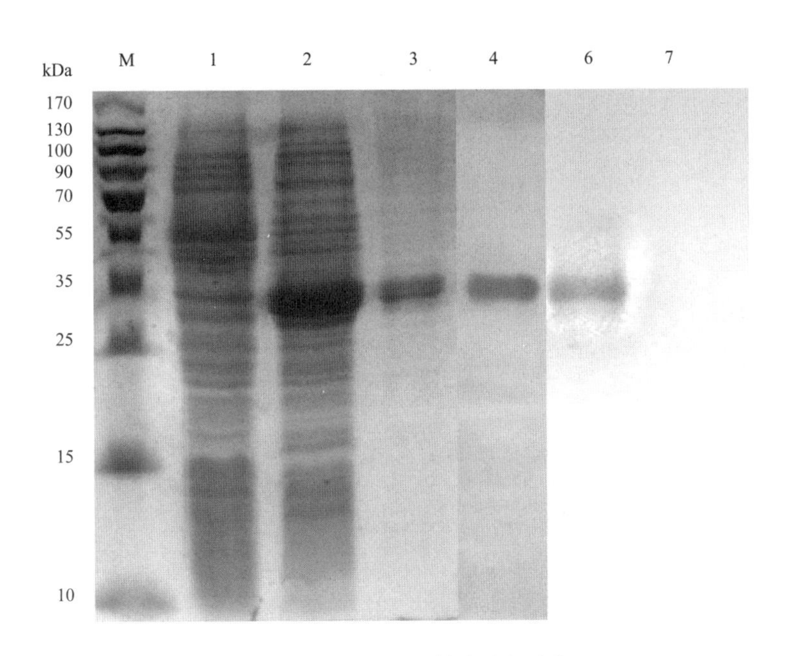

图3-47　重组CD59的表达与纯化

M：蛋白分子量标准；1：BL21中的pET-32a-CD59，未诱导；2：BL21中的pET-32a-CD59，IPTG诱导12 h；3：BL21 中的pET-32a-CD59，IPTG诱导后的上清；4：BL21中的pET-32a-CD59，纯化的上清；5：用鼠抗His-Tag的抗体检测纯化的rCD59；6：用鼠抗His-Tag的抗体检测未诱导的BL21中的pET-32a-CD59

为了验证CD59分子的补体抑制活性，我们根据补体反应的经典途径，构建了一个体外的溶血系统。如图3-48所示，随着CD59重组蛋白浓度的升高，红细胞的细胞溶解百分比也随之下降，这表明CD59重组蛋白对罗非鱼血清介导的红细胞溶解具有明显的抑制作用，而His-tagged TRX蛋白却没有明显的抑制作用。此外，当用小鼠血清代替罗非鱼血清作为补体源时，rCD59和His-tagged TRX蛋白对红细胞的溶解都不具有明显的抑制作用，表明rCD59不能抑制小鼠血清介导的红细胞溶解。

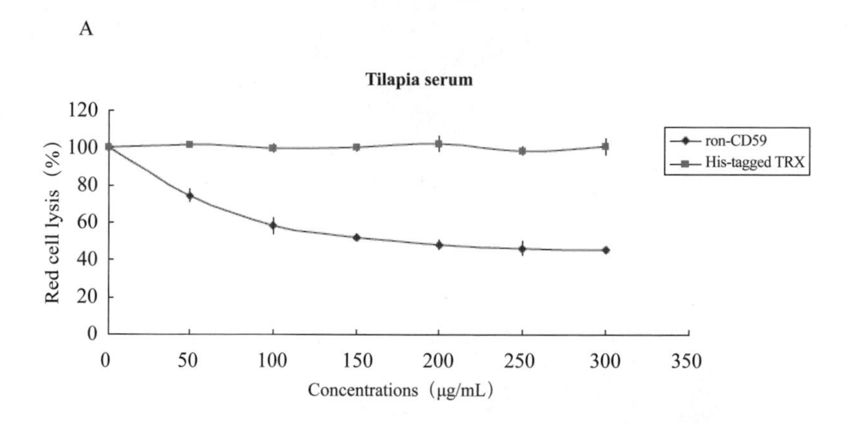

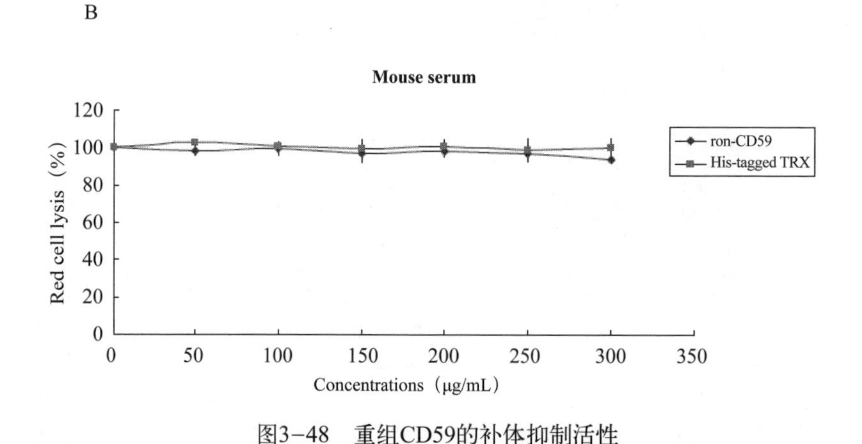

图3-48　重组CD59的补体抑制活性

为了更深入的了解鱼类CD59分子结合革兰氏阳性细菌的机制，我们通过

ELISA 对 CD59 重组蛋白是否可以结合 PGN 和 LTA 进行了验证。如图 3–49 所示，CD59 重组蛋白能以剂量依赖性的方式结合 PGN 和 LTA，而作为对照蛋白的 His-tagged TRX 蛋白则不能结合 PGN 和 LTA。

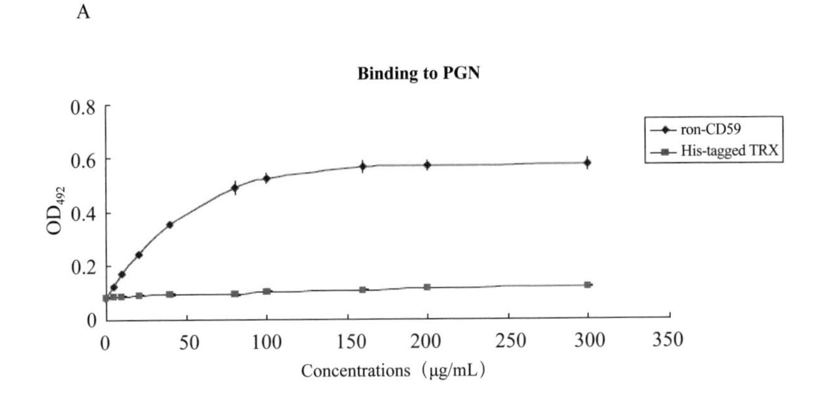

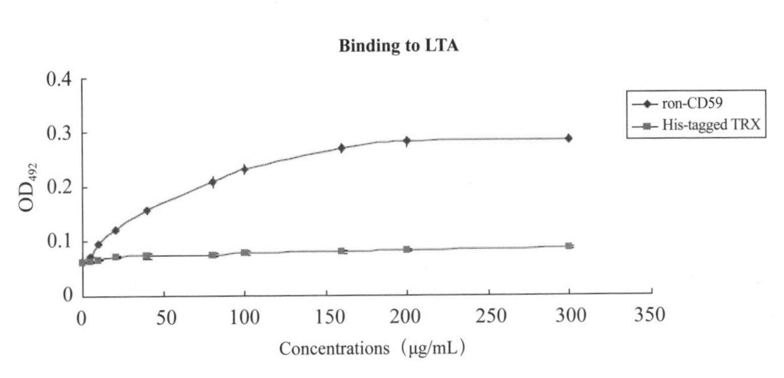

图3–49　重组CD59与PGN（A）和LTA（B）的结合

为了更深入的了解 CD59 对无乳链球菌感染的免疫应答机制，我们检测了 CD59 对无乳链球菌的抗菌活性。如表 3–3 所示，当浓度大于或等于 100 μg/mL 时，CD59 重组蛋白能够抑制无乳链球菌的生长；当浓度低于 100 μg/mL 时，它不能抑制无乳链球菌的生长，相反，它可能作为营养组分促进其增长；而作为对照蛋白的 His-tagged TRX 蛋白则对无乳链球菌的生长没有明显的抑制作用。以上数据表明，CD59 重组蛋白在体外对无乳链球菌有微弱的抗菌作用。

表 3-3　CD59 重组蛋白对无乳链球菌的抗菌活性

浓度（μg/mL）	On-CD59重组蛋白的抑制率	His-tagged TRX的抑制率
50	−13.7	−17.4
100	11.5	−18.7
200	28.1	−20.5
400	36.6	−21.2
800	44.2	−21.8

二、罗非鱼 *CD2BP2* 的克隆及表达模式研究

首先根据本实验室所测得的罗非鱼转录组数据设计特异性引物 CD2BP2-F/CD2BP2-R，扩增出 588 bp 的基因片段（图 3−50A）；然后在该片段上分别设计 5'-RACE 的特异性引物 CD2BP2-SP1/CD2BP2-SP2 和 3'-RACE 的特异性引物 CD2BP2-P1/CD2BP2-P2，最后 PCR 得到 457 bp 的 5' 端序列（图 3−50B）和 791 bp 的 3' 端序列（图 3−50C）。将所有获得的片段、5' 端和 3' 端序列进行拼接，得到 1429bp 的 *CD2BP2* 基因全长 cDNA 序列（图 3−51）。GenBank 的登录号为：KJ627219。

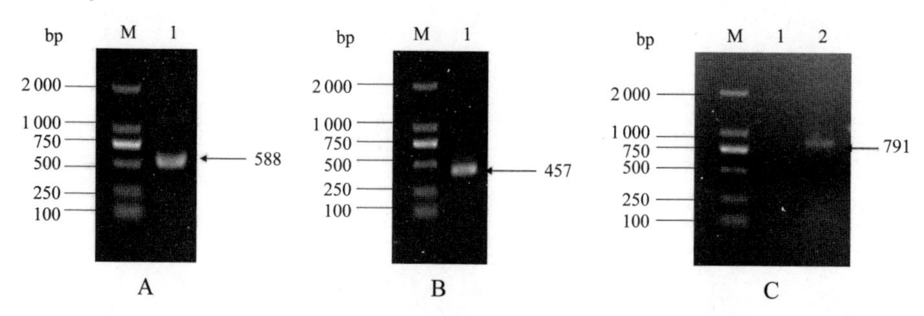

图3−50　*CD2BP2*基因片段及RACE-PCR产物琼脂糖凝胶电泳

ORF 分析显示，该基因序列包含一段长 1 125 bp、编码 374 个氨基酸的开放阅读框、一段长 111 bp 5'-UTR 和一段长 193 bp 的 3'-UTR，预测其分子量为 43.04 kDa，理论等电点为 4.45。利用相关软件进行分析，发现该蛋白不具有信号肽序列，也不具有跨膜区，其 C 末端含有一个 GYF 结构域和一个保守的 GPFXXXXMXXWXXXGYF 基序，这是已知 CD2BP2 分子最为重要的两个结构特征。BLAST 分析和多重序列对比结果（图 3−52）表明 CD2BP2 与

其他已知的CD2BP2分子具有较高的同源性，特别是C末端的GYF结构域和GPFXXXXMXXWXXXGYF基序保守存在于所有脊椎动物CD2BP2中。根据不同物种的CD2BP2氨基酸序列构建的系统进化树（图3-53）显示，罗非鱼CD2BP2与斑马鱼、胡瓜鱼的亲缘关系较近，且包括罗非鱼CD2BP2在内的鱼类CD2BP2独立聚为一枝，符合脊椎动物系统进化的趋势。通过外显子-内含子结构分析，我们发现罗非鱼CD2BP2和其他脊椎动物CD2BP2分子一样，都是由6个外显子以及5个内含子构成，且每个编码氨基酸外显子的长度与其他脊椎动物CD2BP2分子对应外显子的长度相似（图3-54），这说明CD2BP2的基因结构从鱼类到哺乳类都具有高度的保守性。

```
-111           CGTCAGCTGGTGGCGGTAGTGCGCCTTATCATTGTTTGTTAACGACAAAGT -61
 -60 GAAAACATGAAAAGAAGAAACTGAGTCGAAAACGAACGTCGTTTGAATAATTTTCGCACC -1
   1 ATGTCGAAAAGAAAAGTAACATTTGAGGATGGCAACGGTGAGTTTGACCTCGAAGACGAT 60
   1 M  S  K  R  K  V  T  F  E  D  G  N  G  E  F  D  L  E  D  D  20
  61 GTCCCGAATAAAAAGAGTTGTGAAGCTGTCAGCGGACCAGGCTCCAGGTTTAAGGGTAAA 120
  21 V  P  N  K  K  S  C  E  A  V  S  G  P  G  S  R  F  K  G  K  40
 121 CATTCCCTCGACAGCGATGAAGAGGATGAAGGAGAAGACACAAACAGCAGCAAATATAAT 180
  41 H  S  L  D  S  D  E  E  D  E  G  E  D  T  N  S  S  K  Y  N  60
 181 ATTTTAGACAGTGATGATGTTGAGGGTCAAGAGGGAGCAACCATTGACTTTGATGAGGGA 240
  61 I  L  D  S  D  D  V  E  G  Q  E  G  A  T  I  D  F  D  E  G  80
 241 GTTTCTATTACTCCTTCCAACCTGGAAGAGGAGATGCAAGAAGGACACTTTGACTCAGAG 300
  81 V  S  I  T  P  S  N  L  E  E  E  M  Q  E  G  H  F  D  S  E  100
 301 GGAAACTATTTCATCAAAAAGGAGCAACAGATTAGAGACAACTGGCTTGATAACATTGAC 360
 101 G  N  Y  F  I  K  K  E  Q  Q  I  R  D  N  W  L  D  N  I  D  120
 361 TGGGTGAGAATAAGAGAGCAGCCTTTCAAAAAAAAGAAGAAAGGTCTTGGAGCCAAAAGG 420
 121 W  V  R  I  R  E  Q  P  F  K  K  K  K  K  G  L  G  A  K  R  140
 421 ACACGCAGAGCAGGCGATGAGGACGAGGCAGAGGAAGAAAAACAGAGAGAAGAACAGCAA 480
 141 T  R  R  A  G  D  E  D  E  A  E  E  E  K  Q  R  E  E  Q  Q  160
 481 GCAGACCAAGAAGAAGAAGAGGAGGAGGAAGAGGCAGAGCCTCCAGAGGACCCACTGGCA 540
 161 A  D  Q  E  E  E  E  E  E  E  E  A  E  P  P  E  D  P  L  A  180
 541 TCCTACACACAGCACCAGCTCACTGAAGCGGTCATCGAACTACTGCAGCCTGGAGAAACA 600
 181 S  Y  T  Q  H  Q  L  T  E  A  V  I  E  L  L  Q  P  G  E  T  200
 601 GTCGCTACAGCGCTCCGTCGGTTAGGAGGCCTGGGAGGACGGAAGAAGGGAAAGCTGAGG 660
 201 V  A  T  A  L  R  R  L  G  G  L  G  G  R  K  K  G  K  L  R  220
 661 GAAGAAGAAAAATCCACAGAGGAGACCAAAAGGGATACGGAAAAGCTTGATCGGCTCACA 720
 221 E  E  E  K  S  T  E  E  T  K  R  D  T  E  K  L  D  R  L  T  240
 721 GCGCTAGCTGACCGACTGGTTGGATCCGGGATGTTTGAAATCTATCCGCAAACCTACGAA 780
 241 A  L  A  D  R  L  V  G  S  G  M  F  E  I  Y  P  Q  T  Y  E  260
 781 AAACTGGCCTACATGTTGAAGAGCATGACTAGCAAGCGGCCAGCGGTGGGGGGTGAGGAG 840
 261 K  L  A  Y  M  L  K  S  M  T  S  K  R  P  A  V  G  G  E  E  280
 841 GAGGAAGGAGATGAGCTTGACATGTTTGCTGACAAGTTTGATGAGAAGCATGGTGAAACA 900
 281 E  E  G  D  E  L  D  M  F  A  D  K  F  D  E  K  H  G  E  T  300
 901 GCTGAGGACAAAGATGACAATAAAAGGGTGAGCGATGAAGTGATGTGGGAGTACAAGTGG 960
 301 A  E  D  K  D  D  N  K  R  V  S  D  E  V  M  W  E  Y  K  W  320
 961 GAAAATAAGGATAATTCAGAAGTCTACGGCCCTTTCACAAGCCAGCAGATGCAGGACTGG 1020
 321 E  N  K  D  N  S  E  V  Y  G  P  F  T  S  Q  Q  M  Q  D  W  340
1021 GTGGATGAAGGCTATTTCAGCAGTGGTGTTTACTGTAGGAGGGTGGACCAGGAGGGATCG 1080
 341 V  D  E  G  Y  F  S  S  G  V  Y  C  R  R  V  D  Q  E  G  S  360
1081 CAGTTCTACAGCTCCAAGAGACTGGACTTTGAACTCTATACATGATTTACATCCAGTATT 1140
 361 Q  F  Y  S  S  K  R  L  D  F  E  L  Y  T  *                374
1141 GAAAAATTTGAACATAATATTATGTTTCAGCTACAATCTGTTCTCAGCCTTTTCATGATT 1200
1201 TCTTTTAGGGTTTTGGTGTCAGATCTGCCATTTTAACACTGGTTTTGTTTTCTGTACGCT 1260
1261 GTTTTTTAAATAAATGATGTATGTGGTGAAGTATAAAAAAAAAAAAAAAAAAAAAAAA   1318
```

图3-51　罗非鱼*CD2BP2*基因全长cDNA序列及其推导的氨基酸序列

GYF结构域用下划线标出，保守的“GPFXXXXMXXWXXXGYF”基序用方框标出

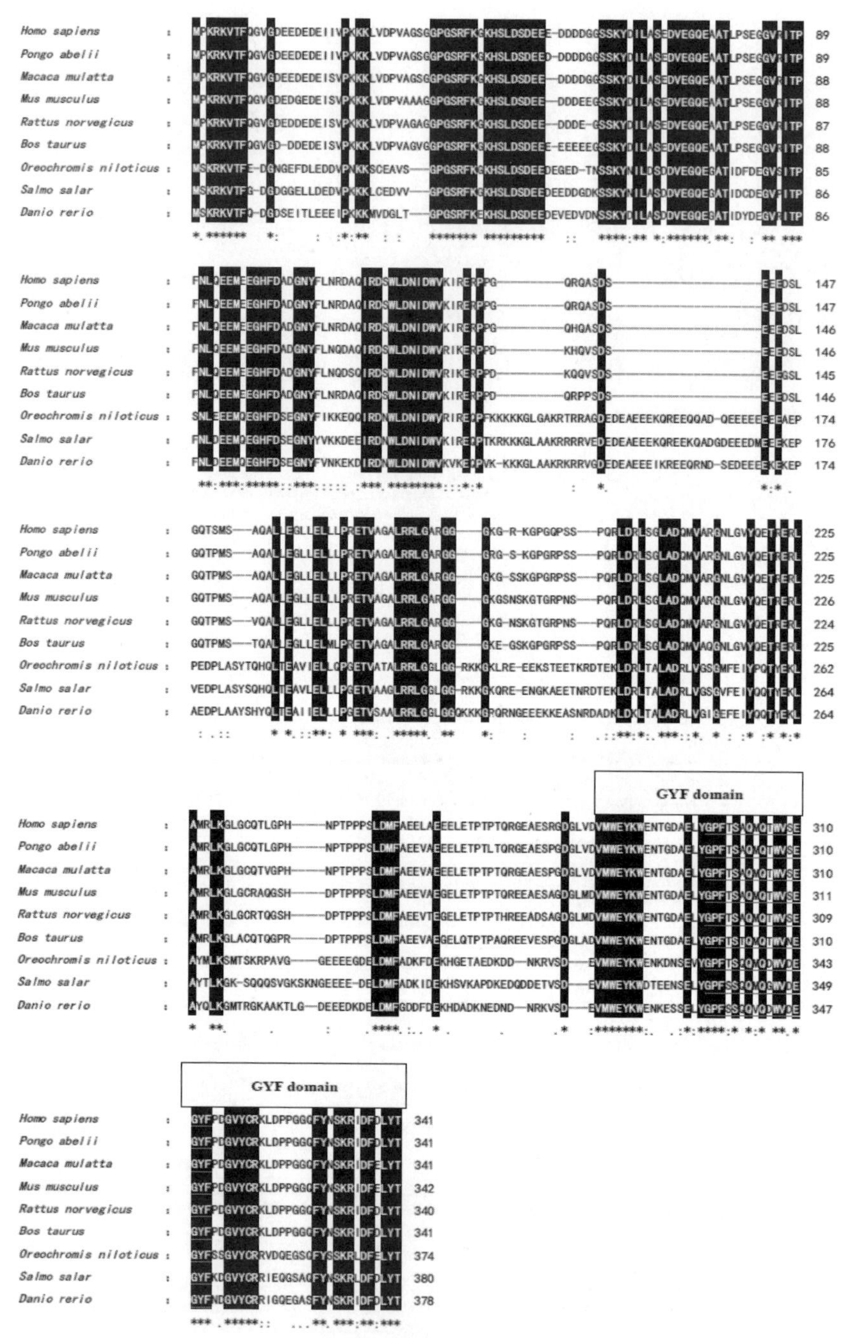

图3-52　罗非鱼CD2BP2氨基酸序列与其他物种的Alignment分析

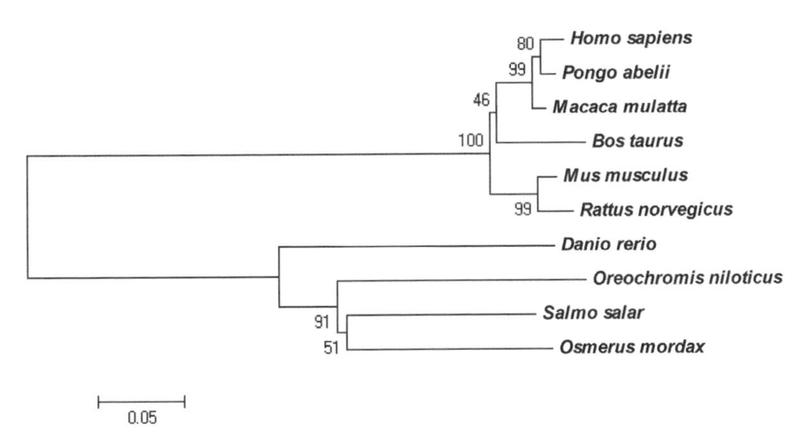

图3−53　CD2BP2家族成员的系统进化树分析

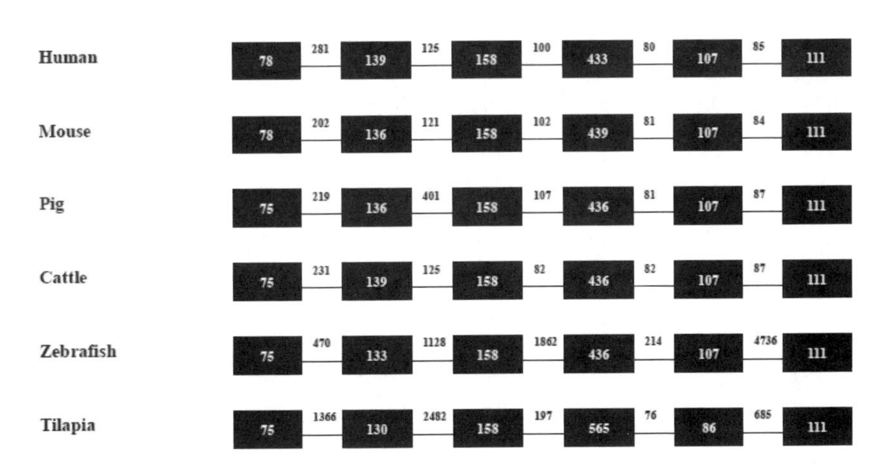

图3−54　罗非鱼以及其他脊椎动物*CD2BP2*的基因结构

黑色矩形方格代表编码氨基酸的外显子，黑色矩形方格之间的横线代表内含子，黑色矩形方格和横线上的数字分别代表每个外显子和内含子的核苷酸数目

应用荧光定量 PCR 探讨了健康罗非鱼以及经灭活无乳链球菌免疫后的罗非鱼的头肾、胸腺、脾脏、肝脏、皮肤、肌肉、肠、鳃和脑 9 个组织中 *CD2BP2* 的表达差异。在健康罗非鱼体内，*CD2BP2* mRNA 的表达能在头肾、脾脏、胸腺、肝脏、脑、肠和鳃中被检测到，其中在头肾和脾脏的表达量较高；在经灭活无乳链球菌免疫 48 h 后，*CD2BP2* mRNA 在头肾、脾脏和脑的表达都发生了显著的上调（图 3−55）。

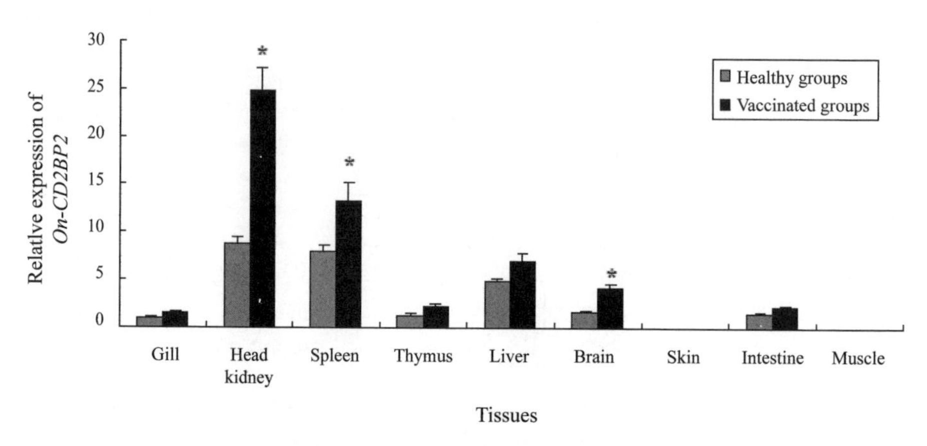

图3-55　荧光定量PCR检测健康和免疫后罗非鱼（免疫48 h后）CD2BP2 mRNA的组织表达差异

此外，本研究还应用荧光定量 PCR 探讨了经灭活无乳链球菌免疫 0、4 h、8 h、12 h、24 h、48 h、72 h 及 96 h 后的罗非鱼的头肾、胸腺、脾脏、肝脏、皮肤、肌肉、肠、鳃和脑 9 个组织中 *CD2BP2* 的表达差异。在灭活无乳链球菌刺激后，*CD2BP2* 的表达在头肾、脾脏和脑表现出明显的时间依赖性表达模式。*CD2BP2* 在脑的表达水平于免疫 24 h 后达到峰值，而在头肾和脾脏则是于免疫 48 h 后达到峰值（图 3-56）。

三、尼罗罗非鱼 CD28 和 CD80/86 分子保守的结构和相互作用特征

CD28 与 CD80 或 CD86 分子的相互作用可提供 T 细胞激活所需的共刺激信号。我们克隆并分析了尼罗罗非鱼 *CD28* 基因（CD28）和 *CD80/86* 基因（CD80/86）。序列分析揭示 CD28 蛋白具有典型特征。例如，与 CD80/86 配体结合所必需的脯氨酸基序（117TYPPPL122）（图 3-57 和图 3-58）。此外，CD80/86 的细胞外 Ig 结构域负责与其受体 CD28 相结合。亚细胞定位结果显示 CD28 和 CD80/86 均主要分布在细胞膜上（图 3-59）。

A

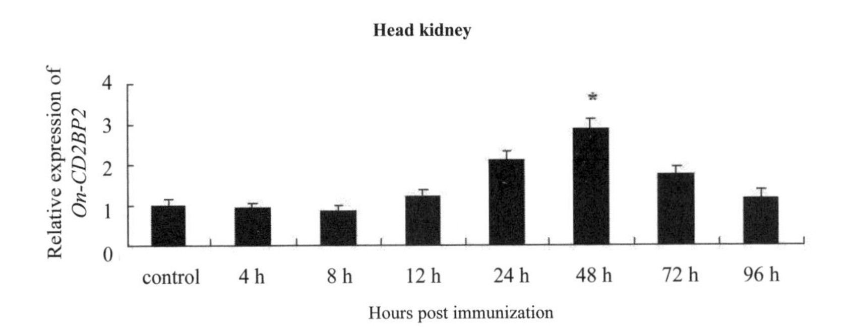

B

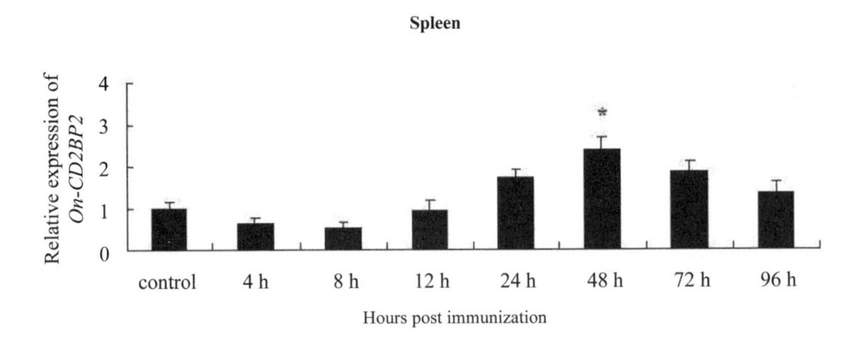

C

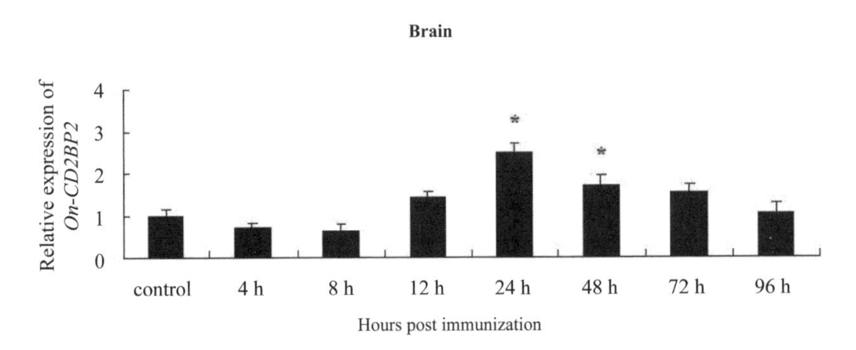

图3-56　荧光定量PCR检测罗非鱼*CD2BP2*在头肾（A）、脾（B）和脑（C）中的时序表达差异

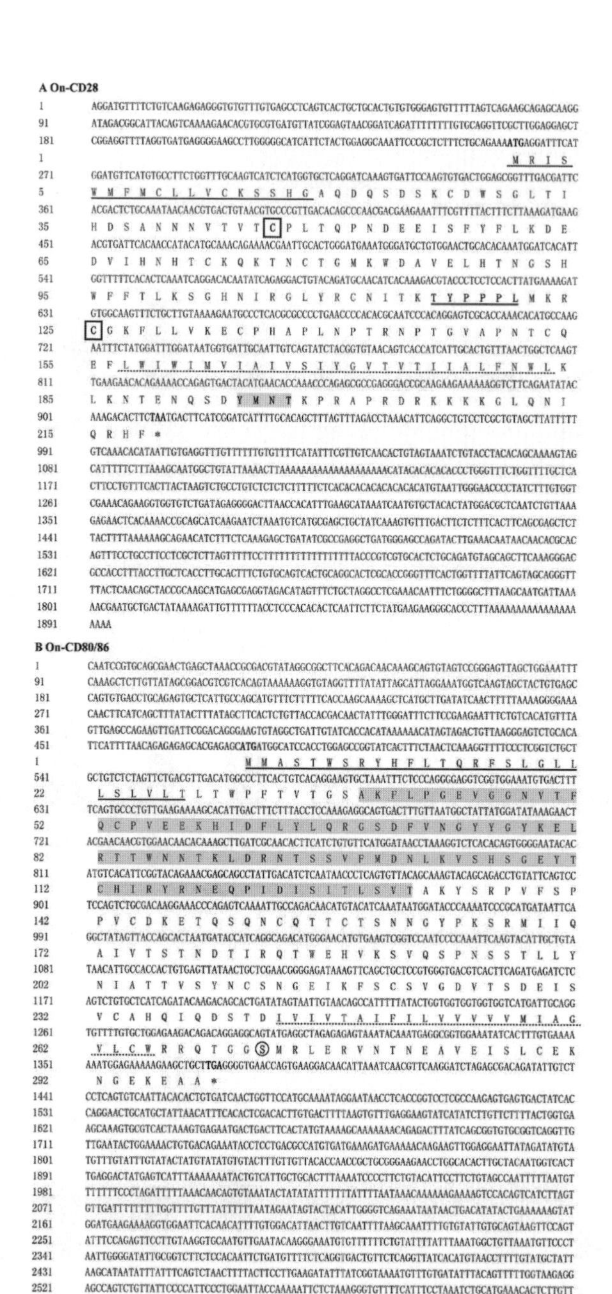

图3-57 *CD28 CD80/86*全长核苷酸序列和推导的氨基酸序列

翻译起始和终止密码子的核苷酸序列用粗体显示；星号表示终止密码子；预测信号肽用下划线表示；跨膜区域由虚线下划线表示；the putative B7-binding motif用双下划线表示；潜在的Tyr-based基序用灰色背影和粗体显示；保守的半胱氨酸残基用黑体和长方形表示；Ig域用浅灰色阴影表示；潜在的PKC磷酸化位点用黑体和圆圈表示

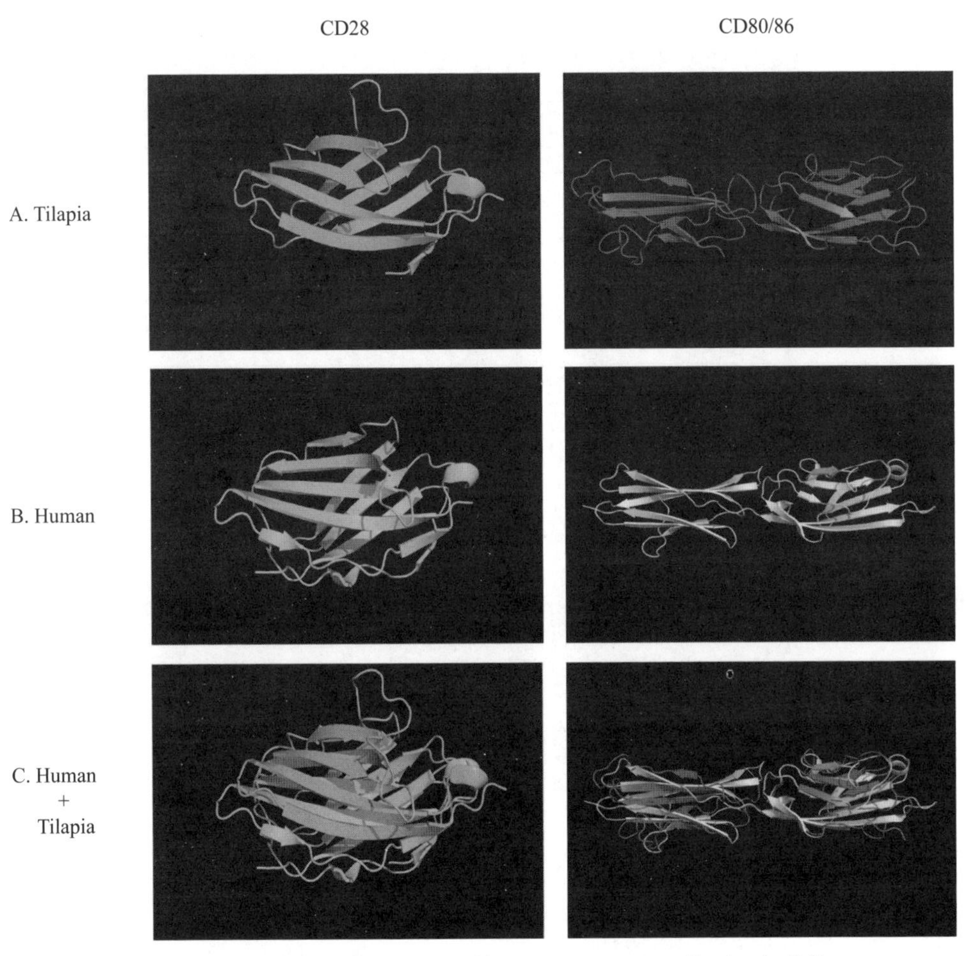

图3-58　预测的尼罗罗非鱼和人的CD28和CD80/86三维（3D）结构

尼罗罗非鱼CD28和CD80/86的三维结构（A）和人类CD28和CD80/86的三维结构（B），尼罗罗非鱼和人类CD28和CD80/86的三维结构比较（C）

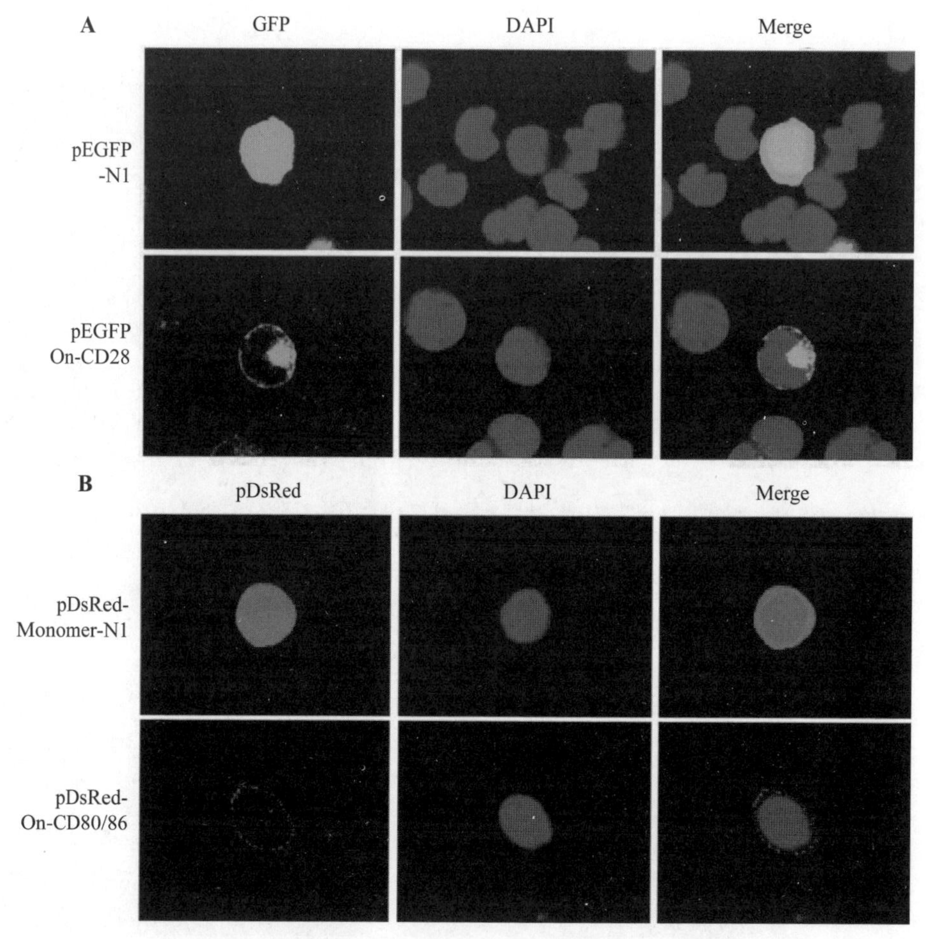

图3-59　CD28和CD80/86 在HEK-293T细胞中的亚细胞定位

(A) CD28的亚细胞定位。转染pEGFP-N1（上层）或pEGFP-CD28的细胞（下层）。(B) CD80/86的亚细胞定位。转染pDsRed-Monomer-N1（上层）或pDsRed-CD80/86的细胞（下层）。细胞核使用DAPI染色法显示。图片拍摄400倍放大

酵母双杂交测定显示CD28可直接与CD80/86相互作用（图3-60）。此外，荧光定量结果显示，在健康尼罗罗非鱼各组织中均可检测到*CD28*和*CD80/86*的mRNA表达，分别在胸腺和心脏中表达量最高（图3-61）。无乳链球菌刺激罗非鱼之后，*CD28*和*CD80/86*在头肾、脾、肠和脑中表达量均显著上调。然而，对头肾组织淋巴细胞进行细菌刺激后发现，*CD28*和*CD80/86*表现出不同的表达特

征（图 3-62 和图 3-63）。以上结果表明 CD28 与 CD80/86 的相互作用可能为罗非鱼 T 细胞活化提供共刺激信号，为罗非鱼抵御无乳链球菌的感染提供重要帮助。

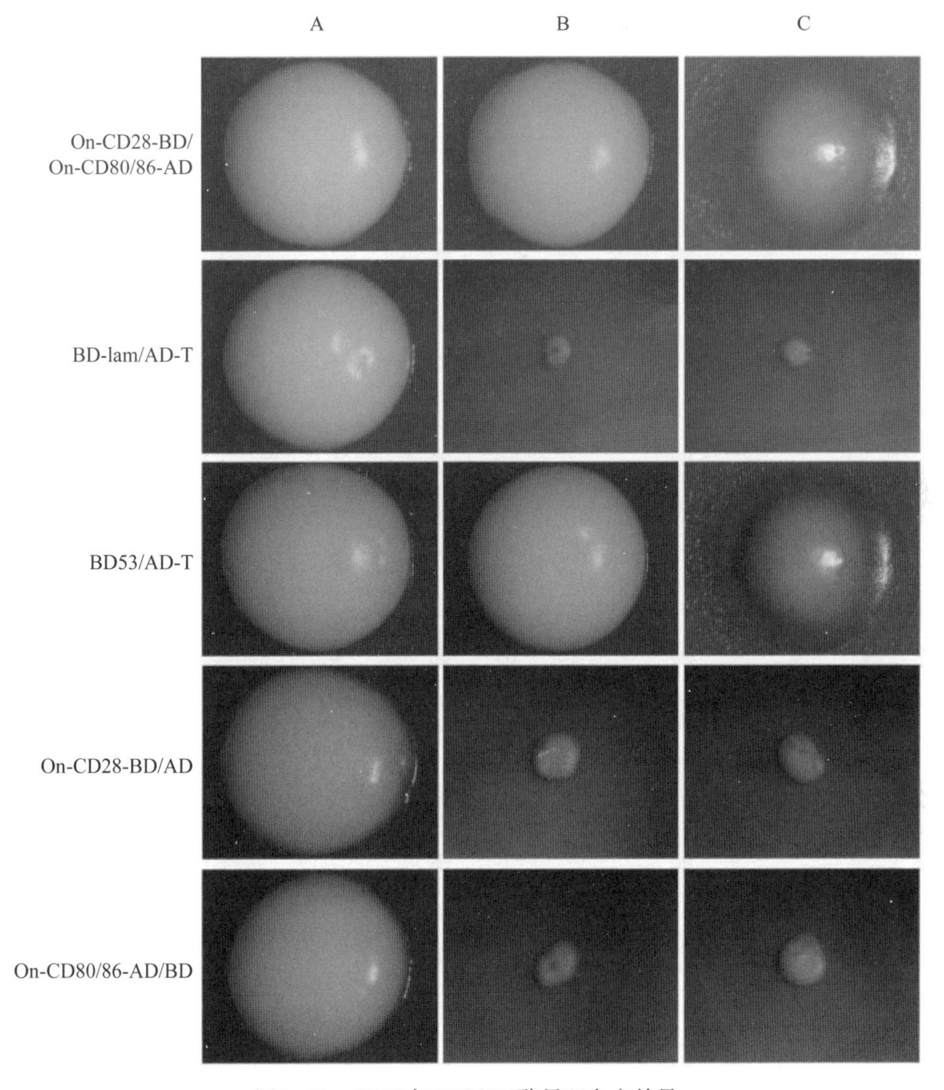

图3-60　CD28与CD80/86酵母双杂交结果

pGBKT7-CD28/pGADT7-CD80/86 是实验组；pGBKT7-Lam/pGADT7-T是阴性对照组；pGBKT7-53/pGADT7-T是阳性对照组；pGBKT7-CD28/pGADT7 和 pGADT7-CD80/86+pGBKT7 是自激活组．A列：SD/-Leu/-Trp培养基；B列：SD/-Leu/-Trp/-His/-Ade培养基；C列：含有X-gal 的SD/-Leu/-Trp/-His/-Ade培养基

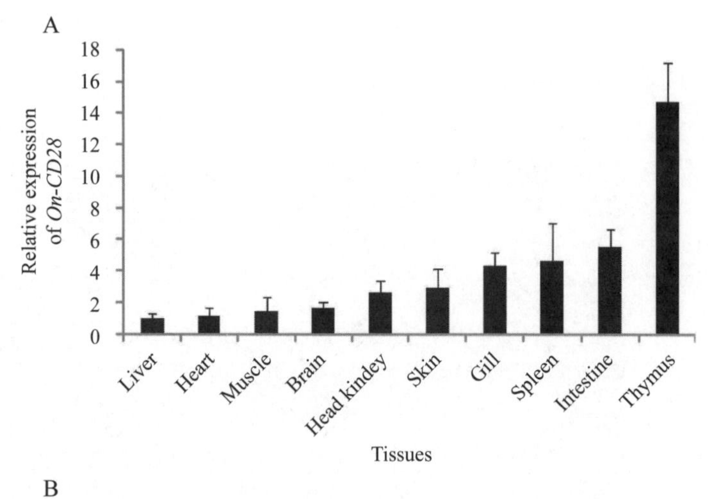

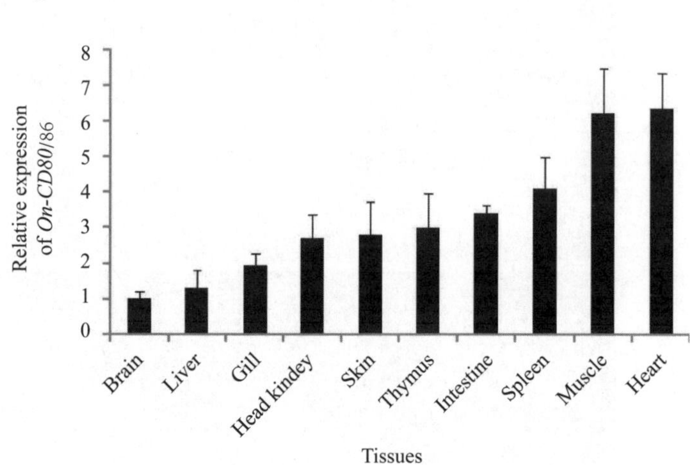

图3-61　qRT-PCR 检测CD28和 CD80/86的mRNA在健康罗非鱼体内不同组织的表达情况
CD28和CD80/86的相对表达水平分别在肝脏和脑中被设置为1

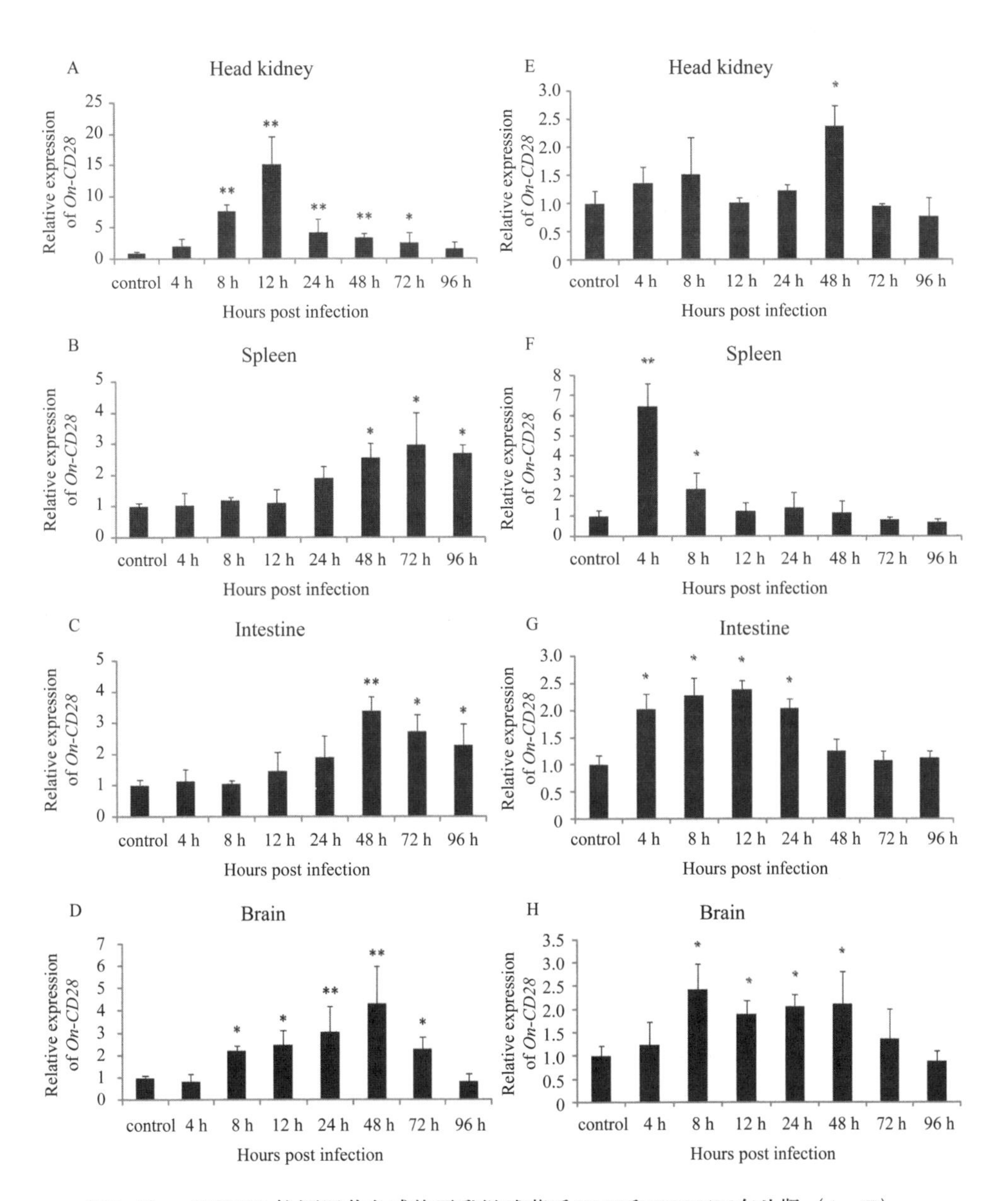

图3-62　qRT-PCR 检测罗非鱼感染无乳链球菌后CD28和CD80/86在头肾（A、E）、脾脏（B，F）、肠（C、F）、和脑（D、H）组织中的时序表达水平

显著性差异*: $P < 0.05$, **: $P < 0.01$

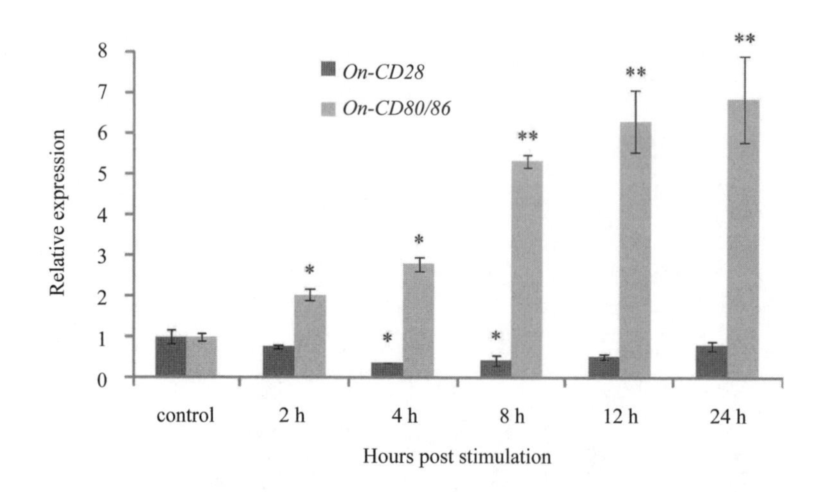

图3-63　qRT-PCR 检测罗非鱼头肾淋巴细胞在体外灭活的无乳链球菌刺激后CD28和CD80/86的时序表达水平

显著性差异*: $P < 0.05$, **: $P < 0.01$

第四节　罗非鱼 NCC 细胞免疫相关基因的功能研究

一、*NCCRP-1* 的基因互作蛋白筛选

根据罗非鱼 *NCCRP-1* 的基因序列分别构建 NCCRP-1 全长、胞外结合区域以及胞内转录活化区 + 信号转导区三个酵母双杂交诱饵质粒，通过酵母双杂交技术分别从罗非鱼肝脏和头肾 cDNA 文库中筛选互作蛋白。结果如下：肝脏文库中，三个载体总共筛出 24 个阳性克隆，对应 13 种蛋白序列。其中全长筛出 9 个克隆，胞内区筛出 7 个克隆，胞外区筛出 8 个。头肾文库中，三个载体总共筛出 17 个阳性克隆，对应 13 种蛋白序列。其中全长筛出 5 个克隆，胞内区筛出 8 个克隆，胞外区筛出 4 个克隆。总计对应 11 个蛋白（表 3–4）。

利用上述鉴定得到的互作蛋白序列信息，成功获得了 10 个基因的全长序列：补体 *C3* 基因全长 5 066 bp，ORF 4 977 bp，编码 1 658 氨基酸，包含一些重要结构域如：N 端信号肽序列，轴突生长诱向因子 C345C（NTR）结构域，翻译后加工信号序列（RKRR）和 C3 转化酶切割位点序列（LAR）；白细胞源趋化因子 2 基因全长 726 bp，5’ 端包含 132 bp，ORF456 bp 编码 151 aa，3’ 端 138 bp；α 抗胰蛋白酶基因全长 1 679 bp，5’端 54 bp，ORF 1 224 bp 编码 407 aa，3’端 401 bp，氨基酸序列包含蛋白酶抑免疫增强剂结构域 SERPIN；结合珠蛋白基因全长 1 186 bp，5’端 88 bp，ORF 960 bp 编码 319 aa，3’端 138 bp，其中 48–292 aa 处包含 Tryp_SPc 结构域；血清转铁蛋白基因全长 2 445 bp，其中 5 端 UTR 包含 40 bp，ORF 2 118 bp 编码 705 aa，3’端 287 bp，含有转铁蛋白结构域；丝氨酸蛋白酶抑免疫增强剂 *A3K* 基因全长 1 410 bp，5’端 114 bp，ORF 1 215 bp 编码 404 aa，3’端 81 bp，包含一个 SERPIN 结构域；α–2– 巨球蛋白基因全长 4 479 bp，5’端包含 180 bp，ORF 4 749 bp 编码 1 498 aa，3’端 72 bp，含有一个硫羟酸酯结构域（GCGEQNM），一个诱饵结构域以及一个巨球蛋白受体结构域；*C-type lectin* 基因全长 790 bp，5’端包含 118 bp，ORF 645 bp 编码 214 aa，3’端 127 bp；*pancreatic alpha-amylase* 基因全长 1 644 bp，5’端包含 41 bp，ORF 1 539 bp 编码 512 aa，3’端 64 bp；serum amyloid P-component 基因全长 1 017 bp，其中 5’端 195 bp，ORF 672 bp 编码 223 aa，3’端 150 bp。

表 3–4　NCCRP-1 互作蛋白的筛选

序列号	筛出的蛋白名称
1	complement C3
2	leukocyte cell-derived chemotaxin-2
3	alpha-1-antitrypsin homolog
4	haptoglobin
5	Serotransferrin
6	serine protease inhibitor A3K
7	alpha-2-macroglobulin
8	pancreatic alpha-amylase
9	C-type lectin domain family 4, member C (clec4c)
10	inter-alpha-trypsin inhibitor heavy chain H3
11	serum amyloid P-component

对于前期初步筛选出的与 NCCRP-1 互作蛋白，使用酵母双杂交技术，进行点对点验证，验证结果表明：NCCRP-1 可与 C-type lectin、serotransferrin 相互作用（图 3–64 至图 3–66）。

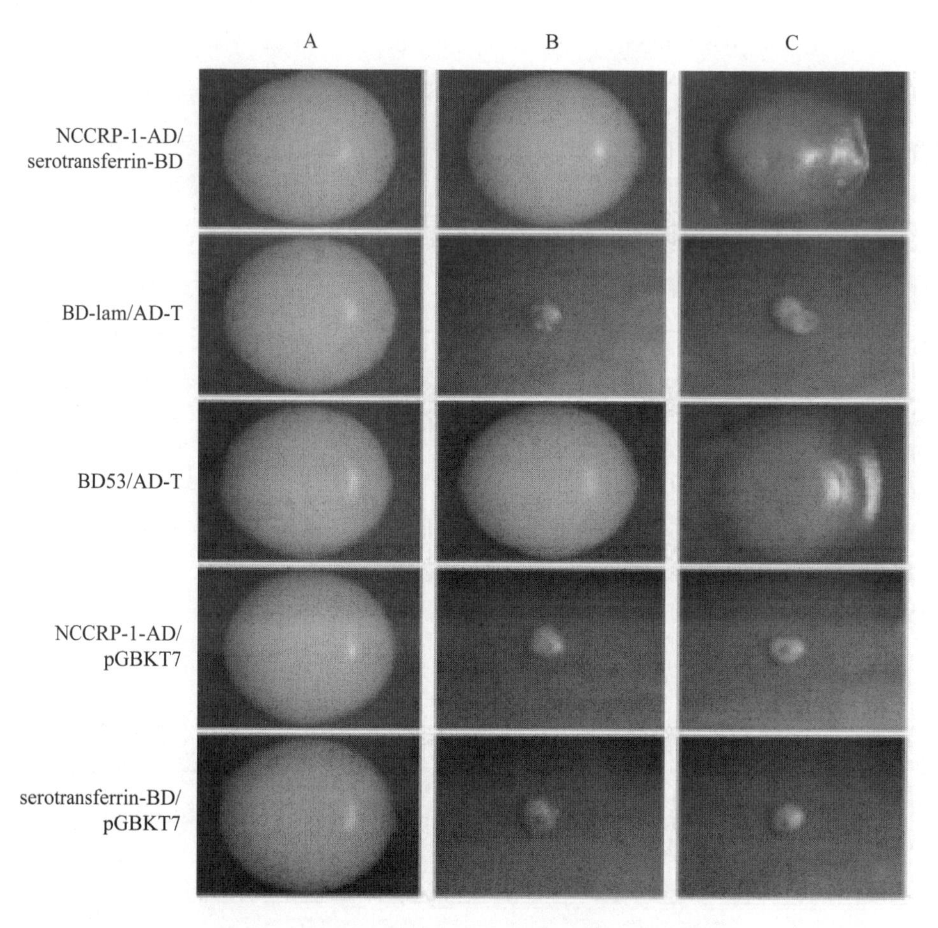

图3-64 NCCRP-1与serotransferrin的酵母双杂交结果

pGBKT7-serotransferrin/pGADT7-NCCRP-1是实验组；pGBKT7-Lam/pGADT7-T是阴性对照组；pGBKT7-53/pGADT7-T是阳性对照组；pGADT7-NCCRP-1+pGBKT7、pGBKT7-serotransferrin / pGADT7是自激活组。A列：SD/-Leu/-Trp培养基; B列：SD/-Leu/-Trp/-His/-Ade培养基; C列：含有X-gal 的SD/-Leu/-Trp/-His/-Ade培养基

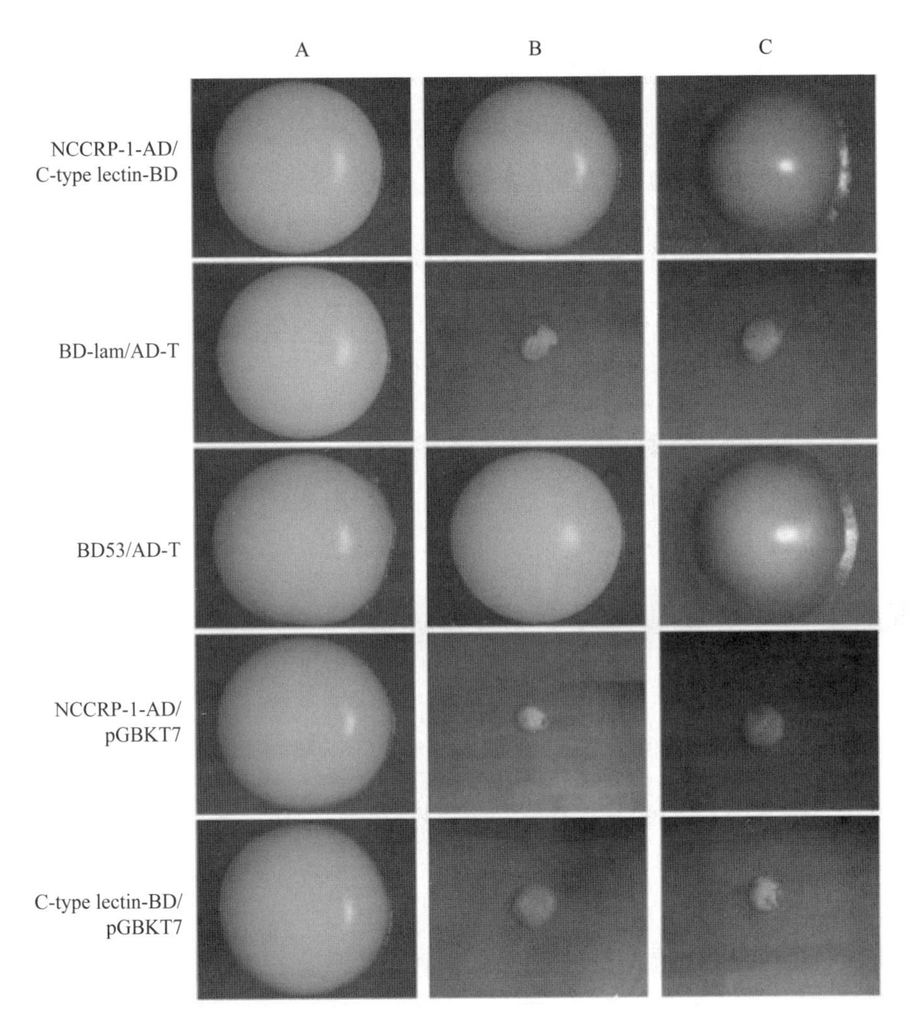

图3-65 NCCRP-1与C-type lectin的酵母双杂交结果

pGBKT7- C-type lectin /pGADT7-NCCRP-1是实验组；pGBKT7-Lam/pGADT7-T是阴性对照组；pGBKT7-53/pGADT7-T是阳性对照组；pGADT7-NCCRP-1+pGBKT7、pGBKT7- C-type lectin / pGADT7是自激活组。

A列：SD/-Leu/-Trp培养基；B列：SD/-Leu/-Trp/-His/-Ade培养基；C列：含有X-gal 的SD/-Leu/ -Trp/-His/-Ade培养基

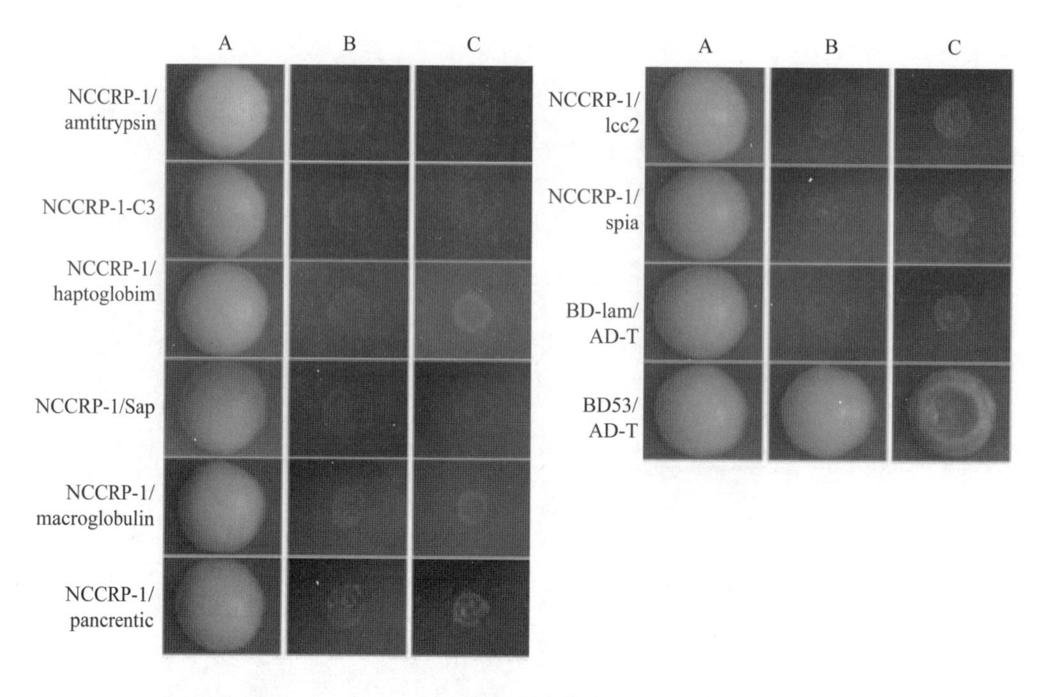

图3-66　NCCRP-1与其他蛋白的酵母双杂交结果

A列：SD/-Leu/-Trp培养基；B列：SD/-Leu/-Trp/-His/-Ade培养基；C列：含有X-gal 的SD/-Leu/-Trp/-His/-Ade培养基

二、*NCCRP-1* 和 *C-type lectin* 在罗非鱼组织中的分布及表达模式

qRT-PCR 的结果表明 NCCRP-1 存在于罗非鱼的多种组织中，且在肝脏组织中的表达量最高，其次是头肾组织（图 3-67）。无乳链球菌刺激之后，*NCCRP-1* 在脑、肠、头肾、脾脏中的表达都发生了显著性的上调（图 3-68）。对于分离的 NCCs 进行体外培养，用不同的抗原刺激物进行体外刺激后发现，LPS 处理后 8 h 和 12 h，*NCCRP-1* 的表达量发生了显著性上调，而病毒类似物 polyI:C 刺激后，*NCCRP-1* 的表达量在 12 h 发生了显著性上调，奇怪的是，灭活的无乳链球菌刺激后，*NCCRP-1* 的表达量不但没有发生上调，反而在 12 h 和 24 h 发生了显著性的下调（图 3-69）。

qRT–PCR 的结果表明 *C-type lectin* 也存在于健康罗非鱼的多种组织中，且在肝脏组织中的表达量最高，其次是皮肤（图 3-70）。无乳链球菌刺激之后，*C-type lectin* 在脑、肠、和头肾中的表达都发生了显著性的上调，但是在脾中的表达量没有发生显著性变化（图 3–71）。

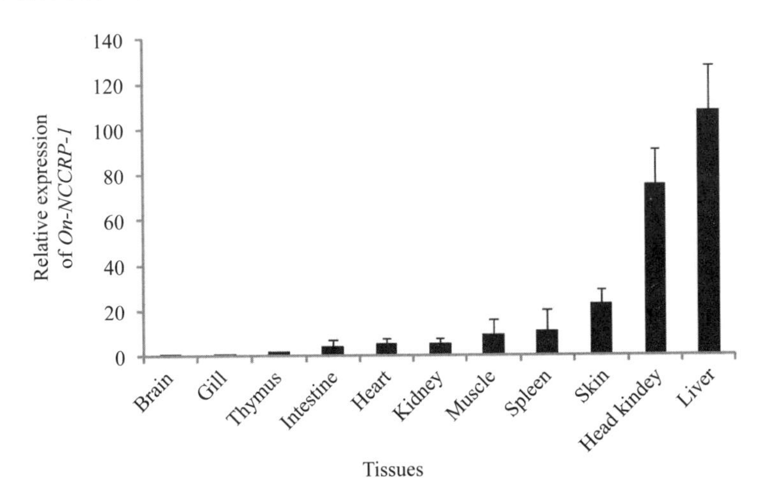

图3–67　*NCCRP-1*的mRNA在健康罗非鱼体内不同组织的表达情况

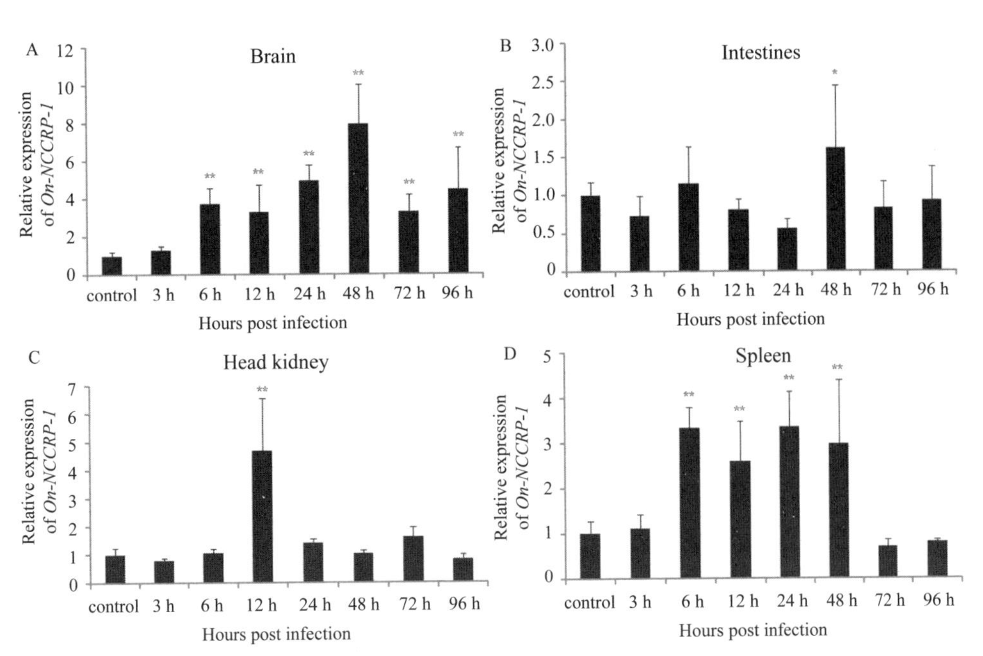

图3–68　qRT-PCR 检测罗非鱼感染无乳链球菌后*NCCRP-1*在脑（A）、肠（B）、头肾（C）和脾脏（D）组织中的时序表达水平

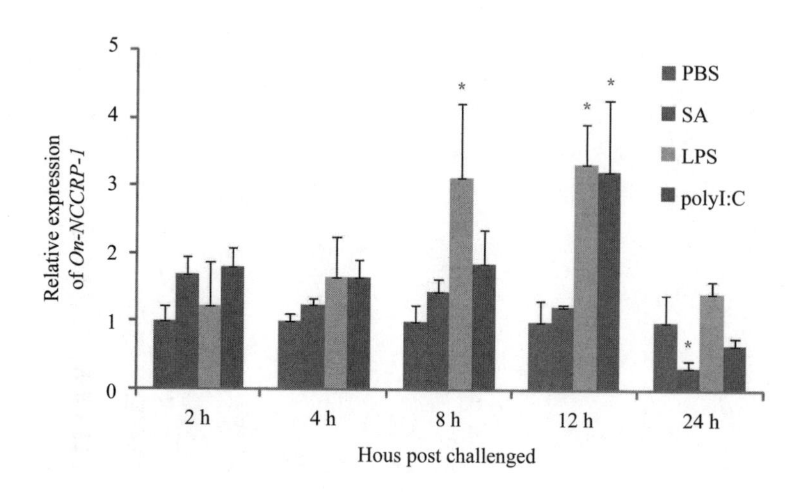

图3-69　qRT-PCR 检测SA、LPS、polyI: C刺激罗非鱼NCCs后，*NCCRP-1*的时序表达水平

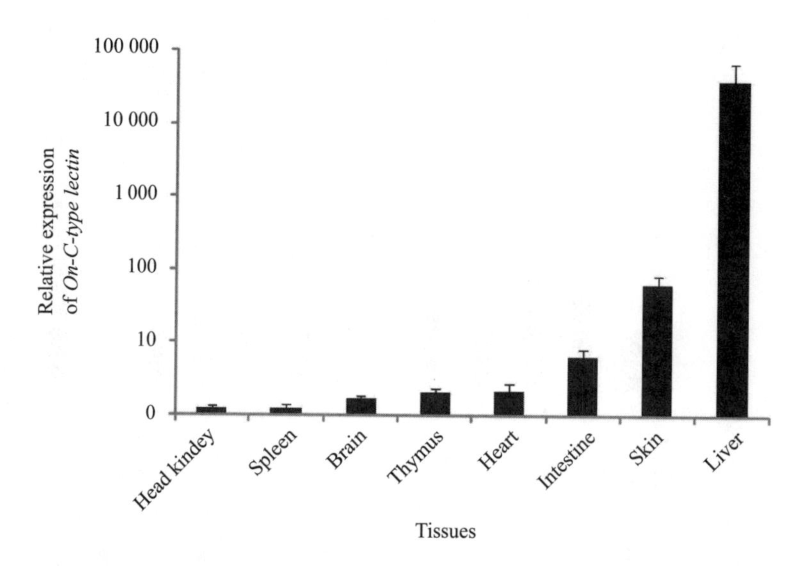

图3-70　*C-type lectin*的mRNA在健康罗非鱼体内不同组织的表达情况

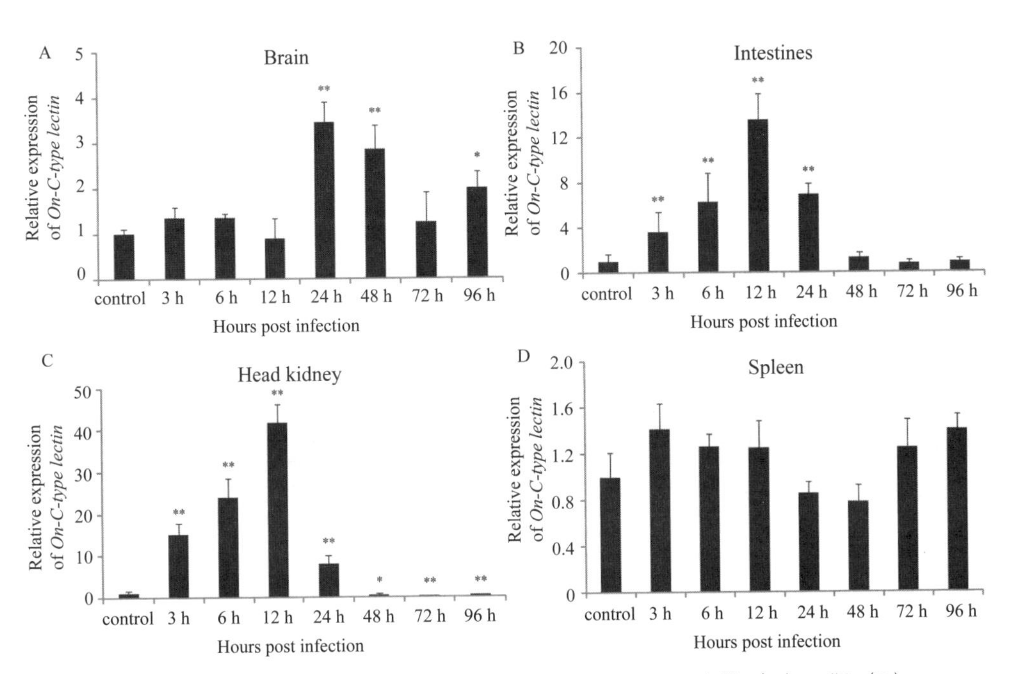

图3-71 qRT-PCR 检测罗非鱼感染无乳链球菌后*C-type lectin*在脑（A）、肠（B）、头肾（C）和脾脏（D）组织中的时序表达水平

第四章　高效复方中草药免疫增强剂的筛选

4

摘要

本研究对中草药当归、黄芪、板蓝根、金银花、甘草、山楂等10种常见中草药按一定比例配制成A、B、C、D和E五种不同配方复方中草药，通过测定罗非鱼增重率、肌肉成分、血清生化指标、血清免疫指标、肠道菌群变化及对罗非鱼抗无乳链球菌免疫保护力，从而筛选最佳配方复方中草药免疫增强剂；结果表明B配方的复方中草药为最佳免疫增强剂量，添加于罗非鱼饲料进行投喂后能有效提高罗非鱼免疫指标，增加罗非鱼抗无乳链球菌免疫保护力。按1.5%将上述筛选的B配方的复方中草药添加于罗非鱼饲料中采用分段法和不间断投喂法投喂罗非鱼，测定罗非鱼增重率、肌肉成分、血清生化指标、血清免疫指标和肠道菌群的变化，结果表明采用分段法和不间断投喂法投喂中草药免疫增强剂均可有效提高罗非鱼增生率、改善罗非鱼肉质、保护罗非鱼肝脏、增强罗非鱼非特异性免疫功能和促进罗非鱼肠道益生菌群及抑制有害菌群，且两者之间无显著差异；因为采用分段法能节约中草药免疫增强剂的用量，降低养殖成本，所以在罗非鱼养殖中采用分段法投喂中草药免疫增强剂是一种实用的措施。将B配方的复方中草药免疫增强剂按0.5%、1.0%、1.5%和2.0%比例添加至饲料中分别投喂罗非鱼，测定罗非鱼血清中SOD活力、POD活力、PO活力、LZM活力、血清抗菌活力、MDA含量、谷丙转氨酶活力、谷草转氨酶活力、甘油三酯含量、总胆固醇含量的变化，罗非鱼头肾、脾脏、肝脏、腮、胸腺中*IL-1β*和*TNF-α*表达模式变化，罗非鱼肠道菌群结构的变化，罗非鱼肝体比变化，罗非鱼肝脏脂肪含量和肌肉脂肪含量变化，罗非鱼免疫保护力的变化和罗非鱼肝脏组织病理学变化，结果表明不同含量的中草药免疫增强剂饲料投喂罗非鱼后均能显著提高罗非鱼免疫力、促进肠道菌群微生态平衡、降低肝脏脂肪含量和肌肉脂肪含量、保护罗非鱼肝脏和提高罗非鱼对无乳链球菌的抵抗能力，其中以1.0%中草药免疫增强剂对罗非鱼肝脏组织保护、抵抗无乳链球菌的感染效果最好，最终筛选出中草药添加剂按1.0%添加于罗非鱼饲料为最佳中草药免疫增强剂添加量。上述研究结果为罗非鱼链球菌病的免疫防治奠定了基础。

第一节　中草药免疫增强剂配方的筛选

一、复方中草药配制

试验用中草药当归、黄芪、板蓝根、金银花、甘草、山楂等10种常见中草药购自湛江市麻章区某药店，各种药材分别粉碎过筛后，按一定比例配制成A、B、C、D和E五种不同配方复方中草药，于−20℃冰箱保存备用。分别按1.5%的比例将五种不同配方的复方中草药制剂添加在罗非鱼商品饲料中，制成A、B、C、D和E五种药饵饲料，风干后放入−20℃冰箱中保存备用。

二、试验用鱼及饲养管理

挑选外观正常，体质健壮，尾均体质量为20±0.48 g的罗非鱼作为试验用鱼。每个处理设3个重复，每个玻璃钢桶放养吉富罗非鱼30尾，玻璃钢桶水容量为0.3 m^3。试验用鱼先暂养7d后，称初始体质量，然后平均分组。试验组分别投喂A、B、C、D和E三种药饵料，对照组投喂同一品牌同批次的罗非鱼商品饲料，每天于9:00和17:00投喂饲料，日投饵量为鱼体质量的3%～5%。每周根据鱼的生长状况，相应地调节投饲量。试验全过程不间断充气增氧，每天换水1次，换水量为2/3。水温为28.0±1.5 ℃。养殖试验持续5周，每周均取样测定罗非鱼血清生化指标、血清免疫指标和肠道菌群变化，养殖试验结束后取样测定罗非鱼增重率和肌肉成分变化，最后采用肌肉注射方式向鱼体注射0.1 mL浓度为1×10^8 cfu/mL的无乳链球菌进行攻毒试验，被攻毒的罗非鱼继续养殖2周，记录其死亡情况，评价不同配方的中草药制剂对罗非鱼抗无乳链球菌免疫保护力。

三、不同配方复方中草药对罗非鱼增重率的影响

增重率测定结果显示，不同配方复方中草药制剂投喂罗非鱼5周后，试验组增重率明显高于对照组，试验组A、B、C、D和E增重率比对照组分别提高42.53%、49.28%、44.72%、38.19%和41.08%，各试验组之间差异不明显（$P>0.05$）（表4−1）。说明在饲料中添加不同配方复方中草药制剂A、B、C、D和E均能显著促进罗非鱼的生长，但各配方复方中草药制剂对罗非鱼增生率的影响无明显差异。

表 4-1　不同配方复方中草药制剂对罗非鱼增重率的影响

	对照组	A	B	C	D	E
增重率	257.87%	367.54%	384.95%	373.19%	356.35%	363.8%

四、不同配方复方中草药对罗非鱼肌肉成分的影响

不同配方复方中草药制剂投喂罗非鱼 5 周后，从各组随机取 3 尾鱼进行肌肉成分分析，结果表明试验组中罗非鱼粗脂肪含量和呈味核苷酸含量与对照组有显著差异（$P < 0.05$），在水分、精蛋白质、粗灰分上没有明显差异（$P > 0.05$）。试验组 A、B、C、D 和 E 中罗非鱼粗脂肪含量对比对照组分别降低了 30.68%、32.87%、34.52%、28.21% 和 32.05%，试验组与对照组之间差异显著（$P < 0.05$），但试验组之间的差异不明显（$P > 0.05$）。试验组 A、B、C 和 E 中罗非鱼呈味核苷酸与对照组相比有明显差异（$P < 0.05$），分别增加了 13.62%、20.99%、12.99% 和 13.42%；但试验组 D 与对照组相比差异并不明显。这表明 A、B、C 和 E 配方复方中草药可在一定程度上改善罗非鱼的肉质（表 4-2）。

表 4-2　中草药免疫增强剂饲料添加剂对罗非鱼肌肉品质的影响

	水分	粗蛋白质	粗脂肪	粗灰分	肌苷酸含量 (mg/g)	呈味核苷酸 (mg/g)
对照组	78.22±0.14	82.74±0.27	3.65±0.13[a]	6.15±0.12	4.35±0.15	4.62±0.16[a]
A	74.16±0.47	83.13±0.27	2.53±0.15[b]	6.07±0.17	4.32±0.17	5.25±0.13[b]
B	75.23±0.21	84.12±0.44	2.45±0.16[b]	6.13±0.18	4.13±0.18	5.59±0.18[c]
C	73.98±0.27	83.27±0.34	2.39±0.18[b]	5.99±0.14	4.33±0.21	5.22±0.21[b]
D	75.81±0.32	82.62±0.19	2.62±0.22[b]	6.17±0.23	4.19±0.13	4.91±0.11[a]
E	76.63±0.19	84.83±0.25	2.48±0.15[b]	5.95±0.11	4.27±0.20	5.24±0.13[b]

五、不同配方复方中草药对罗非鱼血清生化指标的影响

从各组随机取 3 尾鱼，尾静脉采血，4℃静置过夜后 4 000 r/min 离心 10 min，收集上清液即为血清，-80℃保存备用，用于谷丙转氨酶、谷草转氨酶、甘油三酯和总胆固醇的测定。

分别取投喂中草药饲料饲喂开始后的第 7 d、第 14 d、第 21 d、第 28 d 和第

35 d 的罗非鱼，记录罗非鱼血清生化指标，各组数据应用单因素方差分析进行比较。结果表明试验组中罗非鱼 GOT、GPT、TCH 和 TG 与对照组相比显著下降，但各试验组之间差异不显著（图 4-1）。这表明投喂不同配方复方中草药均有明显的保肝护肝功效。

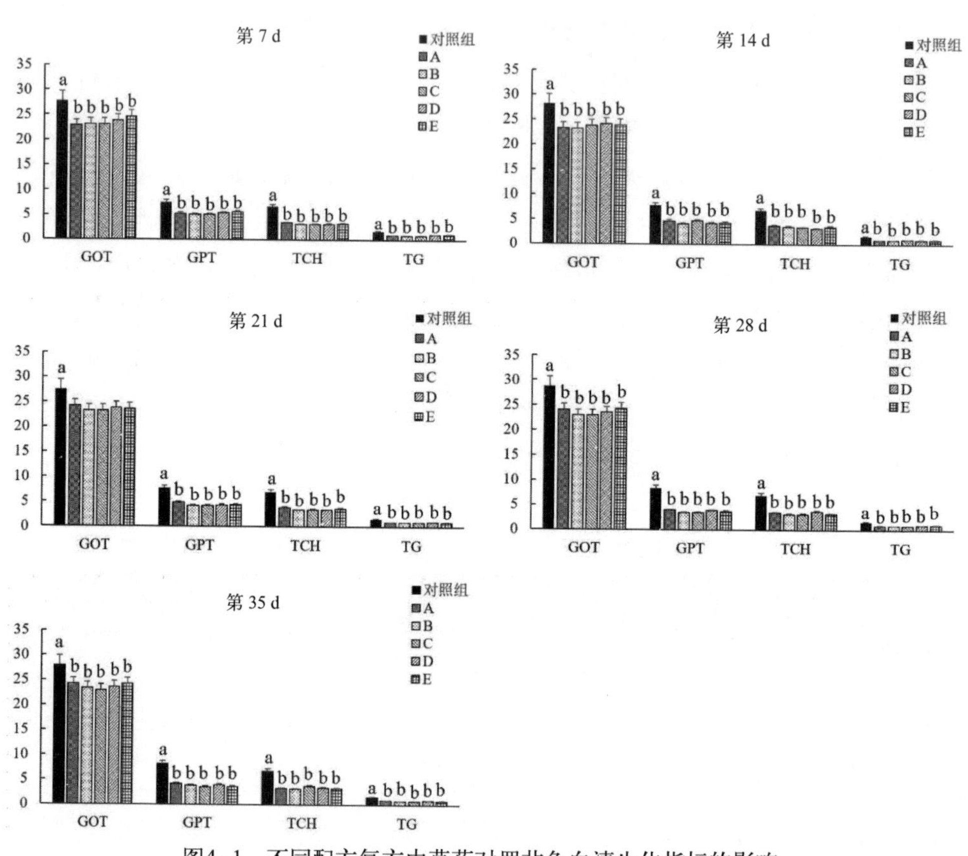

图4-1　不同配方复方中草药对罗非鱼血清生化指标的影响

六、不同配方复方中草药对罗非鱼血清免疫指标的影响

分别从各组随机取 3 尾鱼，尾静脉采血，4℃静置过夜后 4 000 r/min 离心 10 min，收集上清液即为血清，−80℃保存备用，用于超氧化物歧化酶（SOD）活力、过氧化物酶（POD）活力、酚氧化酶（PO）活力、溶菌酶（LZM）活力和血清抗菌活力的测定。

分别取投喂中草药饲料饲喂开始后的第 7 d、第 14 d、第 21 d、第 28 d 和第

35 d 的罗非鱼，记录罗非鱼血清免疫指标，各组数据应用单因素方差分析进行比较。结果表明投喂不同配方中草药饲料的罗非鱼血清抗菌活力、LSY、SOD、ACP 和 MDA 与对照组相比差异显著（图 4–2）。上述结果说明不同配方复方中草药可增强罗非鱼非特异性免疫功能，并能提升其抗逆性。其中复方中草药配方 B 在第 14 d 和第 21 d LSY 和 SOD 酶活性显著高于其他复方中草药配方，表明该配方可能在提高罗非鱼抗病性上具有更好的效果。

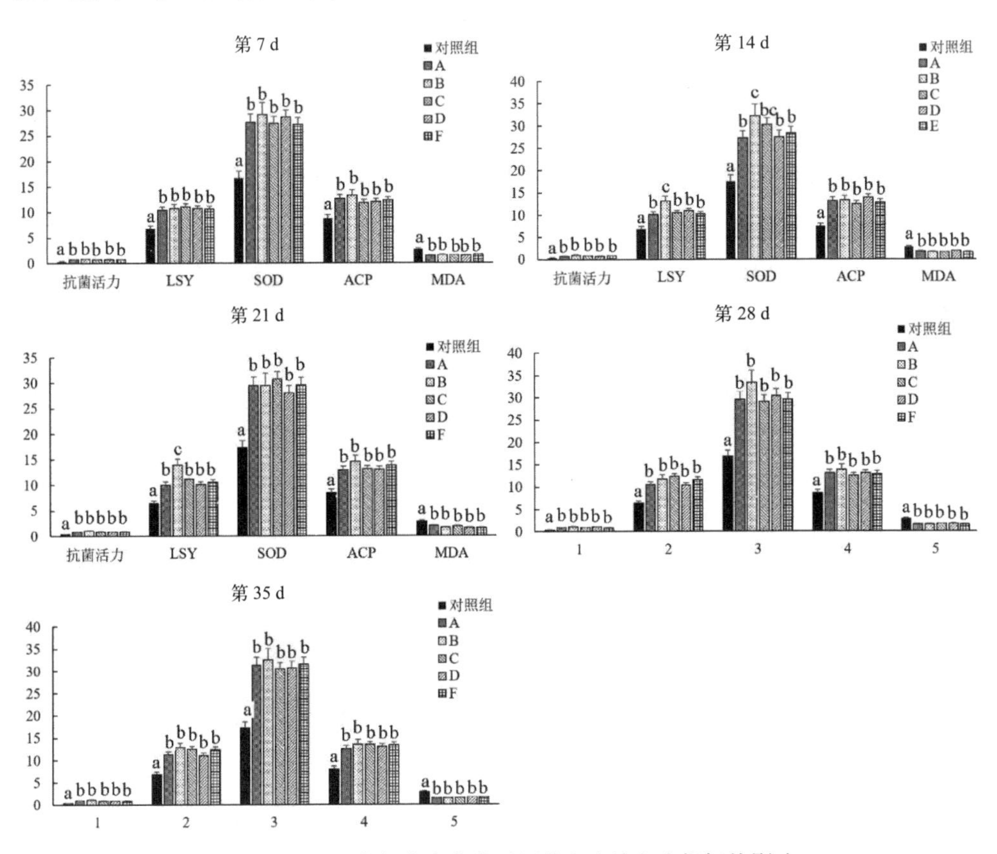

图4–2 不同配方复方中草药对罗非鱼血清免疫指标的影响

七、不同配方复方中草药对罗非鱼肠道菌群的影响

取不同配方复方中草药饲料投喂的罗非鱼，每组随机取 3 尾鱼。用体积分数为 75% 的酒精消毒鱼体表，无菌操作台上再次消毒后打开腹腔，用酒精擦拭内部及肠管外壁，无菌水冲洗 3 ～ 5 次，用无菌剪刀剪下其整段肠道，然后用无菌生

理盐水冲洗数次，剪碎后准确称重至 1 g。后在无菌条件下转移到已灭菌的研磨器中，加入等量的无菌 0.85% 生理盐水充分研磨成匀浆制成原液，然后在无菌离心管中依次进行 10^1 至 10^8 倍稀释备用。取 100 μL 各浓度的稀释液以平板涂布法接种于培养基上，计数肠道细菌总数用 TTC 培养基，大肠杆菌用伊红－美蓝培养基（EMB），乳酸杆菌用的是 MRS 培养基。每个稀释度每种培养基上都做三个重复，取其平均数。

分别取投喂中草药饲料饲喂开始后的第 7 d、第 14 d、第 21 d、第 28 d 和第 35 d 的罗非鱼，记录罗非鱼肠道菌群指标，各组数据应用单因素方差分析进行比较。结果表明投喂不同配方中草药饲料的罗非鱼对比对照组从第 14 d 开始大肠杆菌、弧菌数量显著下降，而益生菌乳酸杆菌、双歧杆菌的数量显著上升（图 4–3）。

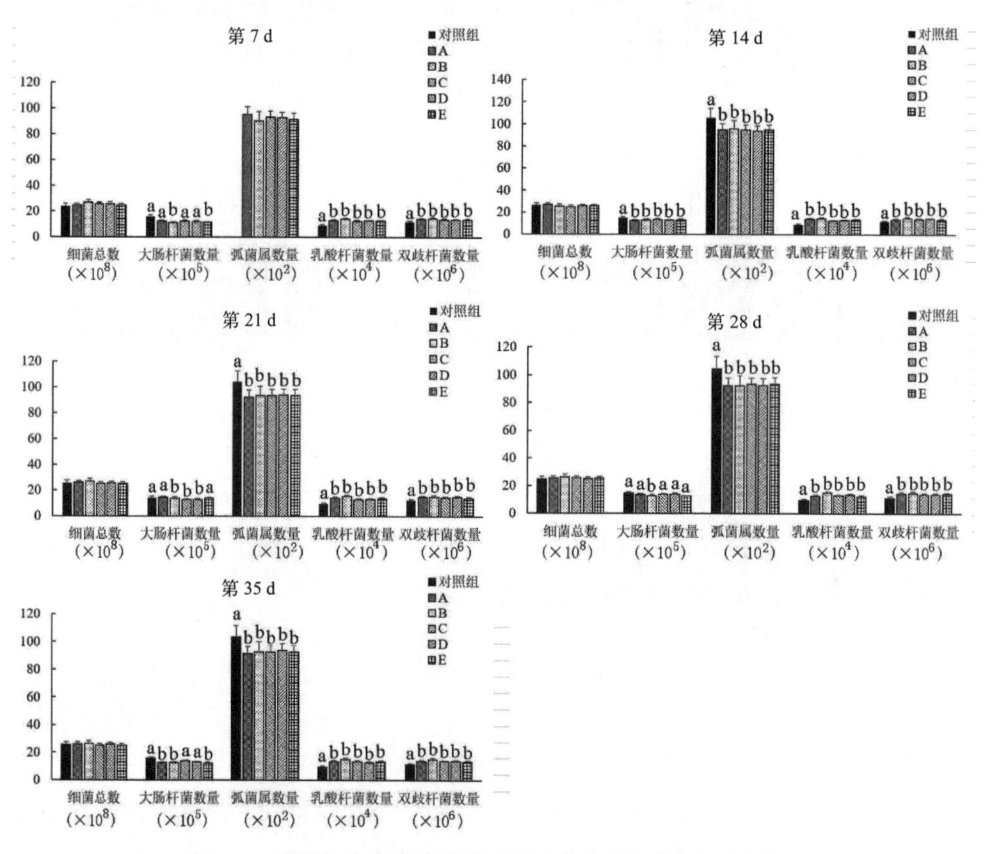

图4–3　不同配方复方中草药对罗非鱼肠道菌群指标的影响

八、不同配方复方中草药对罗非鱼抗无乳链球菌免疫保护力的影响

用投喂不同配方复方中草药饲料养殖罗非鱼，养殖试验结束后，采用肌肉注射方式向鱼体注射 1×10^{8} cfu/mL 浓度的无乳链球菌，然后继续养殖罗非鱼 2 周。结果表明，对照组累积死亡率最高为 93.82%，而试验组 A、B、C、D 和 E 分别为 28.39%、18.53%、29.63%、33.33% 和 34.57% 都明显低于对照组，各试验组免疫保护力分别为 71.63%、81.48%、70.37%、66.67% 和 65.63%，和对照组差异显著，且 B 组与其他试验组间差异显著（$P < 0.05$）（图 4–4）。在攻毒实验中，所有死亡罗非鱼鱼体都呈现了感染无乳链球菌的症状，皮肤出血，腹部肿胀等。结果表明投喂不同配方的复方中草药都可以增强其抗无乳链球菌的能力，其中投喂 B 配方复方中草药效果最佳。

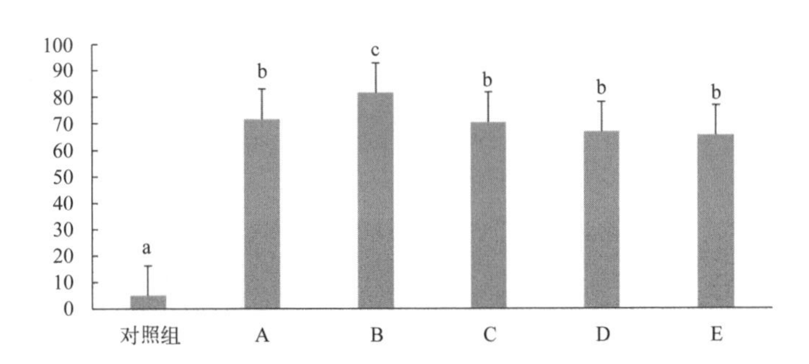

图4–4　不同配方复方中草药对罗非鱼抗无乳链球菌免疫保护力的影响

九、最佳配方复方中草药免疫增强剂的确定

经上述不同配方的复方中草药饲料投喂罗非鱼后对罗非鱼增生率、肌肉成分、血清生化指标、血清免疫指标、肠道菌群的影响及罗非鱼免疫保护力的影响试验后，我们选择将 B 配方的复方中草药免疫增强剂量添加于罗非鱼饲料中为最佳配方中草药免疫增强剂。将 B 配方的复方中草药免疫增强剂申请国家发明专利，专利号为：ZL 200910132065.0，其成分由当归、黄芪、板蓝根、金银花等按一定比例混合而成。

第二节　中草药免疫增强剂饲料投喂方法的筛选

一、中草药免疫增强剂饲料投喂方法的设计

将筛选到的获得国家发明专利的中草药免疫增强剂按照 1.5% 的质量百分含量

添加到基础料中混匀，制成直径为 2 mm 颗粒药饵，晾干后冰箱保存备用。

试验组 1 中罗非鱼的中草药饲料投喂方法采用分段法：中草药免疫增强剂按 1.5% 添加于罗非鱼饲料中，制成膨化颗粒饲料；放苗 30 d 后，投喂含 1.5% 中草药添加剂的饲料 28 d（日投饵量为鱼体质量的 5%），本阶段为第一次中草药免疫增强剂投喂（第一阶段）；用不含中草药的饲料喂养 30 d（第二阶段）；再次投喂含 1.5% 中草药的饲料 28 d（日投饵量为鱼体质量的 3%），本阶段为第二次中草药免疫增强剂投喂（第三阶段）；最后转投不含中草药的饲料至收获。试验组 2 中罗非鱼的中草药饲料投喂方法采用不间断投喂法：将中草药免疫增强剂按 1.5% 添加于罗非鱼饲料中，制成膨化颗粒饲料，放苗 30 d 后，投喂含 1.5% 中草药添加剂的饲料直至收获；以投喂不含中草药的饲料为对照组。在试验组 2 和对照组中确定第一次投喂和第二次投喂时间与试验组 1 中时间点相同（图 4–5）。

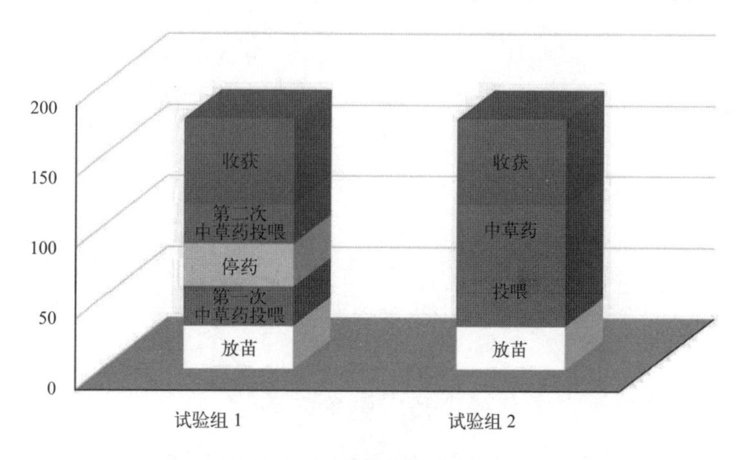

图4–5　实验日程安排

二、中草药免疫增强剂不同投喂方法对罗非鱼增重率的影响

增重率测定结果显示，第一阶段饲喂结束后，试验组增重率明显高于对照组，试验组 1 增重率比对照组提高 87.26%，试验组 2 增重率比对照组提高了 63.71%，且试验组 1 与试验组 2 间差异明显。第二阶段饲喂结束后，试验组 1 投喂普通饲料，而试验组 2 继续投喂含 1.5% 中草药免疫增强剂饲料，在这段时间中，试验组增重率明显高于对照组，试验组 1 对比对照组增重率提高 55.01%，试验组 2 对比对照

组增生率提高 35.49%。第三次饲喂结束后，试验组增生率仍然明显高于对照组，试验组 1 比对照组增重率提高 29.12%，试验组 2 比对照组增重率提高 16.53%。说明本中草药饲料添加剂可显著促进罗非鱼的生长，但用分段法投喂中草药饲料的罗非鱼增重率效果更好（表 4–3）。

表 4–3　中草药免疫增强剂饲料添加剂对罗非鱼增重率的影响

	第一阶段增重率	第二阶段增重率	第三阶段增重率
对照组	236.92%[a]	628.58%[a]	1 018.04%[a]
试验组1	443.65%[c]	974.35%[b]	1 314.46%[b]
试验组2	387.87%[b]	851.68%[b]	1 186.37%[b]

三、中草药免疫增强剂不同投喂方法对罗非鱼肌肉成分的影响

对第三阶段饲喂结束后罗非鱼的肌肉成分分析发现，试验组中罗非鱼粗脂肪含量和呈味核苷酸含量与对照组有显著差异，试验组 1 和试验组 2 中罗非鱼粗脂肪含量对比对照组分别降低了 30.14% 和 29.29%，呈味核苷酸分别增加了 21.18% 和 17.69%，但试验组和对照组中的罗非鱼肌肉在水分、精蛋白质、粗灰分上没有明显差异；这表明本复方中草药免疫增强剂可在一定程度上改善罗非鱼的肉质（表 4–4）。

表 4–4　中草药免疫增强剂饲料添加剂对罗非鱼肌肉品质的影响

	水分	粗蛋白质	粗脂肪	粗灰分	肌苷酸含量 (mg/g)	呈味核苷酸 (mg/g)
对照组	79.16±0.17	85.93±0.54	3.55±0.21[a]	5.94±0.01	4.02±0.06	4.58±0.12[a]
试验组1	77.91±0.57	87.02±0.34	2.48±0.23[b]	5.97±0.04	4.11±0.03	5.55±0.09[b]
试验组2	75.83±0.33	86.82±0.57	2.51±0.26[b]	5.98±0.08	4.19±0.08	5.39±0.16[b]

四、中草药免疫增强剂不同投喂方法对罗非鱼血清生化指标的影响

从各组随机取 3 尾鱼，尾静脉采血，4℃静置过夜后 4 000 r/min 离心 10 min，收集上清液即为血清，−80℃保存备用，用于谷丙转氨酶、谷草转氨酶、甘油三酯和总胆固醇的测定。

第一次投喂过程中，记录试验组和对照组罗非鱼血清生化指标，因试验组 1 和试验组 2 的罗非鱼因投喂的饲料和天数均相同，所以将他们合并为试验组与对照组应用 T 检验方法进行比较。结果表明第一阶段投喂中草药饲料罗非鱼谷草转氨酶（GOT）、谷丙转氨酶（GPT）、总胆固醇（TCH）和甘油三酯（TG）与对照组相比差异显著，第一阶段（28 d）投喂结束分别比对照组降低 14.80%、47.27%、50.07% 和 40.00%（表 4–5）。

表 4–5　中草药免疫增强剂对罗非鱼血清生化指标的影响（第一阶段饲喂）

时间	GOT (U)		GPT (U)		TCH (nmol/L)		TG (nmol/L)	
	对照组[a]	试验组[b]	对照组[a]	试验组[b]	对照组[a]	试验组[b]	对照组[a]	试验组[b]
第7 d	27.23 ± 0.31	25.97 ± 0.17	7.21 ± 0.14	5.97 ± 0.09	6.52 ± 0.22	4.62 ± 0.13	1.45 ± 0.15	1.43 ± 0.07
第14 d	27.35 ± 0.44	26.087 ± 0.17	7.35 ± 0.21	6.09 ± 0.25	6.46 ± 0.18	4.05 ± 0.17	1.48 ± 0.09	1.31 ± 0.07
第21 d	28.72 ± 0.37	25.4 ± 0.17	8.72 ± 0.34	5.41 ± 0.16	6.55 ± 0.14	3.59 ± 0.11	1.48 ± 0.08	0.95 ± 0.06
第28 d	29.33 ± 0.36	24.99 ± 0.17	9.35 ± 0.18	4.93 ± 0.13	6.67 ± 0.16	3.33 ± 0.08	1.55 ± 0.11	0.93 ± 0.07

第二阶段（30 d）饲喂过程中，试验组 1 投喂普通饲料，而试验组 2 继续投喂含 1.5% 中草药免疫增强剂饲料，在这段饲喂时间中，分别取第二阶段饲喂开始后的第 10 d、第 20 d 和第 30 d 的罗非鱼，记录试验组 1、试验组 2 和对照组罗非鱼血清生化指标，各组数据应用单因素方差分析进行比较。结果表明罗非鱼 GOT、GPT、TCH 和 TG 与对照组相比显著下降（图 4–6）。这表明试验组 1 虽然不再投喂中草药免疫增强剂，但罗非鱼鱼血清生化指标与一直投喂中草药免疫增强剂的试验组 2 相比并无明显差异。

第三阶段饲喂过程中，记录试验组 1、试验组 2 和对照组罗非鱼血清生化指标，各组数据应用单因素方差分析进行比较。结果表明罗非鱼 GOT、GPT、TCH 和 TG 与对照组相比显著下降（图 4–7）。这些结果表明本中草药免疫增强剂具有明显的保肝护肝功效。

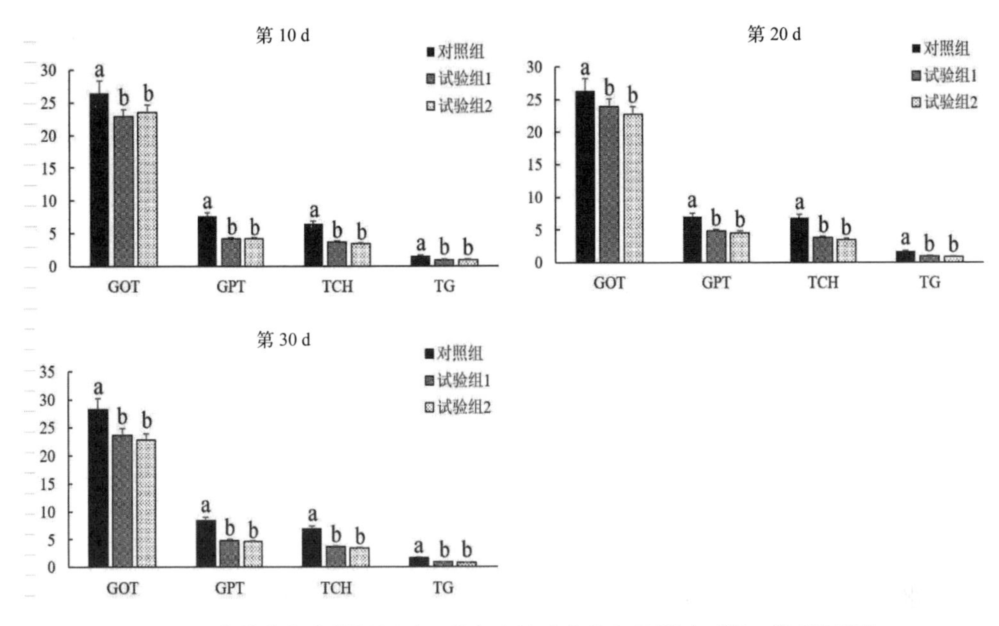

图4-6　中草药免疫增强剂对罗非鱼血清生化指标的影响（第二阶段饲喂）

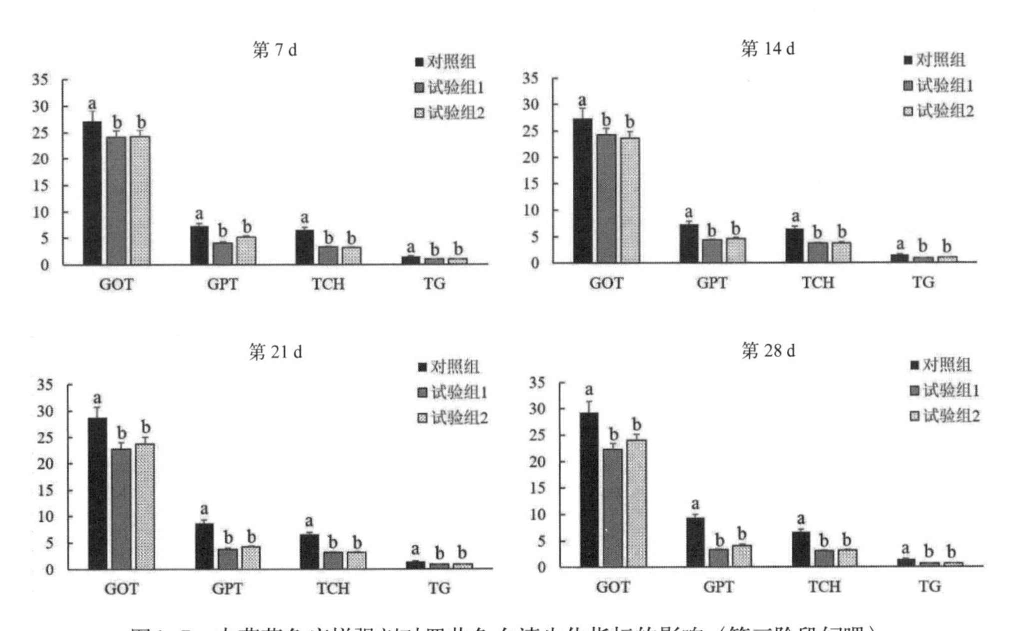

图4-7　中草药免疫增强剂对罗非鱼血清生化指标的影响（第三阶段饲喂）

五、中草药免疫增强剂不同投喂方法对罗非鱼血清免疫指标的影响

分别从各组随机取 3 尾鱼，尾静脉采血，4℃静置过夜后 4000 r/min 离心 10 min，收集上清液即为血清，−80℃保存备用，用于超氧化物歧化酶（SOD）活力、过氧化物酶（POD）活力、酚氧化酶（PO）活力、溶菌酶（LZM）活力和血清抗菌活力测定。

第一阶段饲喂过程中，记录试验组和对照组罗非鱼血清免疫指标，因试验组 1 和试验组 2 的罗非鱼投喂的饲料和天数均相同，所以将他们合并为试验组与对照组应用 T 检验方法进行比较。结果表明第一阶段投喂中草药饲料罗非鱼血清抗菌活力、溶菌酶（LSY）、超氧化物歧化酶（SOD）、碱性磷酸酶（ACP）和丙二醛（MDA）与对照组相比差异显著。第一阶段（28 d）投喂结束相比对照组，试验组中罗非鱼血清抗菌活力提高 127.27%、LSY 活性提高 64.32%、SOD 活力提高 35.44%、ACP 活力提高 18.34%，而丙二醛（MDA）活力下降 33.73%（表 4−6）。

表 4−6　中草药免疫增强剂对罗非鱼血清免疫指标的影响（第一阶段饲喂）

时间	抗菌活力(U)		LSY (mg/mL)		SOD (U/mL)		ACP (U/100 mL)		MDA (nmol/L)	
	对照组[a]	试验组[b]	对照组[a]	试验组[b]	对照组[a]	试验组[b]	对照组[a]	试验组[b]	对照组[a]	试验组[b]
第7 d	0.27 ± 0.03	0.28 ± 0.04	6.15 ± 0.18	6.97 ± 0.35	16.48 ± 0.84	19.78 ± 1.47	6.91 ± 0.28	5.39 ± 0.42	2.15 ± 0.09	1.88 ± 0.15
第14 d	0.34 ± 0.07	0.36 ± 0.02	6.88 ± 0.21	7.35 ± 0.36	18.98 ± 0.64	21.5 ± 1.08	7.83 ± 0.49	8.57 ± 1.35	2.48 ± 0.27	1.87 ± 0.13
第21 d	0.31 ± 0.04	0.68 ± 0.05	6.86 ± 0.28	8.4 ± 0.27	18.78 ± 1.48	24.24 ± 1.25	7.18 ± 0.84	11.52 ± 0.95	2.64 ± 0.16	1.59 ± 0.08
第28 d	0.33 ± 0.08	0.75 ± 0.04	6.25 ± 0.19	10.27 ± 0.59	20.29 ± 0.95	27.48 ± 1.39	7.58 ± 0.83	12.52 ± 1.14	2.55 ± 0.12	1.69 ± 0.16

第二阶段（30 d）饲喂过程中，试验组 1 投喂普通饲料，而试验组 2 继续投喂含 1.5% 中草药免疫增强剂饲料，在这段饲喂时间中，分别取第二阶段饲喂开始后的第 10 d、第 20 d 和第 30 d 的罗非鱼，记录试验组 1、试验组 2 和对照组罗非鱼血清免疫指标，各组数据应用单因素方差分析进行比较。结果表明罗非鱼血清抗菌活力、LSY、SOD、ACP 和 MDA 与对照组相比差异显著（图 4−8）。这表明试验组 1 虽然不再投喂中草药免疫增强剂，但罗非鱼鱼血清免疫指标与一直投喂中草药免疫增强剂的试验组 2 相比并未下降。

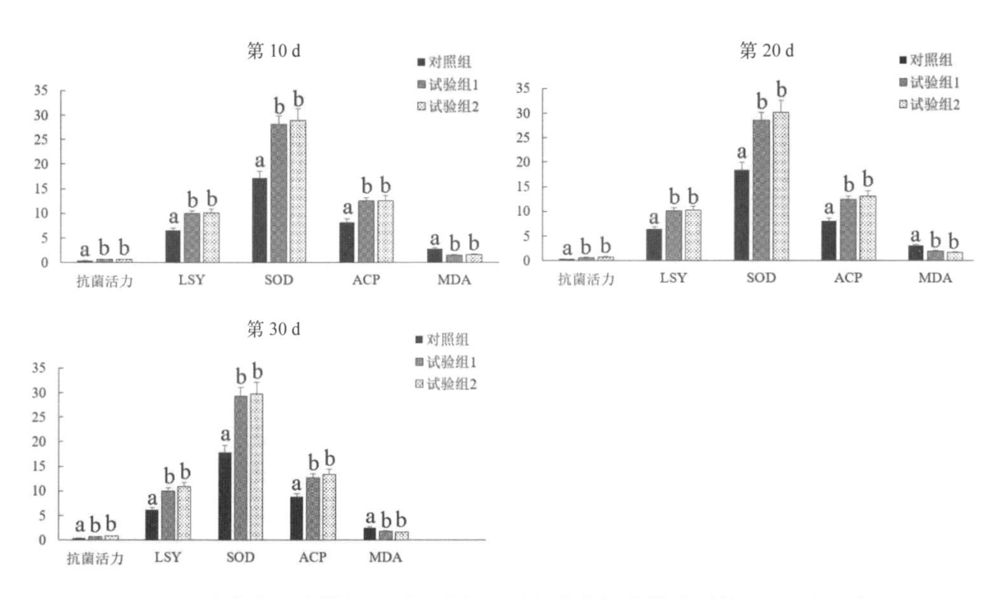

图4-8　中草药免疫增强剂对罗非鱼血清免疫指标的影响（第二阶段饲喂）

第三阶段饲喂过程中，记录试验组 1、试验组 2 和对照组罗非鱼血清免疫指标，各组数据应用单因素方差分析进行比较。结果表明罗非鱼血清抗菌活力、LSY、SOD、ACP 和 MDA 与对照组相比差异显著（图 4-9）。上述结果说明本中草药饲料添加剂可增强罗非鱼非特异性免疫功能，并能提升其抗逆性。

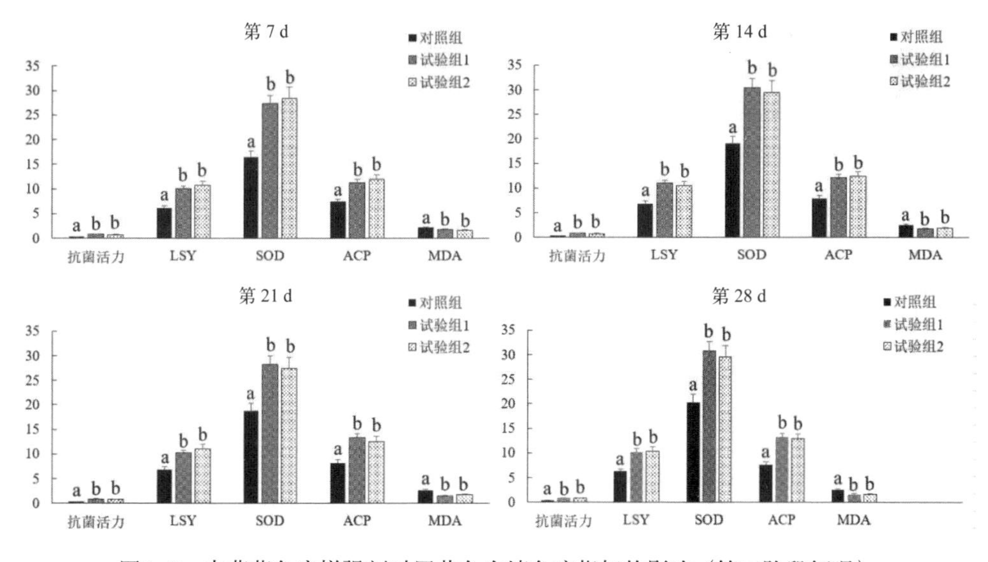

图4-9　中草药免疫增强剂对罗非鱼血清免疫指标的影响（第三阶段饲喂）

六、中草药免疫增强剂不同投喂方法对罗非鱼肠道菌群的影响

第一阶段饲喂过程中，记录试验组和对照组罗非鱼肠道菌群指标，因试验组1和试验组2的罗非鱼投喂的饲料和天数均相同，所以将他们合并为试验组与对照组应用T检验方法进行比较。结果表明第一阶段投喂中草药饲料罗非鱼试验组比对照组有害菌大肠杆菌和弧菌数量分别降低12.95%和16.73%，而益生菌乳酸杆菌、双歧杆菌的数量分别增加29.11%和24.27%（表4–7）。

表4–7　中草药免疫增强剂饲料添加剂对罗非鱼肠道菌群的影响（第一阶段饲喂）

时间	细菌总数（×10⁸）		大肠杆菌（×10⁵）		弧菌属细菌（×10²）		乳酸杆菌（×10⁴）		双歧杆菌（×10⁶）	
	对照组	试验组	对照组[a]	试验组[b]	对照组[a]	试验组[b]	对照组[a]	试验组[b]	对照组[a]	试验组[b]
第7 d	23.77	25.67	14.38	12.04	103.34	99.68	9.4	11.64	11.33	13.11
第14 d	23.9	25.84	14.18	12.1	103.68	97.68	9.67	11.9	11.81	13.52
第21 d	24.2	25.98	14.08	12.58	101.68	95	9.98	12.78	11.83	14.33
第28 d	24.8	26.38	13.9	11.67	99.68	90.34	10.18	12.74	11.99	14.67

第二阶段饲喂过程中，试验组1投喂普通饲料，而试验组2继续投喂含1.5%中草药免疫增强剂饲料，在这段饲喂时间中，分别取第二阶段饲喂开始后的第10 d、第20 d和第30 d的罗非鱼，记录试验组1、试验组2和对照组罗非鱼肠道菌群指标，各组数据应用单因素方差分析进行比较。试验组对比对照组发现大肠杆菌、弧菌数量显著下降，而益生菌乳酸杆菌、双歧杆菌的数量显著上升（图4–10），试验组1和试验组2中罗非鱼肠道中的大肠杆菌、弧菌、乳酸杆菌和双歧杆菌的数量无显著差异。

第三阶段饲喂过程中，记录试验组1、试验组2和对照组罗非鱼肠道菌群指标，各组数据应用单因素方差分析进行比较。结果表明试验组对比对照组罗非鱼肠道中大肠杆菌、弧菌数量显著下降，而益生菌乳酸杆菌、双歧杆菌的数量显著上升（图4–11），而试验组1和试验组2中罗非鱼肠道中的大肠杆菌、弧菌、乳酸杆菌和双歧杆菌的数量无显著差异。这些结果表明本中草药饲料添加剂可改善罗非鱼肠道菌群结构。

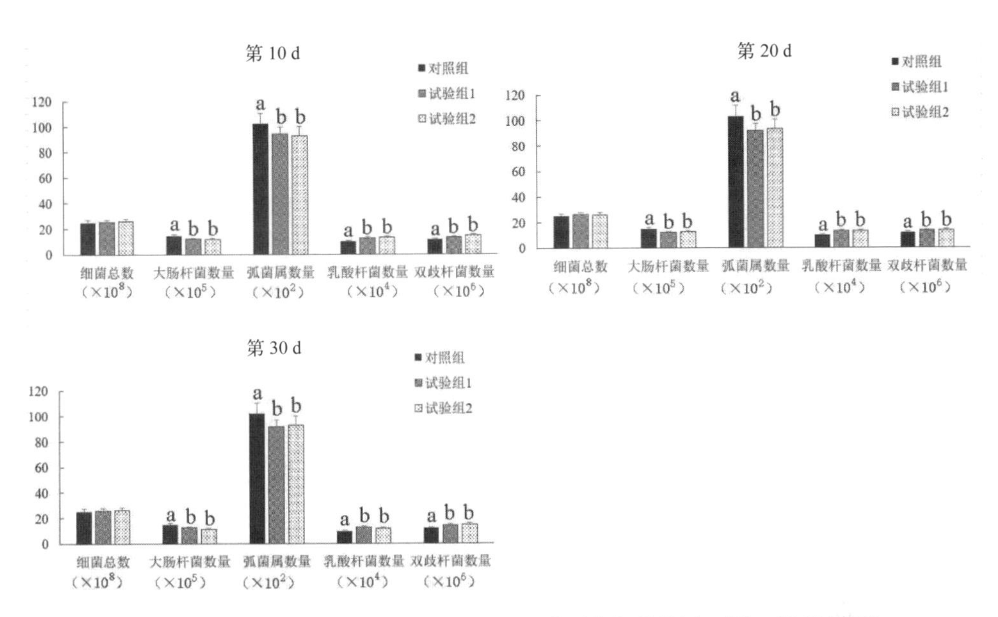

图4-10　中草药免疫增强剂对罗非鱼肠道菌群指标的影响（第二阶段饲喂）

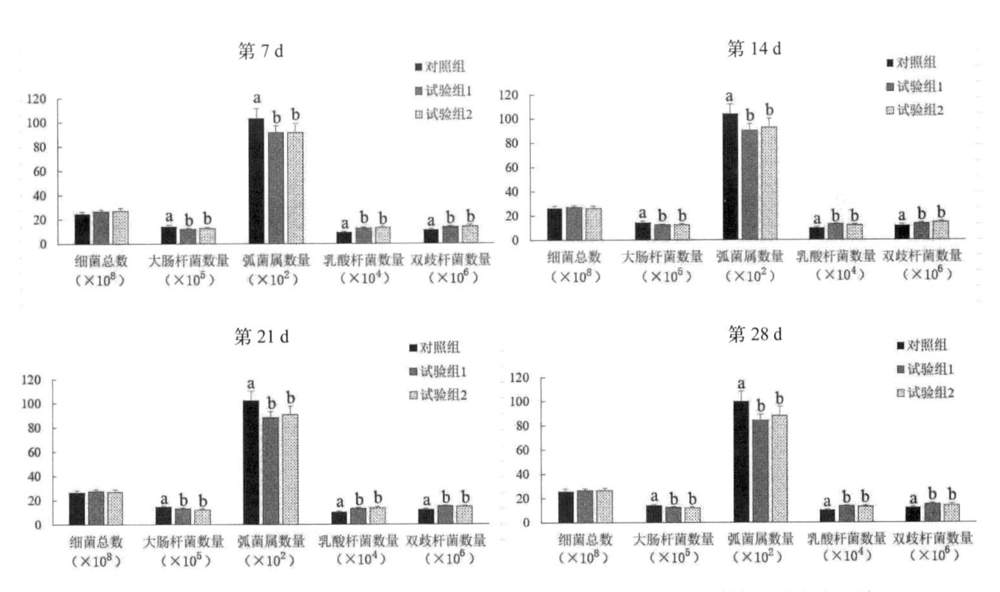

图4-11　中草药免疫增强剂对罗非鱼肠道菌群指标的影响（第三阶段饲喂）

七、中草药免疫增强剂投喂方法的确定

经上述中草药免疫增强剂二种投喂方法饲喂罗非鱼，测定罗非鱼增重率、肌肉成分、血清生化指标、血清免疫指标和肠道菌群的变化，结果表明采用分段法和不间断投喂法投喂中草药免疫增强剂均可有效提高罗非鱼增重率、改善罗非鱼肉质、保护罗非鱼肝脏、增强罗非鱼非特异性免疫功能和改善罗非鱼肠道菌群结构，且两者之间无显著差异。因为采用分段法能节约中草药免疫增强剂的用量，降低养殖成本，所以在罗非鱼养殖中采用分段法投喂中草药免疫增强剂是一种实用的措施。

第三节　中草药免疫增强剂最佳添加量的筛选

一、中草药免疫增强剂添加量的设计及样品采集

中草药免疫增强剂为本实验室专利产品（ZL 200910132065.0），由当归、黄芪、板蓝根、金银花等分别粉碎过 80 目筛，再按一定比例混合而成。中草药原料购自湛江市海田食品批发市场某医药公司，将购买的黄芪、当归、山楂等 6 种中草药先充分粉碎过 80 目筛再按一定比例混匀，配制成复方中草药免疫增强剂。把配好的中草药免疫增强剂按照 0.5%、1.0%、1.5%、2.0% 的质量百分比添加到基础料中混匀，制成直径为 2 mm 颗粒药饵，晾干后冰箱保存备用。罗非鱼苗放塘 30 d 后，采用单因子浓度梯度法将罗非鱼分为 4 个实验组和 1 个对照组。用含不同含量复方中草药免疫增强剂的中草药饲料进行投喂（0.5 组表示添加 0.5% 复方中草药的实验组，1.0 组表示添加 1.0% 复方中草药的实验组，1.5 组表示添加 1.5% 复方中草药的实验组，2.0 组表示添加 2.0% 复方中草药的实验组），以基础饲料没有添加复方中草药组为对照组。实验组和对照组各设 3 个平行组，每个平行组含罗非鱼 30 尾。投喂方法采用分段法饲喂罗非鱼。

分别在试验开始的第 1 d、第 8 d、第 15 d、第 22 d 和第 29 d 从每个试验组随机取 3 尾鱼尾静脉采血用于超氧化物歧化酶（SOD）活力、过氧化物酶（POD）活力、酚氧化酶（PO）活力、溶菌酶（LZM）活力、血清抗菌活力、谷丙转氨酶、谷草转氨酶、甘油三酯、总胆固醇和免疫保护率的测定。

分别在试验开始的第 7 d、第 14 d、第 21 d、第 28 d 从每个试验组随机取 6 尾鱼，每尾鱼分别取头肾、脾脏、肝脏、腮、胸腺 5 个组织样，利用 qRT-PCR

方法对不同组织中白介素 1（*IL-1β*）、*TNF-α* 和 *Hsp70* 基因的表达进行定量分析。

分别在试验开始的第 1 d、第 8 d、第 15 d、第 22 d 和第 29 d 取上述各试验组用不同含量复方中草药免疫增强剂饲料投喂的罗非鱼，每组随机取 3 尾鱼，测定肠道细菌总数、大肠杆菌、弧菌、乳酸杆菌和双岐杆菌数量。

二、不同添加量的中草药免疫增强剂对罗非鱼 SOD 活力的影响

结果表明，实验组 SOD 活力都高于对照组且具有极显著性差异（$P < 0.01$）。在养殖期间对照组 SOD 活力平均水平为 18.21 U/mL，而 0.5 组、1.0 组、1.5 组、2.0 组 SOD 活力平均水平分别为 20.37 U/mL、21.91 U/mL、22.89 U/mL、24.20 U/mL，实验组养殖期间 SOD 活力平均水平高于对照组（图 4–12）。

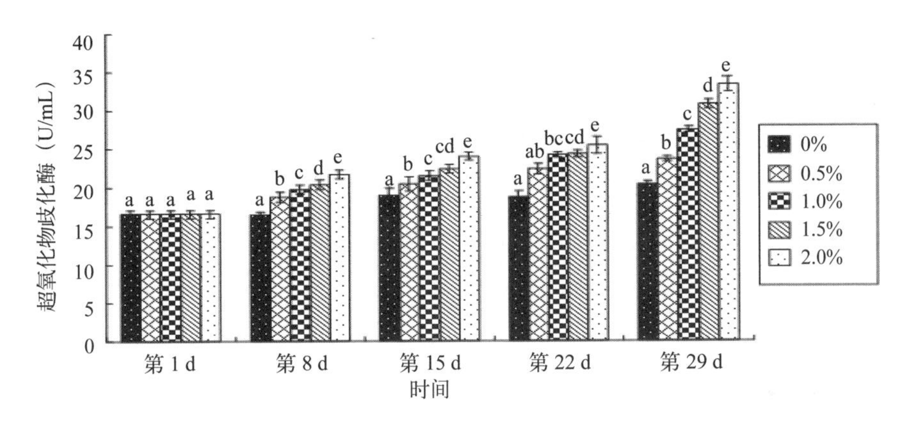

图4–12 中草药免疫增强剂对超氧化物歧化酶（SOD）活力的影响

三、不同添加量的中草药免疫增强剂对罗非鱼溶菌酶活性的影响

检测溶菌酶活性实验中，如图 4–13 所示，第 1 d 各组间无显著性差异；第 8 d 0.5 组、1.0 组、1.5 组、2.0 组 LZM 含量分别为 6.60 μg/mL、6.97 μg/mL、6.70 μg/mL、6.74 μg/mL 都高于对照组，且具有显著性差异（$P < 0.05$）；第 15 d 实验各组和对照组具有显著性差异（$P < 0.05$），LZM 含量以 2.0 组（9.12 μg/mL）最高；第 22 d 0.5 组和对照组差异显著（$P < 0.05$），1.0 组、1.5 组、2.0 组 LZM 含量都高于对照组且具有极显著性差异（$P < 0.01$），1.5 组和 2.0 组差异不显著（$P > 0.05$），LZM 含量以 2.0 组（9.61 μg/mL）最高；第 29 d 实验各组 LZM 含量分别为 9.41 μg/mL、10.27 μg/mL、10.24 μg/mL、10.82 μg/mL 都高于对照组，且具有极

显著性差异（$P < 0.01$），其中 1.0 组和 1.5 组组间差异不显著（$P > 0.05$），以 2.0 组 LZM 含量最高。

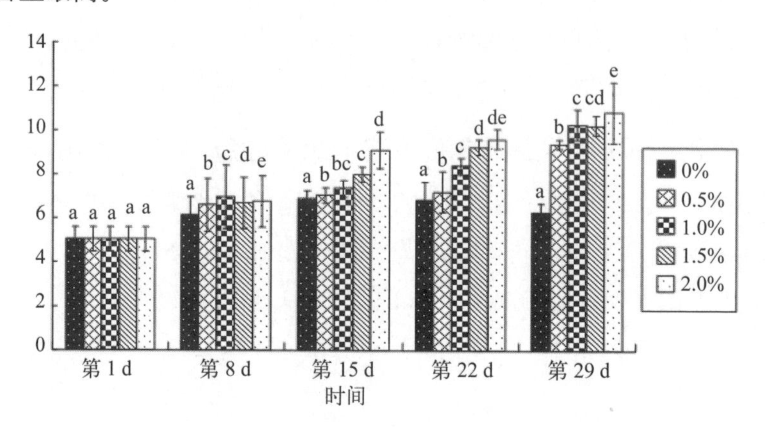

图4-13　中草药免疫增强剂对溶菌酶（LZM）含量的影响

四、不同添加量的中草药免疫增强剂对罗非鱼 POD 活力的影响

如图 4-14 所示，所取样品血清中，第 1 d POD 活力相同；第 8 d 和第 15 d 除 2.0 组和对照组差异显著（$P < 0.05$）外其他三个实验组和对照组差异不显著（$P > 0.05$），第 8 d 以 2.0 组 POD 活力（92.18 U/mL）最高，第 15 d 以 1.5 组（80.6 U/mL）最高；第 22 d 和第 29 d 除 0.5 组和对照组差异不显著（$P > 0.05$）外其他各实验组和对照组差异显著（$P < 0.05$），第 22 d 以 2.0 组 POD 活力（101.24 U/mL）最高，第 29 d 以 1.0 组（122.43 U/mL）最高。

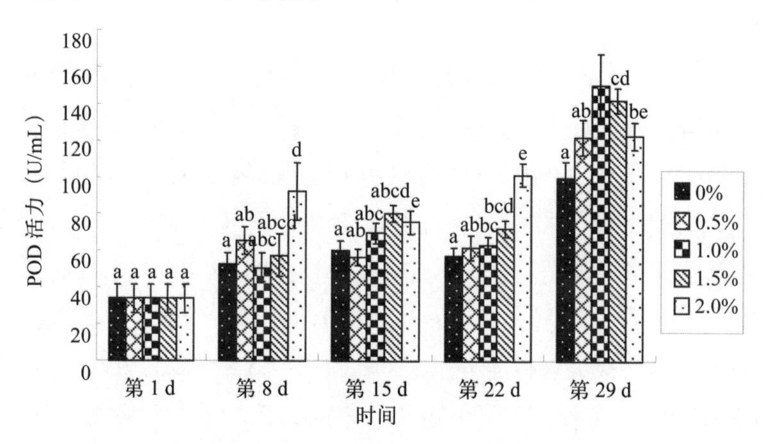

图4-14　中草药免疫增强剂对过氧化物酶活力（POD）的影响

五、不同添加量的中草药免疫增强剂对罗非鱼血清抗菌活力的影响

如图 4–15 所示，在血清抗菌活力检测的实验中，第 8 d 实验组抗菌活力都高于对照组，0.5 组和 1.0 组和对照组差异不显著（$P > 0.05$），1.5 组和 2.0 组和对照组差异显著（$P < 0.05$），以 2.0 组抗菌活力最高；第 15 d 和第 22 d 实验组抗菌活力都高于对照组，0.5 组和 1.0 组和对照组差异不显著（$P > 0.05$），1.5 组和 2.0 组和对照组差异显著（$P < 0.05$），实验组间 1.0 组和 1.5 组、0.5 组差异不显著（$P > 0.05$），2.0 组抗菌活力显著高于对照组、0.5 组、1.0 组；第 29 d 实验各组都高于同期对照组且差极显著（$P < 0.01$），1.0 组和 1.5 组差异不显著（$P > 0.05$），以 2.0 组抗菌活力最高且显著高于同期各实验组（$P < 0.05$），极显著高于（$P < 0.01$）对照组。

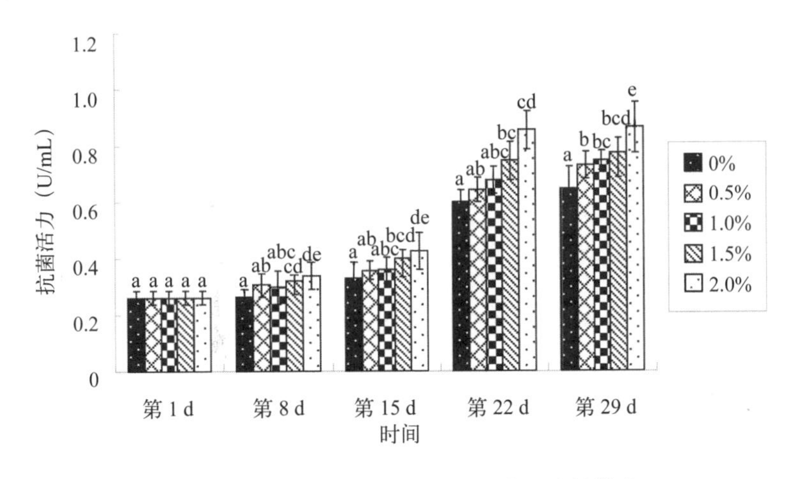

图4–15　中草药免疫增强剂对抗菌活力的影响

六、不同添加量的中草药免疫增强剂对罗非鱼丙二醛含量的影响

如图 4–16 所示，样品血清中丙二醛的含量在第 8 d 时，实验组和对照组差异显著（$P < 0.05$）且都低于同期对照组；第 15 d 实验组和对照组差异显著（$P < 0.05$）且都低于同期对照组；第 22 d 实验组和对照组差异极显著（$P < 0.01$），且都低于同期对照组；第 29 d 实验各组丙二醛的含量分别为 1.72 nmol/L、1.69 nmol/L、1.62 nmol/L、1.51 nmol/L，对照组为 2.55 nmol/L，实验各组都低于对照组，且具有差异极显著（$P < 0.01$），其中 1.5 组和 2.0 组组间差异不显著（$P > 0.05$），实验组都低于同期对照组。

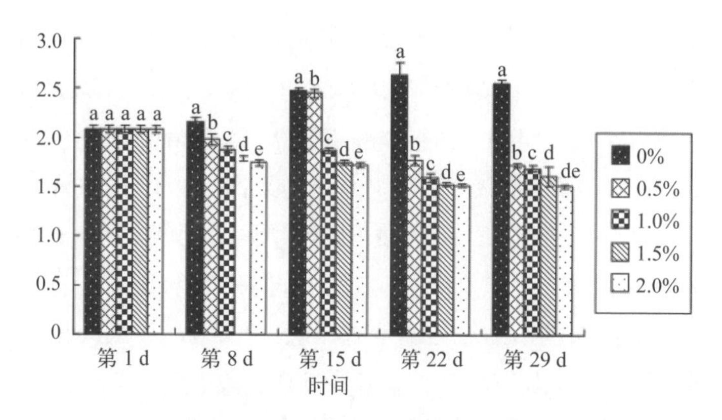

图4-16　中草药免疫增强剂对丙二醛（MDA）含量的影响

七、不同添加量的中草药免疫增强剂对罗非鱼谷草转氨酶活力的影响

如图 4-17 所示，分组当天血清中谷草转氨酶活力相当；第 8 d 对照组和 0.5 组差异不显著（$P > 0.05$），1.0 组、1.5 组、2.0 组和对照组差异显著（$P < 0.05$）且低于同期对照组，其中 1.5 组和 1.0 组组间差异不显著（$P > 0.05$）；第 15 d 对照组和 0.5 组差异不显著（$P > 0.05$），1.0 组、1.5 组、2.0 组和对照组差异显著（$P < 0.05$）且低于同期对照组，其中 1.0 组和 1.5 组组间差异不显著（$P > 0.05$）；第 22 d 0.5 组和对照组差异显著（$P < 0.05$），1.0 组、1.5 组、2.0 组和对照组差异极显著（$P < 0.01$），其中 0.5 组和 1.0 组组间差异不显著（$P > 0.05$）；第 29 d 0.5 组和对照组差异显著，1.0 组、1.5 组、2.0 组和对照组差异极显著（$P < 0.01$），其中实验组组间差异显著。

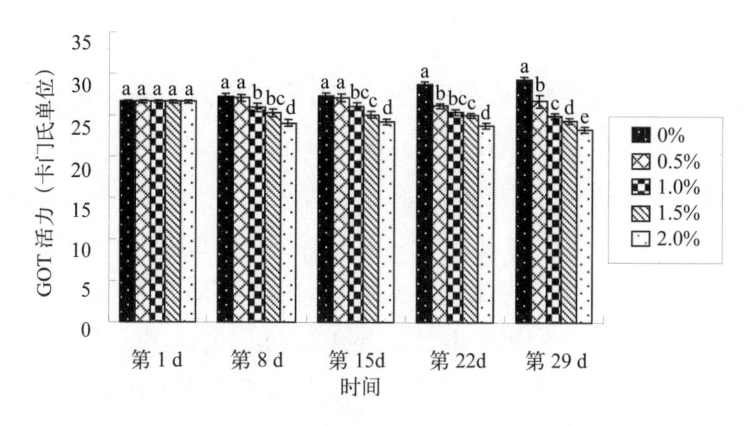

图4-17　中草药免疫增强剂对罗非鱼血清中谷草转氨酶活力的影响

八、不同添加量的中草药免疫增强剂对罗非鱼甘油三酯含量的影响

如图 4–18 所示，样品血清中甘油三酯含量在第 1 d 各组无显著性差异（$P > 0.05$）；第 8 d 0.5 组和对照组差异不显著（$P > 0.05$），1.0 组、1.5 组、2.0 组和对照组差异显著（$P < 0.05$），其中 1.0 组和 1.5 组组间差异不显著（$P > 0.05$）；第 15 d 0.5 组和对照组差异不显著（$P > 0.05$），1.0 组和对照组差异显著（$P < 0.05$），1.0 组和 0.5 组组间差异不显著（$P > 0.05$），1.5 组、2.0 组和对照组差异极显著（$P < 0.01$）；第 22 d 实验组和对照组差异极显著（$P < 0.01$），其中 1.5 组和 2.0 组组间差异不显著（$P > 0.05$）；第 29 d 实验组和对照组差异极显著（$P < 0.01$），其中 0.5 组和 1.0 组组间差异不显著（$P > 0.05$）。

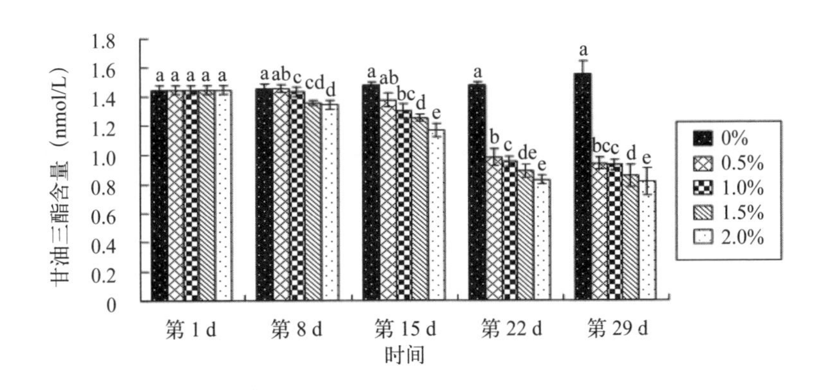

图4–18 中草药免疫增强剂对罗非鱼血清中甘油三酯含量的影响

九、不同添加量的中草药免疫增强剂对罗非鱼谷丙转氨酶活力的影响

如图 4–19 所示，样品血清中谷丙转氨酶含量在第 8 d 时，0.5 组和对照组差异不明显（$P > 0.05$），1.0 组和 1.5 组和对照组差异显著（$P < 0.05$），2.0 组和对照组差异极显著（$P < 0.01$），且实验组中谷丙转氨酶活力要比对照组低；第 15 d 0.5 组、1.0 组、1.5 组和对照组差异显著（$P < 0.05$），2.0 组和对照组差异极显著（$P < 0.01$）；第 22 d 实验各组和对照组差异极显著（$P < 0.01$），0.5 组和 1.0 组组间差异不显著（$P > 0.05$）；第 29 d 实验各组和对照组差异极显著（$P < 0.01$），1.0 组和 1.5 组组间差异不显著（$P > 0.05$）。

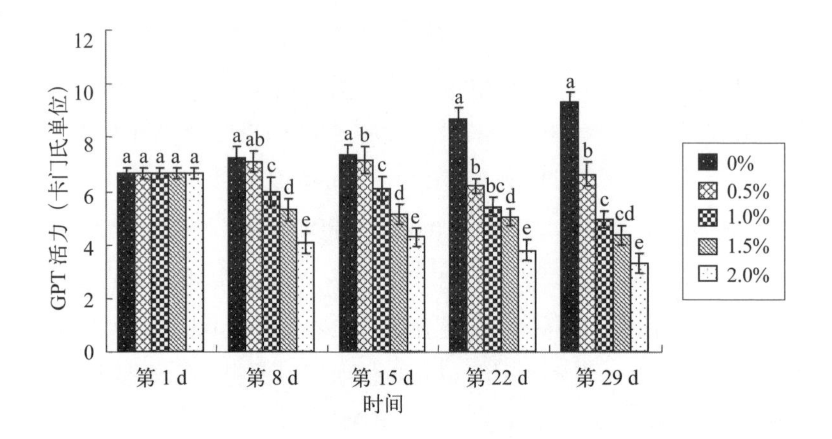

图4-19　中草药免疫增强剂对罗非鱼血清中谷丙转氨酶活力的影响

十、不同添加量的中草药免疫增强剂对罗非鱼胆固醇含量的影响

如图 4-20 所示，总胆固醇含量在第 8 d 时，实验组和对照组差异显著（$P < 0.05$），且都低于同期对照组，以 2.0 组胆固醇含量最低；第 15 d 实验各组和对照组差异极显著（$P < 0.01$），其中 0.5 组和 1.0 组组间差异不显著（$P > 0.05$），胆固醇含量以 2.0 组最低；第 22 d 实验各组和对照组差异极显著（$P < 0.01$），其中 1.5 组和 1.0 组、2.0 组组间差异不显著（$P > 0.05$）；第 29 d 验各组和对照组差异极显著（$P < 0.01$），其中 1.0 组和 1.5 组组间差异不显著（$P > 0.05$）。

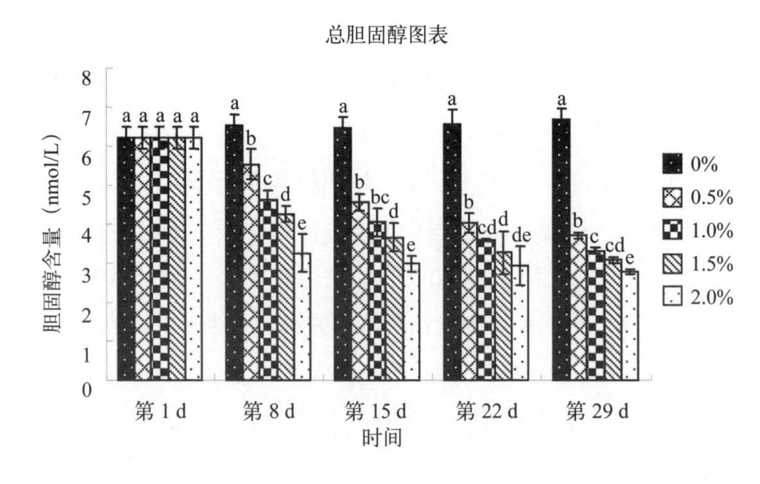

图4-20　复方中草药对罗非鱼血清中总胆固醇含量的影响

十一、复方中草药免疫增强剂对罗非鱼 *IL-1β* 基因表达的影响

分别在试验的第 7 d、第 14 d、第 21 d 和第 28 d 从每个试验组随机取 6 尾鱼，每尾鱼分别取头肾、脾脏、肝脏、腮、胸腺 5 个组织样，利用 real-time PCR 方法对不同组织中白介素 1（*IL-1β*）基因的表达进行定量分析。复方中草药对罗非鱼头肾组织中 IL-1β 基因表达的影响如图 4–21A 所示，从图中可以看出，0.5 组在第 14 d 和第 28 d IL-1β 基因表达量均显著高于同期对照组（$P < 0.05$）；1.0 组在第 28 d *IL-1β* 基因表达量最大；1.5 组在第 7 d、第 14 d 和第 28 d，*IL-1β* 基因表达量均显著高于同期对照组（$P < 0.05$）；2.0 组在前 21 d *IL-1β* 基因表达量显著高于同期对照组（$P < 0.05$），在第 21 d *IL-1β* 基因表达量达到峰值，明显高于同期对照组（$P < 0.05$），之后表达量水平迅速降低。

复方中草药对罗非鱼脾脏组织中 *IL-1β* 基因表达量的影响如图 4–21B 所示。从图中可以看出，0.5 组罗非鱼 *IL-1β* 基因表达量随养殖时间延长而逐渐上调，在投喂第 28 d 出现峰值，表达量明显高于同期对照组（$P < 0.05$）；1.0 组和 1.5 组在第 7 d，罗非鱼 *IL-1β* 基因表达量达到最高值，极显著高于同期对照组（$P < 0.01$），随着投喂时间的延长，表达量逐渐降低，各个时间点 *IL-1β* 基因表达量与对照组无显著差异（$P > 0.05$）；2.0 组 *IL-1β* 基因表达量在第 7 d 就达到峰值，显著高于同期对照组（$P < 0.05$），之后表达量迅速降低，在第 14 d、第 21 d 和第 28 d 表达量略低于同期对照组，但差异不显著（$P > 0.05$）。

复方中草药对罗非鱼鳃组织中 *IL-1β* 基因表达的影响如图 4–21C 所示。由图中可以看出 0.5 组在第 21 d *IL-1β* 基因表达量出现最高值，与同期对照组比较差异显著（$P < 0.05$）；1.0 组在前 21 d *IL-1β* 基因表达量明显高于同期对照组（$P < 0.05$），并在第 14 d 达到峰值；1.5 组在第 7 d，罗非鱼 *IL-1β* 基因表达量达到最高值，显著高于同期对照组（$P < 0.05$）；2.0 组在第 7 d，罗非鱼 *IL-1β* 基因表达量达到最高值，显著高于同期对照组（$P < 0.05$）。

复方中草药对罗非鱼胸腺组织中 *IL-1β* 基因表达的影响如图 4–21D 所示。由图中可以看出 0.5 组罗非鱼 *IL-1β* 基因在前三周变化不大，在第 28 d 极显著高于同期对照组（$P < 0.01$）；1.0 组在第 7 d 和第 14 d 时罗非鱼 *IL-1β* 基因表达量均显著高于对照组（$P < 0.05$）；1.5 组在第 7 d 罗非鱼 *IL-1β* 基因表达量显著高于同期对照组（$P < 0.05$）；2.0 组在前 21 d 罗非鱼 *IL-1β* 基因表达量均显著高于同期对

照组（$P < 0.05$），并在第 7 d 即达到峰值。

复方中草药免疫增强剂对罗非鱼肝脏组织中 *IL-1β* 基因表达量的影响如图 4–21E 所示。由图中可以看出 0.5 组、1.0 组和 1.5 组在第 14 d 罗非鱼 *IL-1β* 基因的表达量均显著同期高于对照组（$P < 0.05$），且 1.5 组的表达量最高；2.0 组在第 7 d *IL-1β* 基因的表达量最高（$P < 0.05$），之后逐渐降低，之后在各个时间点，*IL-1β* 基因表达量与同期对照组相比无显著差异（$P > 0.05$）。

A 头肾

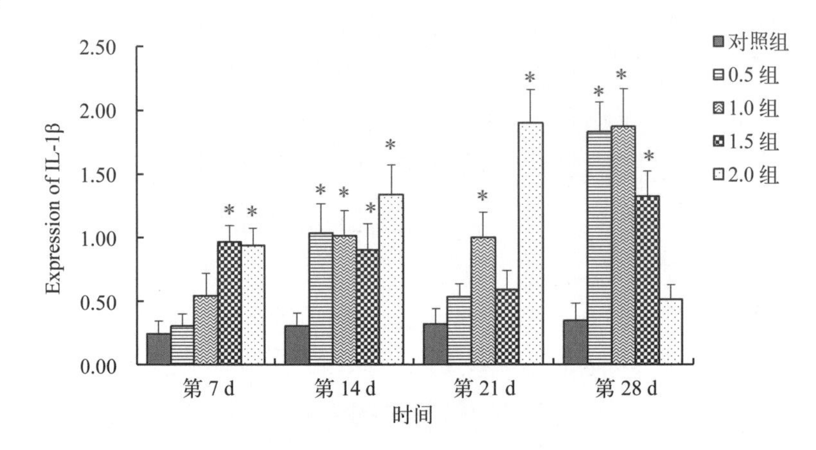

B 脾脏

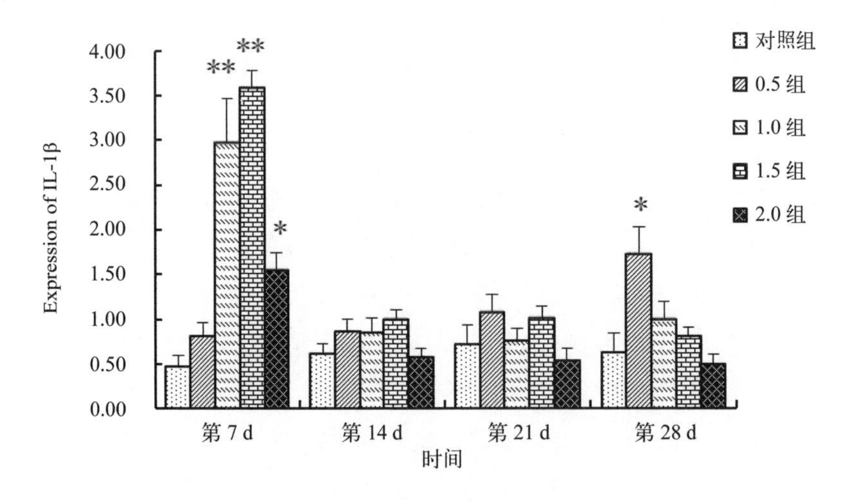

图4-21　复方中草药免疫增强剂对罗非鱼各组织中*IL-1β*基因表达的影响

C 鳃

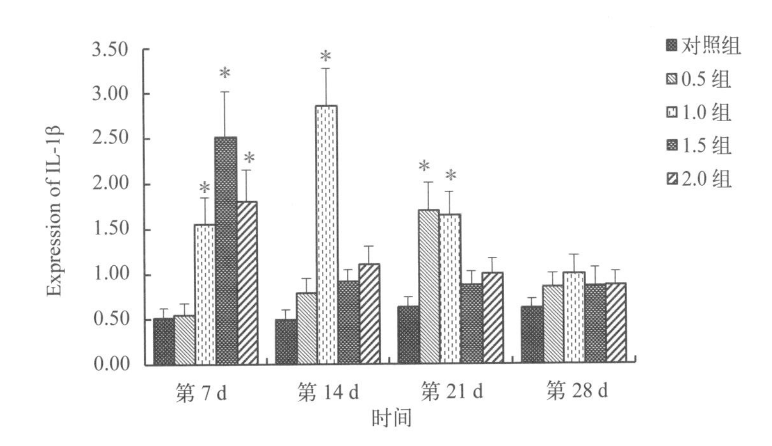

D 胸腺

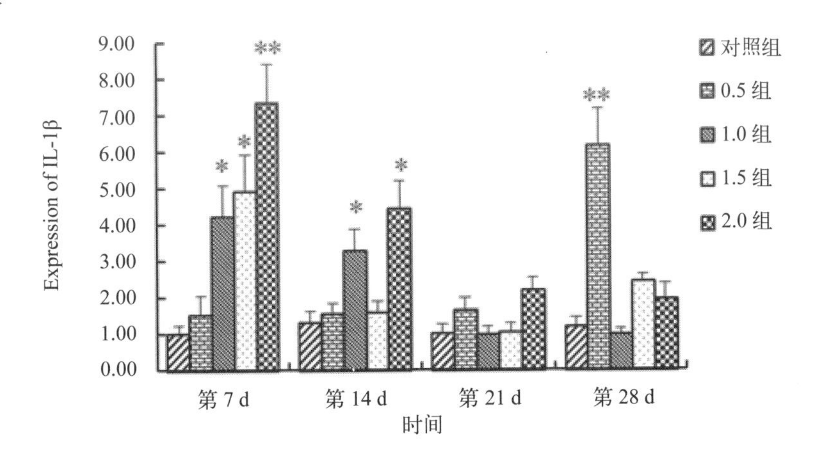

E 肝脏

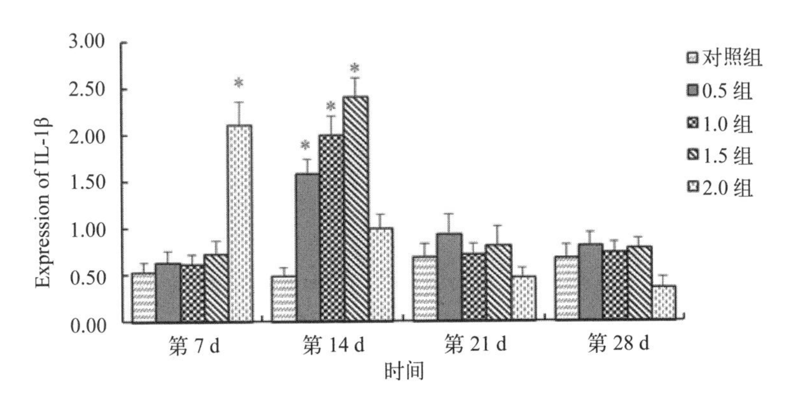

续图4-21　复方中草药免疫增强剂对罗非鱼各组织中*IL-1β*基因表达的影响

十二、复方中草药免疫增强剂对罗非鱼 *TNF-α* 基因表达的影响

检测复方中草药免疫增强剂对罗非鱼 *TNF-α* 基因表达的影响，结果显示，复方中草药免疫增强剂对罗非鱼头肾组织中 *TNF-α* 基因表达的影响如图 4–22A 所示。由图中可以看出 0.5 组和 1.0 组均在第 28 d 时罗非鱼 *TNF-α* 基因表达量均显著高于同期对照组（$P < 0.05$）；1.5 组和 2.0 组在整个试验期间罗非鱼 *TNF-α* 基因表达量均显著高于同期对照组（$P < 0.05$），1.5 组在第 28 d *TNF-α* 基因表达量达到峰值。

复方中草药免疫增强剂对罗非鱼脾脏组织中 *TNF-α* 基因表达的影响如图 4–22B 所示。从图中可以看出 0.5 组罗非鱼 *TNF-α* 基因表达量随养殖时间延长而逐渐上调，在第 28 d *TNF-α* 基因表达量达到最大值显著高于同期对照组（$P < 0.05$）；1.0 组在整个试验期间罗非鱼 *TNF-α* 基因表达量均显著高于同期对照组（$P < 0.05$），且在第 14 d 时罗非鱼 *TNF-α* 基因表达量达到峰值；1.5 组在整个试验期间罗非鱼 *TNF-α* 基因表达量均显著高于同期对照组（$P < 0.05$），在第 7 d 罗非鱼 *TNF-α* 基因表达量极显著高于同期对照组（$P < 0.01$）。2.0 组在整个实验期间罗非鱼 *TNF-α* 基因表达量均显著高于同期对照组（$P < 0.05$），在第 7 d 时罗非鱼 *TNF-α* 基因表达量最大。

复方中草药免疫增强剂对罗非鱼鳃组织中 *TNF-α* 基因表达的影响如图 4–22C 所示。从图中可以看出 0.5 组罗非鱼 *TNF-α* 基因表达量在前三周呈现上调趋势，但与对照组无显著差异（$P > 0.05$）；1.0 组在第 14 d 罗非鱼 *TNF-α* 基因表达量显著高于同期对照组（$P < 0.05$），之后表达水平逐渐降低，但与同期对照组比较差异不显著（$P > 0.05$）；1.5 组在第 7 d 罗非鱼 *TNF-α* 基因表达量极显著高于同期对照组（$P < 0.01$），之后表达水平迅速降低，但与同期对照组相比差异不显著（$P > 0.05$）。

复方中草药免疫增强剂对罗非鱼胸腺组织中 *TNF-α* 基因表达的影响如图 4–22D 所示。从图中可以看出 0.5 组在 *TNF-α* 基因表达量呈上升趋势，但相对于同期对照组无显著差异（$P > 0.05$），在第 21 d 和第 28 d 表达量显著升高（$P < 0.05$），在第 28 d 时达到峰值；1.0 组在第 7 d 和第 14 d，罗非鱼 *TNF-α* 基因表达量均显著高于同期对照组（$P < 0.05$），且在第 14 d 罗非鱼 *TNF-α* 基因表达量极显著高于同期对照组（$P < 0.01$），之后表达水平迅速降低，相比对照组无显著差异（$P > 0.05$）；

1.5 组在整个试验期间罗非鱼 *TNF-α* 基因表达量均显著高于同期对照组，在第 7 d 和第 28 d 罗非鱼 *TNF-α* 基因表达量极显著高于同期对照组（$P < 0.01$）；2.0 组在第 7 d 和第 14 d，罗非鱼 *TNF-α* 基因表达量均极显著高于同期对照组（$P < 0.01$），随后表达水平迅速降低。

复方中草药免疫增强剂对罗非鱼肝脏组织中 *TNF-α* 基因表达量的影响如图 4-22E 所示。从图中可以看出 0.5 组和 1.0 组在第 28 d 罗非鱼 *TNF-α* 基因表达量显著高于同期对照组（$P < 0.05$）。1.5 组在第 21 d 和第 28 d 罗非鱼 *TNF-α* 基因表达量均显著高于同期对照组（$P < 0.05$），在第 28 d 罗非鱼 *TNF-α* 基因表达量达最高；2.0 组在第 21 d，罗非鱼 *TNF-α* 基因表达量显著高于同期对照组（$P < 0.05$）。

A 头肾

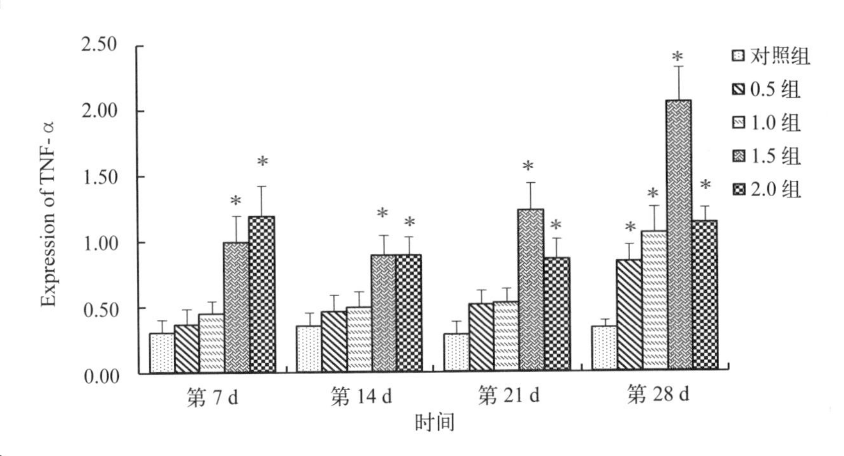

B 脾脏

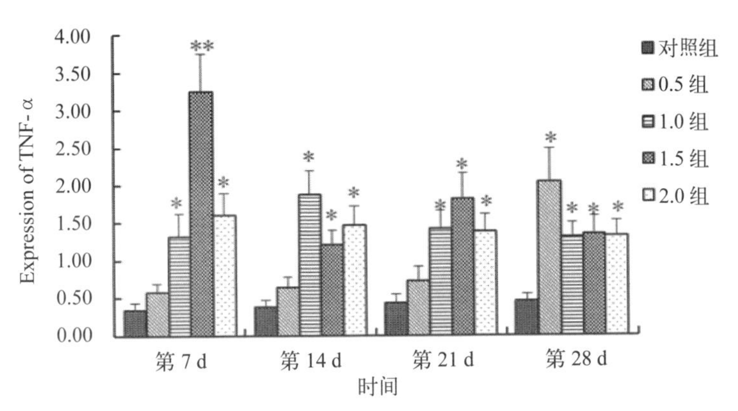

图4-22　复方中草药免疫增强剂对罗非鱼各组织中*TNF-α*基因表达的影响

C 鳃

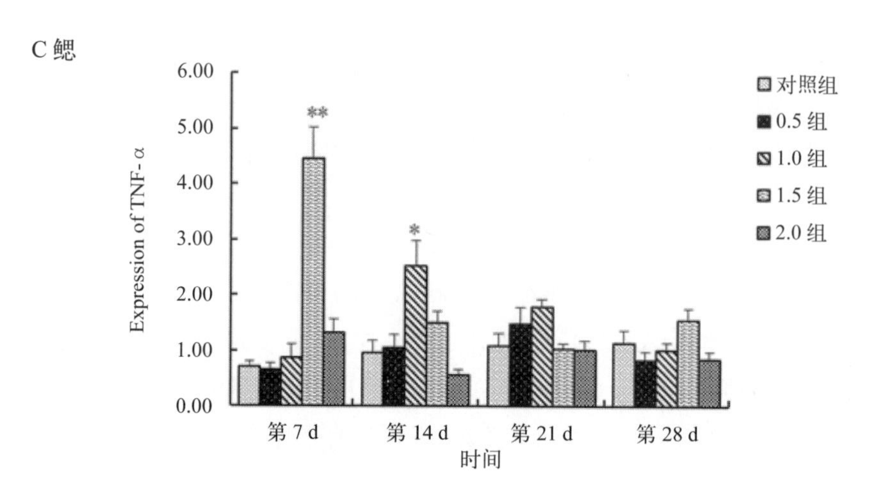

D 胸腺

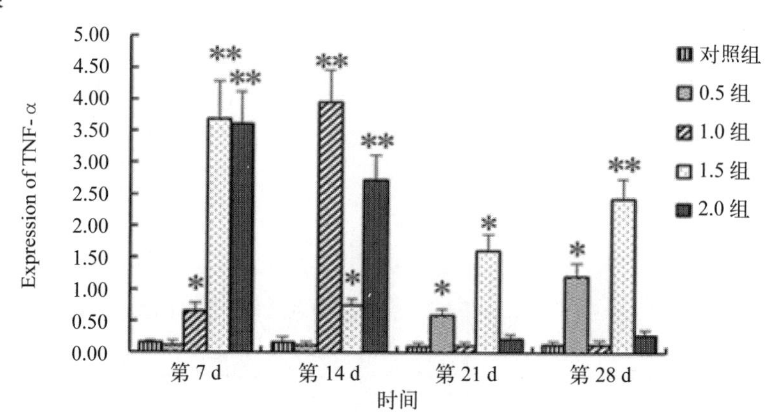

E 肝脏

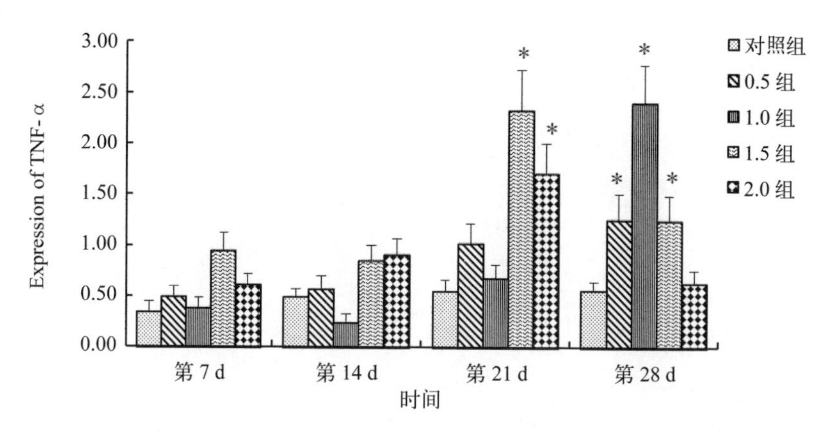

续图4-22　复方中草药免疫增强剂对罗非鱼各组织中*TNF-α*基因表达的影响

十三、复方中草药免疫增强剂对罗非鱼 *Hsp70* 基因表达的影响

复方中草药免疫增强剂对罗非鱼头肾组织中 *Hsp70* 基因表达的影响如图 4–23A 所示。从图中可以看出 0.5 组在第 28 d 罗非鱼 *Hsp70* 基因表达量显著高于同期对照组（$P < 0.05$）；1.0 组在第 7 d 时罗非鱼 *Hsp70* 基因表达量显著高于同期对照组（$P < 0.05$），之后出现下降趋势，但在各个时间点 *Hsp70* 基因表达量与对照组无显著差异（$P > 0.05$）；1.5 组在第 7 d 和第 21 d 时罗非鱼中 *Hsp70* 基因表达量显著高于同期对照组（$P < 0.05$）。2.0 组在第 7 d、第 21 d 和第 28 d，罗非鱼头肾组织中 *Hsp70* 基因表达量极显著高于同期对照组（$P < 0.01$），且在第 28 d *Hsp70* 基因表达量最大。

复方中草药免疫增强剂对罗非鱼脾脏组织中 *Hsp70* 基因表达的影响如图 4–23B 所示。从图中可以看出，0.5 组在第 21 d 和第 28 d 罗非鱼 *Hsp70* 基因表达量显著高于同期对照组（$P < 0.05$），且在第 28 d 表达量最高；1.0 组在第 7 d 和第 14 d 罗非鱼 *Hsp70* 基因表达量显著高于同期对照组（$P < 0.05$），第 7 d *Hsp70* 基因表达量较第 14 d 高；1.5 组和 2.0 组在第 7 d 出现罗非鱼脾脏组织中 *Hsp70* 基因表达量显著高于同期对照组（$P < 0.05$）。

复方中草药免疫增强剂对罗非鱼鳃组织中 *Hsp70* 基因表达量的影响如图 4–23C 所示。从图中可以看出 0.5 组罗非鱼 *Hsp70* 基因表达量从第 14 d 开始显著高于同期对照组（$P < 0.05$），在第 21 d 罗非鱼鳃组织中 *Hsp70* 基因表达量极显著高于同期对照组（$P < 0.01$）；1.0 组在第 14 d 和第 21 d 罗非鱼 *Hsp70* 基因表达量显著高于同期对照组（$P < 0.05$），在第 14 d 时罗非鱼 *Hsp70* 基因表达量极显著高于同期对照组（$P < 0.01$）；1.5 组在第 7 d 罗非鱼 *Hsp70* 基因表达量极显著高于同期对照组（$P < 0.01$），在第 14 d、第 21 d 和第 28 d *Hsp70g* 基因表达量与同期对照组相比差异不显著（$P > 0.05$）；2.0 组在第 7 d 和第 14 d 罗非鱼 *Hsp70* 基因表达量显著高于同期对照组（$P < 0.05$），第 7 d *Hsp70* 基因表达量最高极显著高于同期对照组（$P < 0.01$）。

复方中草药免疫增强剂对罗非鱼胸腺组织中 *Hsp70* 基因表达量的影响如图 4–23D 所示。从图中可以看出：0.5 组在前 21 d 罗非鱼 *Hsp70* 基因表达量无明显变化，第 28 d *Hsp70* 基因表达量极显著高于同期对照组（$P < 0.01$）；1.0 组在投喂第 7 d 和第 14 d 罗非鱼 *Hsp70* 基因表达量显著高于同期对照组（$P < 0.05$），并在第 14 d 时出现峰

值。1.5 组在第 7 d *Hsp70* 基因表达量极显著高于同期对照组（$P < 0.01$）；2.0 组在第 7 d 和第 14 d 罗非鱼 *Hsp70* 基因表达量显著高于同期对照组（$P < 0.05$），且在第 7 d 极显著高于同期对照组（$P < 0.01$）。

复方中草药免疫增强剂对罗非鱼肝脏组织中 *Hsp70* 基因表达的影响如图 4-23E 所示。从图中可以看出 0.5 组在前 21 d 罗非鱼 *Hsp70* 基因表达量无明显变化，在第 28 d 显著高于同期对照组（$P < 0.05$）。1.0 组在整个试验的各个阶段罗非鱼肝脏组织中 *Hsp70* 基因表达量相比对照组无显著性差异（$P > 0.05$）。1.5 组和 2.0 组在第 7 d 后罗非鱼胸腺组织中 *Hsp70* 基因表达量显著高于同期对照组（$P > 0.05$），之后表达量降低，与同期对照组相比差异不显著（$P > 0.05$）。

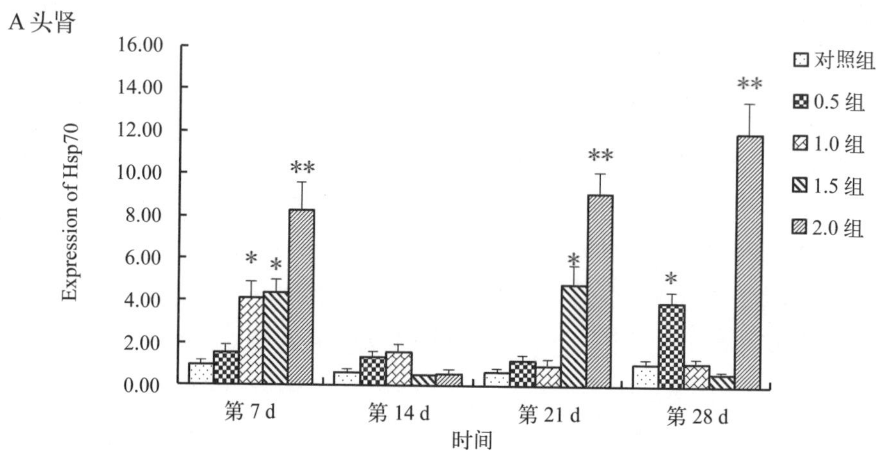

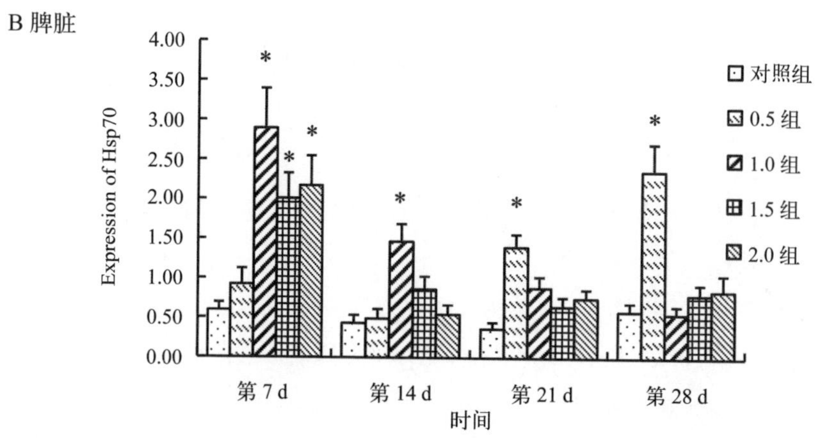

图4-23　复方中草药免疫增强剂对罗非鱼各组织中*Hsp70*基因表达

C 鳃

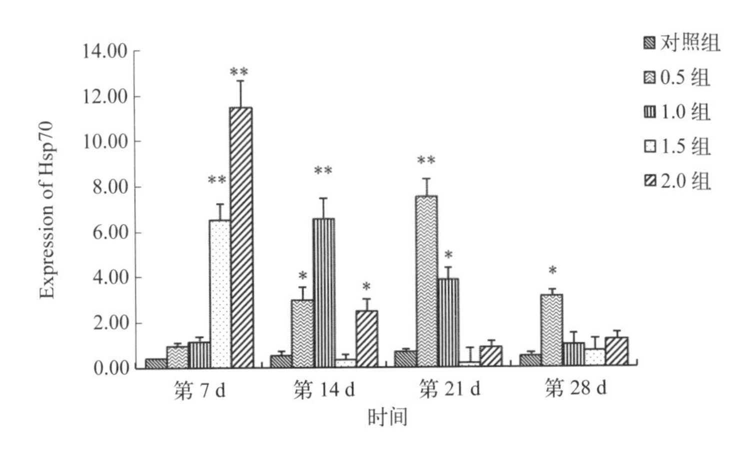

D 胸腺

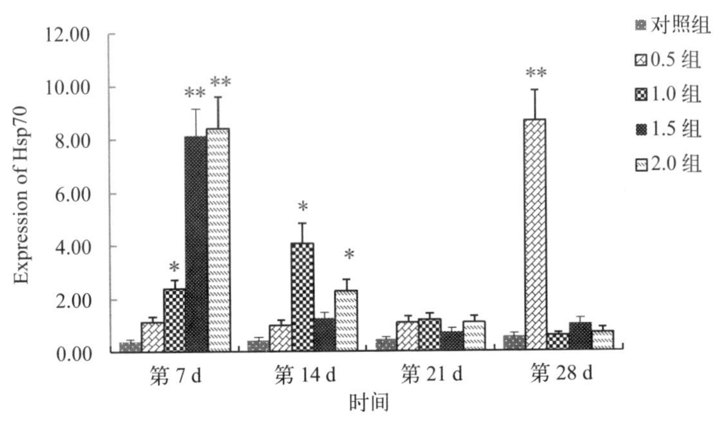

E 肝脏

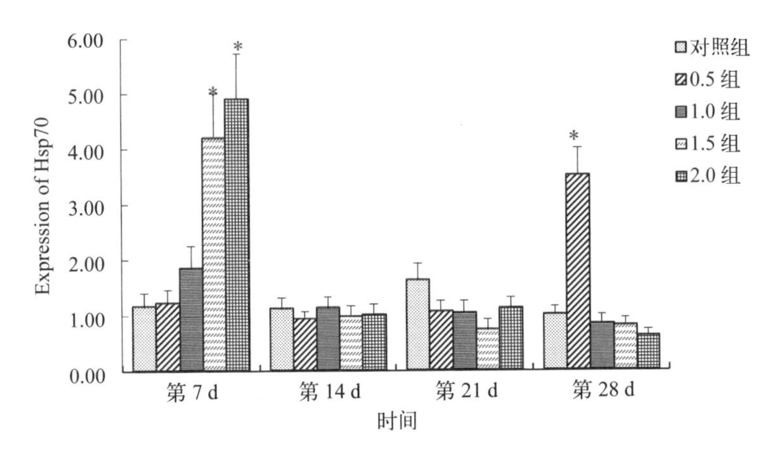

续图4-23　复方中草药免疫增强剂对罗非鱼各组织中*Hsp70*基因表达

十四、中草药免疫增强剂对罗非鱼肠道细菌总数的影响

结果如图 4–24 所示，在第 8 d 四个实验组的肠道细菌总数量增大均显著高于对照组（$P < 0.05$）；在第 8 d 对照组细菌总数为 23.7×10^8 cfu/g，实验组中 2.0 组最高达到 27.8×10^8 cfu/g；到了第 15 d 对照组肠道细菌总数达到 23.9×10^8 cfu/g，和第 8 d 相比也有所升高但是还是显著的低于同期实验各组，实验组中肠道细菌总数以 2.0 组最高，达到了 28×10^8 cfu/g，极显著的高于对照组（$P < 0.01$）；第 22 d 实验组 0.5 组、1.0 组、1.5 组显著地高于同期的对照组（$P < 0.05$），2.0 组极显著的高于对照组（$P < 0.01$）；到了第 29 d 1.0 组、1.5 组、2.0 组极显著的高于同期对照组（$P < 0.01$）。

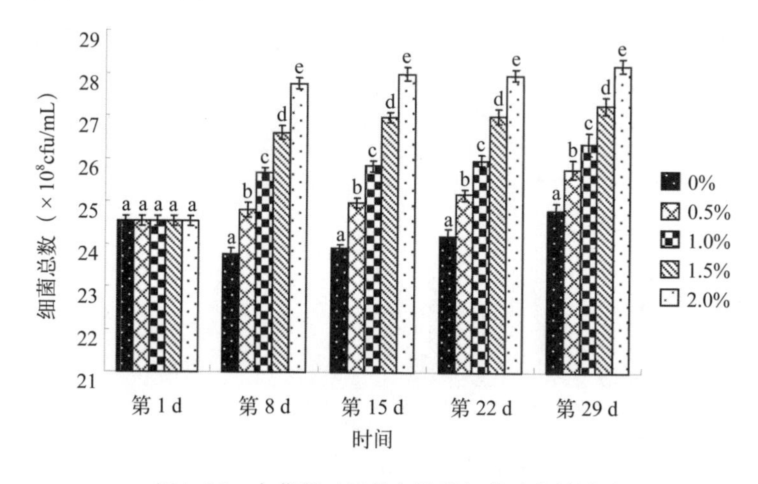

图4–24　中草药对罗非鱼肠道细菌总数的影响

十五、中草药免疫增强剂对罗非鱼肠道大肠杆菌数的影响

如图 4–25 所示，在第 8 d 四个实验组的肠道大肠杆菌数分别为 12.7×10^5 cfu/g、12.2×10^5 cfu/g、12.0×10^5 cfu/g、11.7×10^5 cfu/g 均显著低于对照组 14.4×10^5 cfu/g（$P < 0.05$），且对照组在第 8 d 有轻微的升高趋势；到了第 15 d 对照组大肠杆菌数为 14.2×10^5 cfu/g，和第 8 d 相比有轻微降低趋势但是还是显著的高于同期实验各组（$P < 0.05$），0.5 组、1.0 组、1.5 组、2.0 组中肠道大肠杆菌数分别为 12.8×10^5 cfu/g、12.4×10^5 cfu/g、12.1×10^5 cfu/g、11.7×10^5 cfu/g；到了第 22 d、第 29 d 实验各组中肠道大肠杆菌数都极显著低于对照组（$P < 0.01$），其中以 2.0 组肠道大肠杆菌数最低，分别为 10.9×10^5 cfu/g 、10.1×10^5 cfu/g。

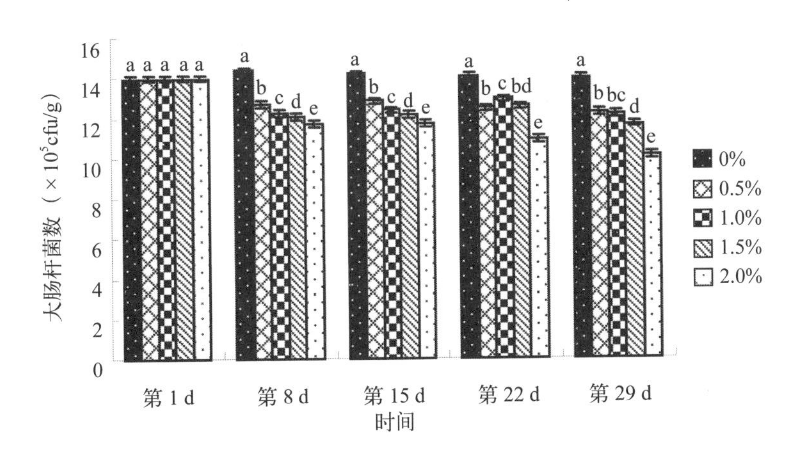

图4–25　中草药对罗非鱼肠道大肠杆菌数的影响

十六、中草药免疫增强剂对罗非鱼肠道乳酸杆菌属细菌数的影响

如图 4–26 所示，在第 8 d 四个实验组的肠道乳酸杆菌属细菌数分别为 11.5×10^{6} cfu/g、11.6×10^{6} cfu/g、12.6×10^{6} cfu/g、13.0×10^{6} cfu/g 均显著高于对照组 9.4×10^{6} cfu/g（$P<0.05$），且对照组在第 8 d 有降低趋势；到了第 15 d 对照组乳酸杆菌数为 9.6×10^{6} cfu/g，和第 8 d 相比有轻微升高趋势但是还是显著的低于同期实验各组（$P<0.05$），0.5 组、1.0 组、1.5 组、2.0 组中肠道大肠杆菌属数分别为 11.6×10^{6} cfu/g、11.9×10^{6} cfu/g、12.8×10^{6} cfu/g、13.4×10^{6} cfu/g；到了第 22 d、第 29 d 实验组 1.0 组、1.5 组、2.0 组中肠道乳酸杆菌数都极显著高于对照组（$P<0.01$），其中以 2.0 组肠道大肠杆菌数最低分别为 13.6×10^{6} cfu/g 、13.7×10^{6} cfu/g。

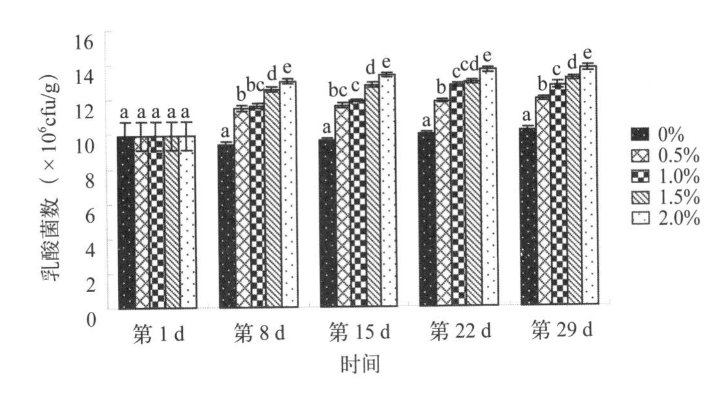

图4–26　中草药对罗非鱼肠道乳酸杆菌数量的影响

十七、中草药免疫增强剂对罗非鱼肝体比的影响

用不同含量的中草药免疫增强剂试验投喂罗非鱼 30 d 后，中草药免疫增强剂对罗非鱼肝体比的影响见图 4–27。在商品饲料中添加本复方中草药免疫增强剂可以显著降低罗非鱼的肝体比（$P < 0.05$），0.5 组、1.0 组、1.5 组和 2.0 组之间差异不显著（$P > 0.05$）。

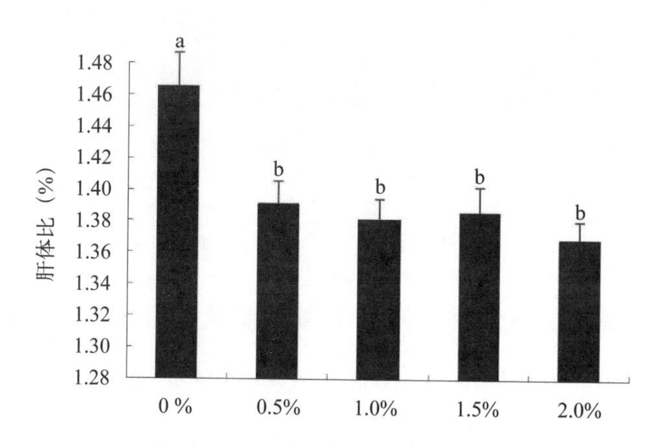

图4–27　不同复方中草药免疫增强剂水平对罗非鱼肝体比的影响

十八、中草药免疫增强剂对罗非鱼肝脏脂肪含量和肌肉脂肪含量的影响

本中草药免疫增强剂对罗非鱼肝脏脂肪含量和肌肉脂肪含量的影响见表 4–8。结果表明本复方中草药免疫增强剂能够降低罗非鱼肝脏脂肪含量，1.0 组肝脏脂肪含量最低，与其他组有显著差异（$P < 0.05$）。本免疫增强剂也有降低罗非鱼肌肉脂肪含量的趋势，1.0 组和 1.5 组肌肉脂肪含量最低，与其他各组差异显著（$P < 0.05$）。上述结果表明中草药免疫增强剂能有效降低罗非鱼肝脏脂肪含量和肌肉脂肪含量，其中 1.0 组效果最佳。

表 4–8　不同复方中草药免疫增强剂水平对罗非鱼肝脏和肌肉脂肪含量指标的影响

脂肪含量	对照组	0.5组	1.0组	1.5组	2.0组
肝脏脂肪含量	8.14 ± 0.58^{a}	7.76 ± 1.95^{b}	6.30 ± 0.11^{c}	7.74 ± 0.15^{b}	7.31 ± 0.65^{bc}
肌肉脂肪含量	1.68 ± 0.08^{a}	1.49 ± 0.07^{b}	1.24 ± 0.09^{c}	1.01 ± 0.07^{c}	1.74 ± 0.17^{a}

注：同一行数据右上角不同上标小写字母代表有显著差异（$P<0.05$）。

十九、复方中草药免疫增强剂对罗非鱼抗无乳链球菌免疫保护力的影响

用分段法给罗非鱼投喂不同含量的中草药饲料，试验结束后（即第三阶段结束），采用肌肉注射方式向鱼体注射 1×10^8 cfu/mL 的无乳链球菌，结果表明，对照组累积死亡率最高为93.3%，而0.5组、1.0组、1.5组和2.0组分别为66.7%，18.3%，33.7%和37%，都明显低于对照组。实验组0.5组、1.0组、1.5组和2.0组的免疫保护力分别为28.6%、81.7%、67.3%和64%，和对照组差异显著（$P<0.05$），且0.5组、1.0组、1.5组和2.0组间差异显著（$P<0.05$）（图4–28）。在攻毒实验中，所有死亡罗非鱼鱼体都呈现了感染无乳链球菌的症状，皮肤出血，腹部肿胀等。结果表明投喂本复方中草药免疫增强剂可以降低罗非鱼的累积死亡率，增强其抗无乳链球菌的能力；添加1.0%、1.5%和2.0%的中草药免疫增强剂对于提高罗非鱼的抗病能力有良好的效果，其中1.0组效果最佳。

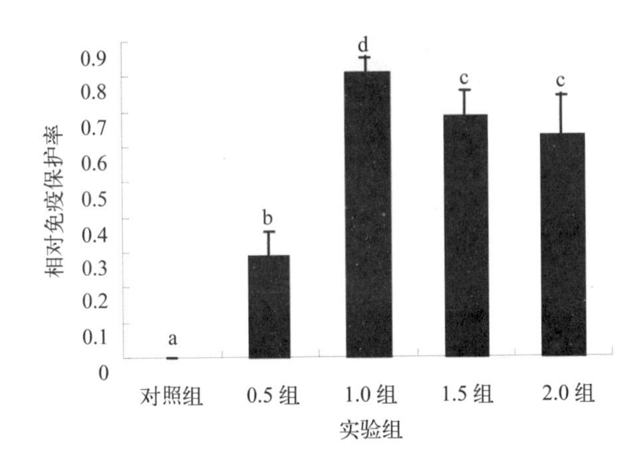

图4–28　复方中草药免疫增强剂对罗非鱼免疫保护力的影响

二十、复方中草药免疫增强剂对罗非鱼肝脏组织病理学的影响

解剖后可见对照组罗非鱼肝脏表面呈红白相间的花肝，颜色变浅，呈土黄色，水肿状态，有大量肠脂（图4–29）；0.5组罗非鱼肝脏脂肪肝症状轻于对照组，有大量的肠脂（图4–30）；1.5组和2.0组罗非鱼肠脂较多（图4–31和图4–32）；1.0组罗非鱼肝脏（图4–33）外观同健康罗非鱼（图4–34），肝脏正常，色泽红润，肠脂很少。

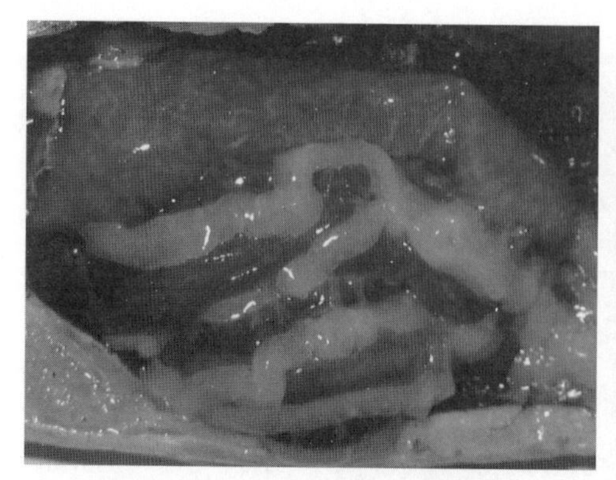

图4-29　对照组罗非鱼肝脏照片

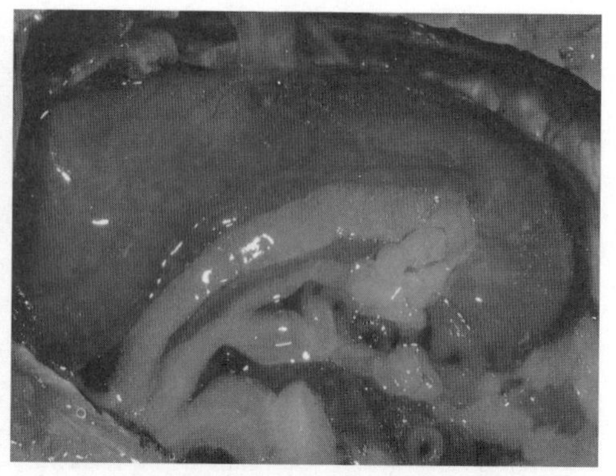

图4-30　0.5组罗非鱼肝脏照片

图4-31　1.0组罗非鱼肝脏照片

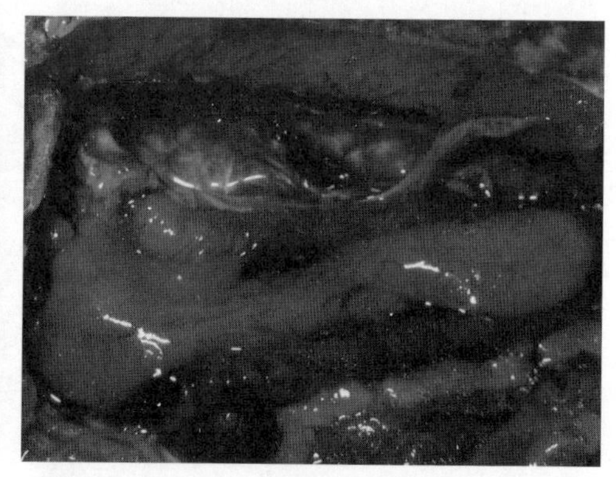

图4-32　1.5组罗非鱼肝脏照片

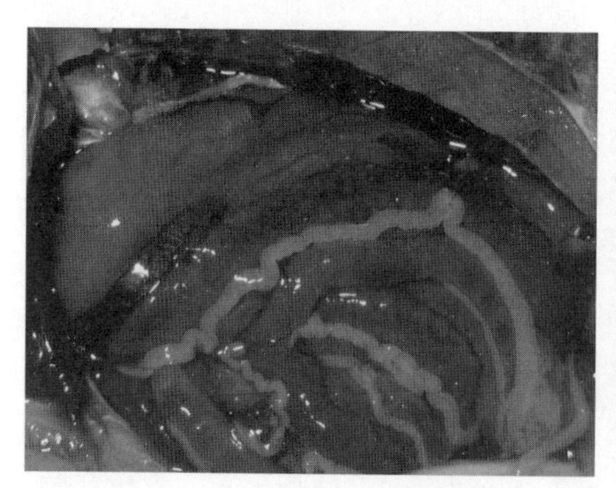

图4-33　2.0组罗非鱼肝脏照片

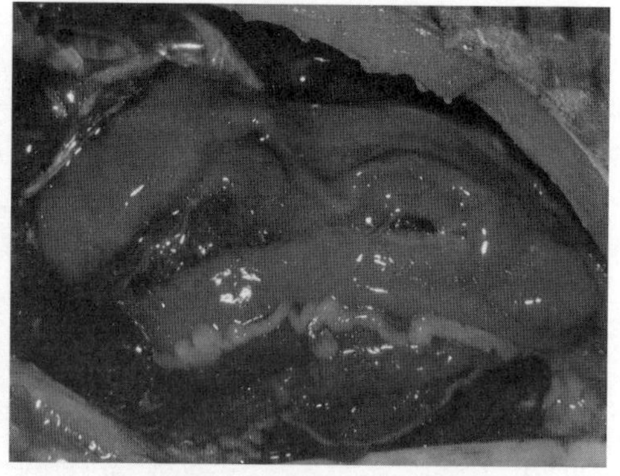

图4-34　健康罗非鱼肝脏照片

肝脏组织病理学结果显示，对照组罗非鱼肝组织脂肪变性严重，组织空泡化，细胞核偏位，细胞体积增大，大量肝脏细胞坏死（图 4–35），肝脏外层被膜结缔组织损坏，不清晰，肝索中可见有大量红细胞浸润（图 4–36）。0.5 组罗非鱼肝组织脂肪变性较为严重，较多肝脏细胞空泡化，细胞核移位，较少肝脏细胞坏死（图 4–37）。1.5 组和 2.0 组罗非鱼存在少量肝脏细胞脂肪变性，细胞核移位（图 4–39 至图 4–41）。1.0 组罗非鱼肝脏组织结构正常（图 4–38），与健康罗非鱼肝脏组织结构一致（图 4–42），肝脏最外层为致密结缔组织被膜，被膜表面有浆膜覆盖，细胞以中央静脉为中心，单行、双行或三行排列成凹凸不平的肝细胞索；肝细胞索往往呈不规则放射状；相邻的肝细胞索互相吻合连接成网。窦状隙正常，其中可见红细胞，核卵圆形。肝细胞较大，呈多边形；细胞核圆形或卵圆形，位于细胞中央，核染色质较稀疏，核仁 1 ~ 2 个；细胞质丰富均匀，嗜酸性，亦含有粒状或小块状嗜碱性物质。这些结果表明最佳配方中草药免疫增强剂能有效防止罗非鱼脂肪肝。

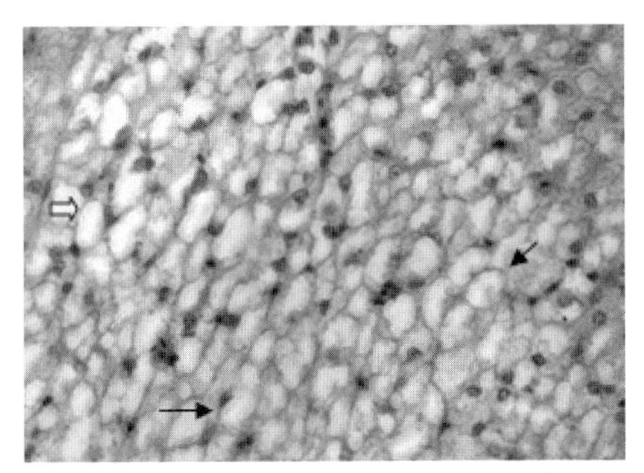

图4–35　对照组罗非鱼肝脏切片图（400×）

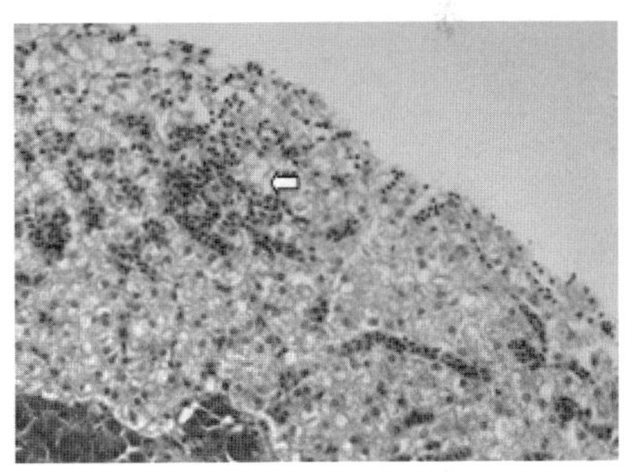

图4–36　对照组罗非鱼肝脏切片图（200×）

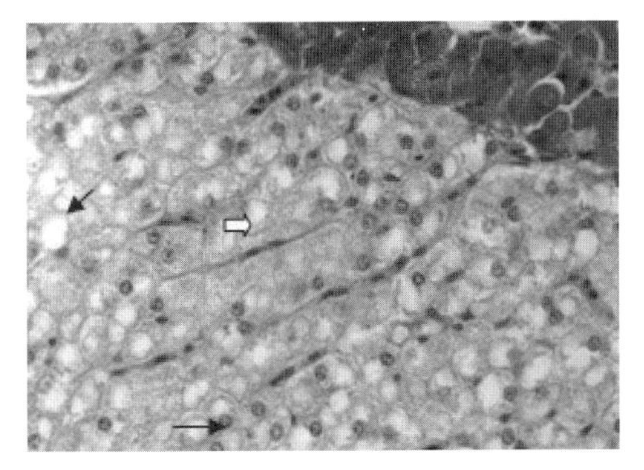

图4–37　0.5组罗非鱼肝脏切片图（400×）

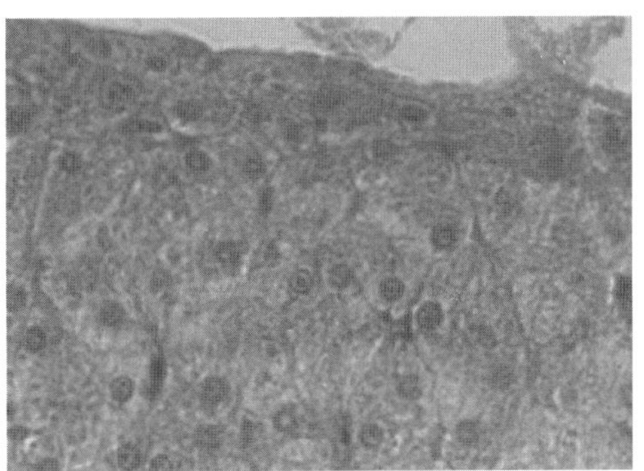

图4–38　1.0组罗非鱼肝脏切片图（400×）

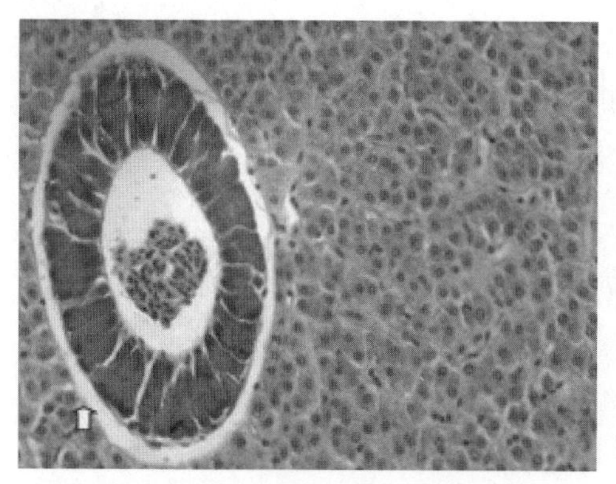

图4-39　1.5组罗非鱼肝脏切片图（200×）

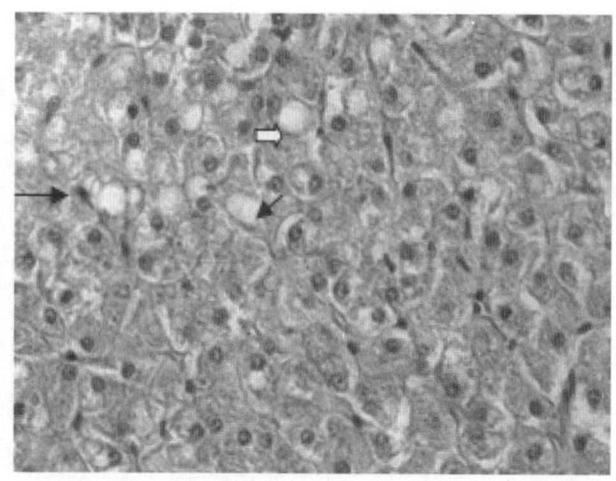

图4-40　1.5组罗非鱼肝脏切片图（400×）

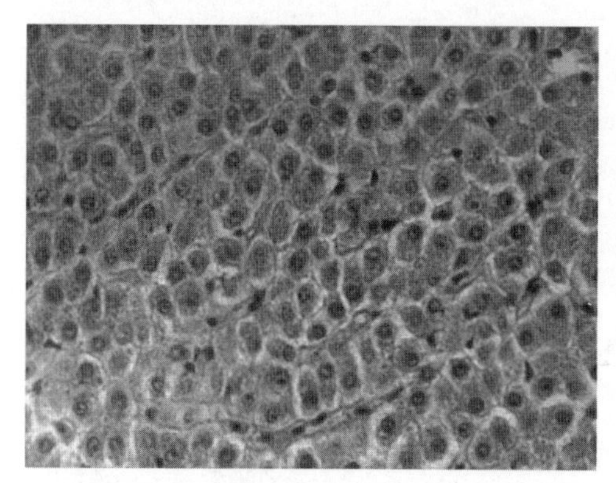

图4-41　2.0组罗非鱼肝脏切片图（400×）

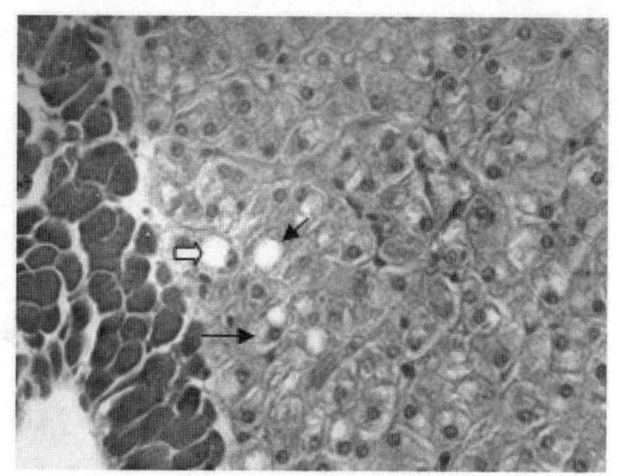

图4-42　健康罗非鱼肝脏切片图（400×）

注：肝细胞核偏移（→）；脂肪滴（⇨）；肝细胞胀亡（↙）；红细胞（⇦）。

二十一、中草药免疫增强剂最佳添加量的确定

经上述不同含量的中草药免疫增强剂饲料投喂罗非鱼后对罗非鱼血清指标的影响、免疫相关基因表达的影响、肠道菌群的影响、肝脏和肌肉的影响及罗非鱼免疫保护力的影响试验后，我们选择将中草药免疫增强剂按 1.0% 的量添加于罗非鱼饲料中为最佳中草药免疫增强剂添加量。

第五章　中草药免疫增强剂安全性评价

摘要

为探究本实验室研发的用于改善罗非鱼肌肉品质和增强对链球菌病抵抗力的中草药免疫增强剂在罗非鱼养殖中使用的安全性，我们设计中草药免疫增强剂对小鼠的急性毒性、亚急性毒性和养殖罗非鱼亚急性毒性试验，发现中草药免疫增强剂每日最大给药剂量为 80 g/kg 时对昆明小鼠的急性毒性极低且在 80 g/kg 的范围内该中草药免疫增强剂对昆明小鼠的亚急性毒性极低；中草药免疫增强剂添加剂量为 1% 和 3% 时，罗非鱼血液生化指标、组织病理学均无不良反应。最终结果表明该中草药免疫增强剂在饲料中的添加剂量在 3% 以下时在罗非鱼的养殖中使用是安全的，为该中草药免疫增强剂在罗非鱼养殖实践应用中提供了理论依据。

第一节　中草药免疫增强剂对小鼠的毒性试验

一、急性毒性试验

本实验室专利产品（ZL 200910132065.0）中草药免疫增强剂由当归、黄芪、板蓝根、金银花等分别粉碎过 80 目筛，再按一定比例混合而成。最大浓度为 1 g/mL。实验开始前 1 d 禁食 12 h，称重，以该中草药免疫增强剂最大浓度 1 g/mL 灌胃，单次灌胃体积为 0.04 mL/g，上午下午分两次灌胃给药，间隔 6 h。对照组以相同办法灌服等量生理盐水。给药 2 h 后观察小鼠的一般行为表现和死亡情况，持续观察 14 d，主要记录小鼠精神状态、行为活动、饮水摄食、排泄、体质量及死亡等情况。14 d 后处死小鼠并进行解剖，肉眼观察小鼠主要脏器是否发生病变，异常情况者要进行病理学观察。

结果表明给药 2 h 内实验组小鼠活动正常，呼吸均匀，无任何异常表现。给药后 14 d 内，实验组与对照组小鼠均未出现死亡情况，实验组小鼠状态良好，毛发柔顺有光泽，饮食饮水，活动正常，大小便、运动、呼吸、肠胃等系统均处于正常状况。实验结束后对所有小鼠进行解剖，心脏、肝脏、脾脏、肺、肾脏等主要器官肉眼观察均无异常，与对照组小鼠相比无明显区别。实验组小鼠和对照组小鼠相比体质量无显著性差异（$P > 0.05$）。在实验中，我们采用了药物的最大浓度和最大给药体积给药，小鼠并未死亡，无法测出半数致死量 LD_{50}，计算出该复方中草药免疫增强剂对小鼠的最大给药剂量为 80 g/kg（表 5−1）。

表 5-1　复方中草药免疫增强剂对小鼠体质量的影响（单位：g）

组别	第0 d	第7 d	第14 d
实验组	17.78±0.63	19.89±0.94	23.08±0.92
对照组	17.75±0.56	19.75±0.78	22.90±0.78

注：表中的值为平均数±标准差（n=10）；同一列中注标“*”表示差异性显著。

二、亚急性毒性试验

设立高剂量（80 g/kg）、中剂量（26.67 g/kg）、低剂量（8 g/kg）三个浓度组对小鼠进行了为期 28 d 的亚急性毒性实验。根据小鼠生长情况、脏器指数、血液生化指标和主要器官病理组织学变化综合推断该复方中草药免疫增强剂对昆明小鼠所产生的影响。经 28 d 实验，四组小鼠均活动正常，呼吸、心跳正常，毛发柔顺有光泽，精神状态良好，无异常表现，无死亡情况。由表 5-2 可知，小鼠增重率随着浓度的增加而升高，饵料系数随着浓度的增加而降低。其中高剂量组的增重率显著高于对照组，饵料系数显著低于对照组（$P < 0.05$）。中剂量组和低剂量组的增重率和饵料系数与对照组相比无显著性差异（$P > 0.05$）。

由表 5-3 可知，三个实验组小鼠血液谷丙转氨酶、谷草转氨酶的含量虽然高于对照组，但无显著性差异（$P < 0.05$）。甘油三酯、肌酐、尿素氮与对照组相比也均无显著性差异（$P > 0.05$）。中剂量组和高剂量小鼠白蛋白的含量显著高于对照组（$P < 0.05$）。

由表 5-4 可知，与对照组相比，低剂量组、中剂量组和高剂量组的心脏指数、肝脏指数、脾脏指数、肾脏指数均无显著性差异（$P > 0.05$）。

表 5-2　复方中草药免疫增强剂对小鼠生长及饵料利用的影响

组别	增重率（%）	饵料系数
对照组	17.60±0.09	1.16±0.07
低剂量	17.60±0.10	1.10±0.05
中剂量	18.60±0.06	1.08±0.04
高剂量	21.80±0.09*	1.03±0.04*

注：表中的值为平均数±标准差（n=10）；同一列中注标“*”表示差异性显著。

表 5-3　复方中草药免疫增强剂对小鼠血液生化指标的影响

组别	谷丙转氨酶（U/L）	谷草转氨酶（U/L）	白蛋白（g/L）	甘油三酯（mmol/L）	肌酐（μmol/L）	尿素氮（mmol/L）
对照组	9.15±1.72	8.55±2.05	18.53±0.98	0.58±0.13	29.14±6.36	6.69±1.29
低剂量组	8.53±1.49	9.37±1.73	18.55±1.89	0.65±0.11	28.63±10.26	6.10±0.91
中剂量组	9.59±1.33	10.42±2.61	20.03±1.90*	0.53±0.12	27.46±6.43	9.20±1.18
高剂量组	11.01±1.92	10.95±1.79	21.15±2.12*	0.35±0.09	25.16±4.11	7.37±1.23

注：表中的值为平均数±标准差（*n*=10）；同一列中注标“*”表示差异性显著。

表 5-4　复方中草药免疫增强剂对小鼠脏器指数的影响

组别	肝脏指数	脾脏指数	肾脏指数	心脏指数
对照组	4.45±0.94	0.45±0.12	1.46±0.42	0.53±0.07
低剂量	5.11±1.09	0.41±0.06	1.50±0.41	0.53±0.12
中剂量	4.63±1.84	0.43±0.11	1.41±0.49	0.49±0.09
高剂量	4.46±0.79	0.51±0.18	1.50±0.25	0.52±0.06

注：表中的值为平均数±标准差（*n*=10）；同一列中注标“*”表示差异性显著。

三组试验组与对照组动物相比，心脏、肝脏、脾脏等其他组织器官均位置正常、颜色鲜活，肉眼未见明显病理变化与异常。图 5-1 显示，对照组和试验组的肝脏组织结构正常，肝细胞排列较为紧密，肝细胞无炎性细胞浸润、坏死、变性等病理变化。由图 5-2 可见，试验组和对照组的肾脏组织结构均正常，肾小球结构清晰，周围可见近曲小管，肾小管无变性坏死、纤维化等病理现象。观察图 5-3 发现，试验组和对照组小鼠脾脏无明显组织学变化，可以清晰地看见脾索和中央动脉。

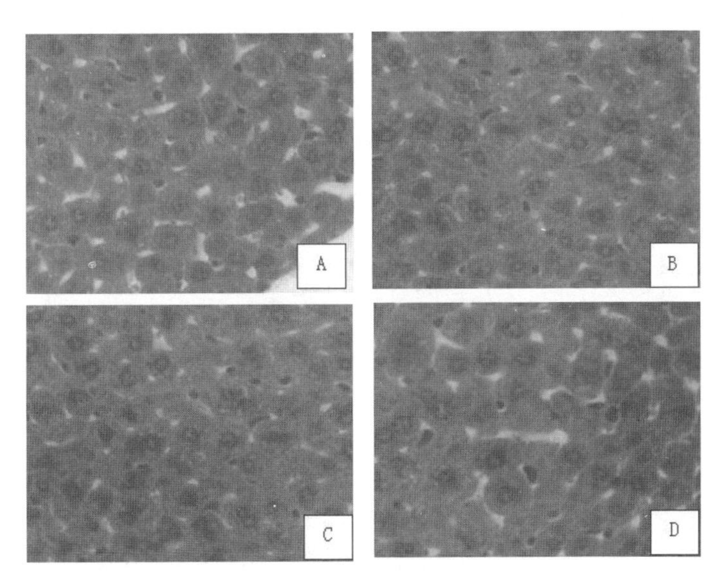

图5-1　各组小鼠肝脏的组织病理学切片（400×）

A. 低剂量组；B. 中剂量组；C. 高剂量组；D. 对照组

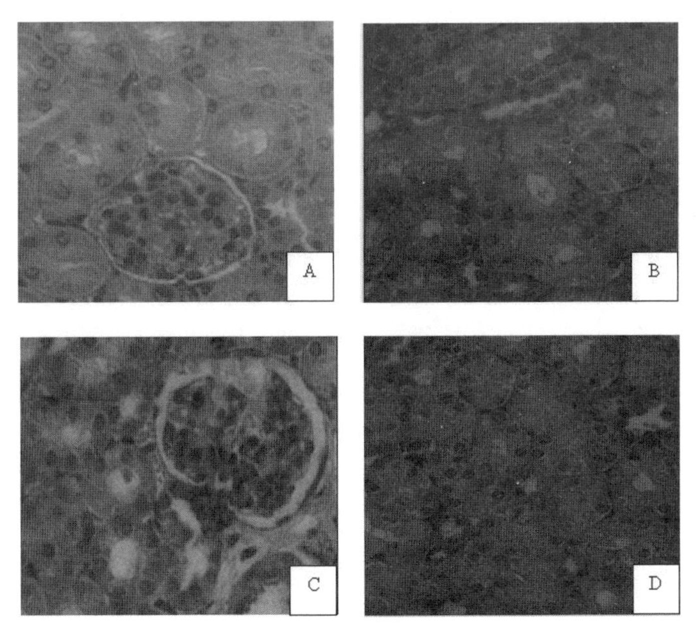

图5-2　各组小鼠肾脏的组织病理学切片（400×）

A. 低剂量组；B. 中剂量组；C. 高剂量组；D. 对照组

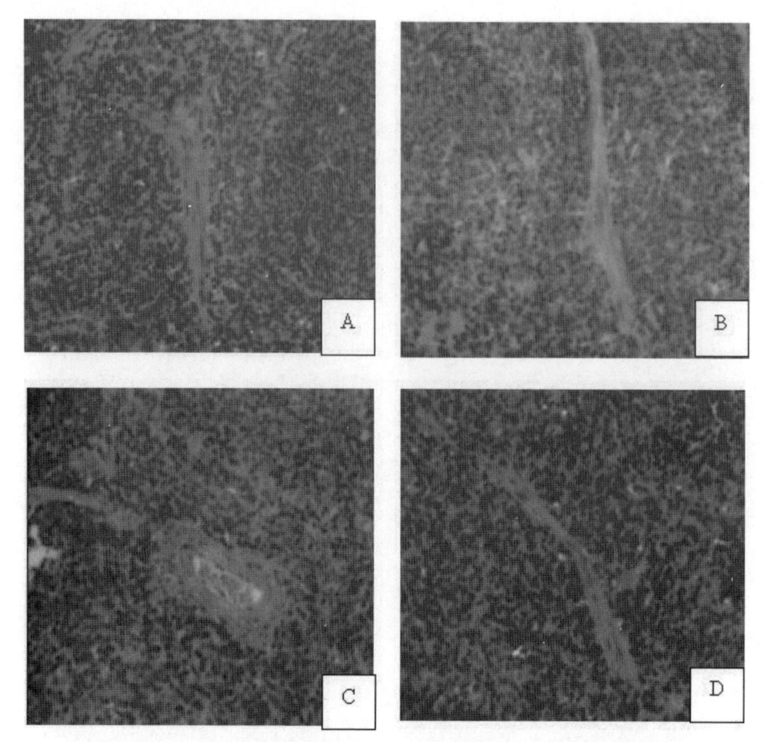

图5-3　各组小鼠脾脏的组织病理学切片（400×）
A. 低剂量组；B. 中剂量组；C. 高剂量组；D. 对照组

三、中草药免疫增强剂对小鼠的安全性评价

通过中草药免疫增强剂对小鼠的急性毒性试验和亚急性毒性试验，我们发现中草药免疫增强剂每日最大给药剂量为 80 g/kg 时对昆明小鼠的急性毒性极低，且在 80 g/kg 的范围内该中草药免疫增强剂对昆明小鼠的亚急性毒性极低，由于在实际使用过程中该中草药免疫增强剂的使用量远远低于本次安全性评价最大给药剂量，所以可以判断该中草药免疫增强剂在实际应用中对小鼠是安全的。

第二节　中草药免疫增强剂对罗非鱼的毒性试验

一、亚急性试验

在罗非鱼基础饲料中添加质量分数为 1%、3% 和 5% 的中草药免疫增强剂混匀后用双螺杆挤压饲料机制成直径为 4 mm 的颗粒饲料，晾干后密封备用。试验共设 3 个实验组和 1 个对照组，每组设 3 个平行组。实验组在基础饲料中分别添加质量分数为 1%、3%、5% 的复方中草药免疫增强剂（分别标记为：1% 组、3% 组、5% 组），没有添加复方中草药免疫增强剂的基础饲料组为对照组。实验期间，每天于 9:00、16:00 投喂饲料，日投喂量为罗非鱼体质量的 5%。每周根据鱼体摄食情况适当调节投喂量，不产生残饵；连续充气增氧，水温为（28±1）℃，水源为曝气后的自来水每 3 d 换水 2/3，每天固定清除粪便和残饵。每天观察实验鱼临床症状及有无死亡情况。实验持续 30 d。

中草药免疫增强剂对罗非鱼增重率和饲料系数的影响结果见表 5–5。随着中草药添加量的增加，所有试验组的罗非鱼的增重率均呈上升趋势，均显著高于对照组（$P < 0.05$），饲料系数则显著低于对照组（$P < 0.05$）。说明本复方中草药免疫增强剂可显著促进罗非鱼生长。

表 5–5　复方中草药免疫增强剂对罗非鱼的生长及饲料利用的影响

组别	增重率（%）	饲料系数
对照组	99.23±1.60	1.32±0.03
1%组	106.62±1.62*	1.25±0.02*
3%组	110.16±1.22*	1.23±0.04*
5%组	110.98±1.63*	1.22±0.04*

注：表中的值为平均数±标准差（n=3）；同一列中注标“*”表示差异性显著。

由表 5–6 可知，所有试验组罗非鱼血清谷丙转氨酶、谷草转氨酶、白蛋白、总蛋白、肌酐、尿素氮与对照组相比均无显著性差异（$P > 0.05$）。5% 组罗非鱼血清甘油三酯含量显著高于对照组（$P < 0.05$），但 1% 组和 3% 组血清甘油三酯含量与对照组相比无显著性差异（$P > 0.05$）。说明本复方中草药免疫增强剂在添加剂量为 1% ～ 3% 范围内对罗非鱼血清生化指标无显著影响，仅添加量达 5% 方才对甘油三酯产生的显著影响。

表 5-6 复方中草药免疫增强剂对罗非鱼血液生化指标的影响

组别	谷丙转氨酶（U/L）	谷草转氨酶（U/L）	白蛋白（g/L）	总蛋白（g/L）	甘油三酯（mmol/L）	肌酐（μmol/L）	尿素氮（mmol/L）
对照组	24.52 ± 0.03	26.95 ± 3.55	13.52 ± 0.09	29.22 ± 0.06	0.76 ± 0.10	15.42 ± 0.04	0.77 ± 0.02
1%组	24.50 ± 0.04	20.41 ± 3.33	13.54 ± 0.41	29.25 ± 0.04	0.61 ± 0.06	15.36 ± 0.04	0.75 ± 0.02
3%组	24.51 ± 0.02	26.03 ± 2.83	13.63 ± 0.25	29.27 ± 0.10	0.75 ± 0.14	15.40 ± 0.09	0.75 ± 0.01
5%组	24.53 ± 0.03	27.20 ± 4.66	13.65 ± 0.28	29.35 ± 0.06	0.96 ± 0.05*	15.32 ± 0.10	0.74 ± 0.02

注：表中的值为平均数±标准差（n=5）；同一列中注标“*”表示差异显著。

由图 5-4 中可看出，脾脏组织切片四组均无明显病理变化，黑色素巨噬细胞较少，颜色较浅，说明四组罗非鱼的脾脏都处于较为健康的状况。从图 5-5 可见，试验组和对照组的肝脏皆出现脂肪滴现象，对照组较为严重。图 5-6 可见，所有试验组头肾与对照组之间无明显组织学变化。图 5-7 可见，在体肾的组织切片中，5% 组和对照组均出现细胞空泡现象。

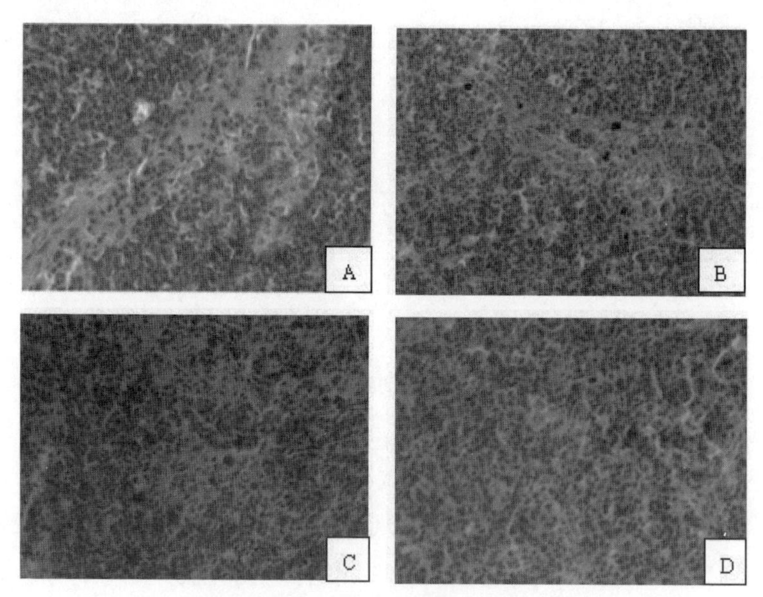

图5-4 各组罗非鱼脾脏的组织病理学切片（400×）

A. 1%组；B. 3%组；C. 5%组；D. 对照组

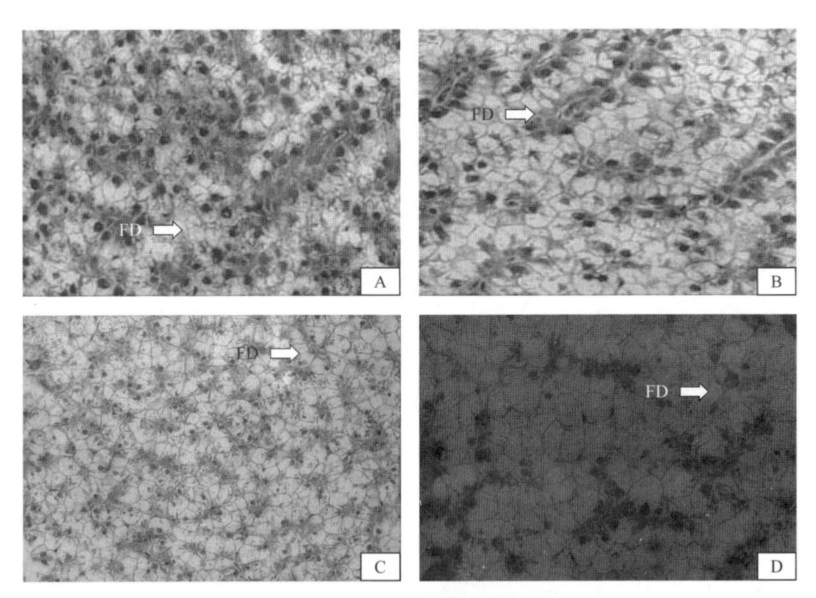

图5-5　各组罗非鱼肝脏的组织病理学切片（400×）
A. 1%组；B. 3%组；C. 5%组；D. 对照组（FD示脂肪滴）

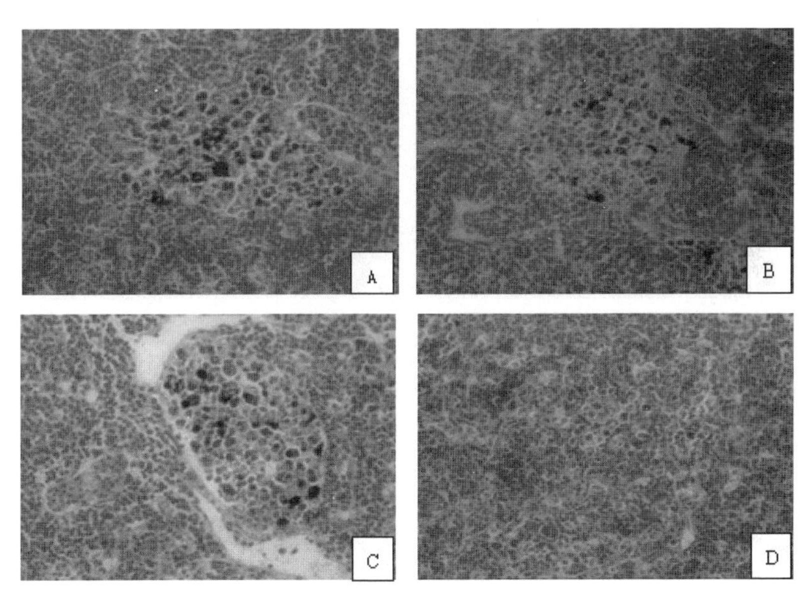

图5-6　各组罗非鱼头肾的组织病理学切片（400×）
A. 1%组；B. 3%组；C. 5%组；D. 对照组

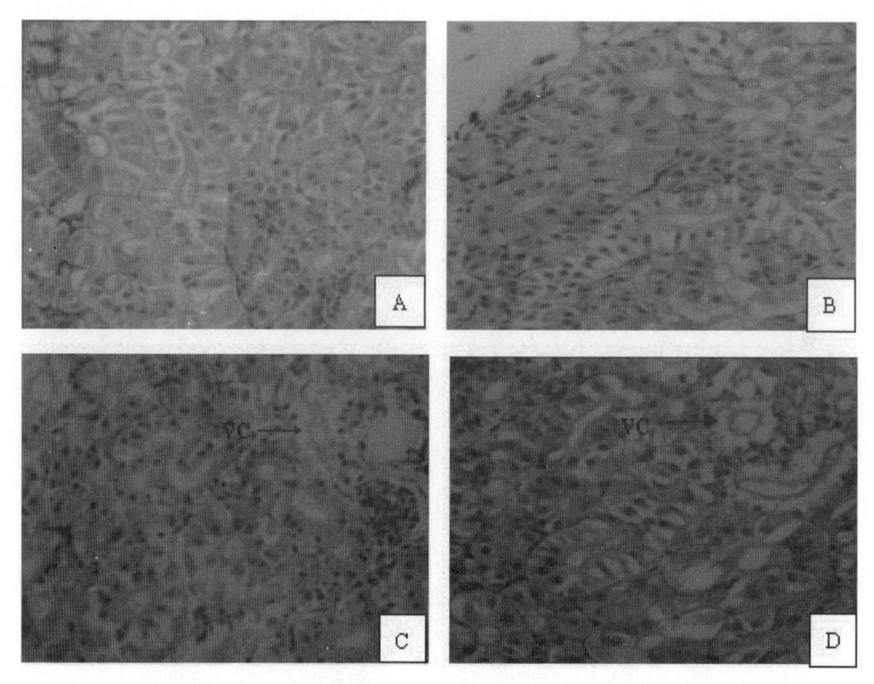

图5-7　各组罗非鱼体肾的组织病理学切片（400×）

A. 1%组；B. 3%组；C. 5%组；D. 对照组　（VC示细胞空泡化）

二、中草药免疫增强剂对罗非鱼的安全性评价

罗非鱼在 28 d 亚急性毒性实验中，三个试验组与对照组相比，中草药免疫增强剂添加剂量为 1% 和 3% 时，罗非鱼血液生化指标、组织病理学均无不良反应；而添加量增加至 5% 时，罗非鱼的肝脏和体肾会受到一定的损伤，这表明中草药免疫增强剂在饲料中的添加剂量在 3% 以下时在罗非鱼的养殖中使用是安全的。

第六章 中草药免疫增强剂在罗非鱼养殖中的应用示范及取得的效益

摘要

2013—2017 年，本课题组研制的中草药免疫增强剂在广东省高州市石鼓镇、镇江镇等地的罗非鱼养殖场、高州市龙湾水库和四方田水库、雷州市溪南水库等地开展罗非鱼养殖中的应用示范。5 年来建设应用示范点和示范对照点各 5 个，示范面积累计共达到 12 267 km^2，其中应用示范面积 8 800 km^2，示范对照面积 3 467 km^2，取得经济效益总计 17 039.22 万元。中草药免疫增强剂的使用能有效控制罗非鱼链球菌病，从而减少化学药物的使用，降低养殖风险，提高水产品的质量，使水产品养殖和出口的规模进一步扩大，产生良好的社会效益及生态效益。

第一节　中草药免疫增强剂在罗非鱼养殖中的应用示范

一、应用示范时间、地点及面积

2013—2017 年，本课题组研制的中草药免疫增强剂在广东省高州市石鼓镇、镇江镇等地的罗非鱼养殖场、高州市龙湾水库和四方田水库、雷州市溪南水库等地开展罗非鱼养殖中的应用示范（表 6–1）。5 年来建设应用示范点和示范对照点各 5 个，示范面积累计共达到 12 267 km^2，其中应用示范面积 8 800 km^2，示范对照面积 3 467 km^2。

表 6–1　中草药免疫增强剂在罗非鱼养殖中的应用示范具体实施表

示范时间	地点	示范点	面积
2013年3月—2013年11月	高州市石鼓镇、镇江镇	应用示范点2个、示范对照点2个	应用示范点400 km^2，示范对照点66.67 km^2
2014年5月—2014年10月	高州市龙湾水库、四方田水库	应用示范点2个、示范对照点2个	应用示范点4 000 km^2，示范对照点666.67 km^2
2015年3月—2015年12月	雷州市溪南水库	应用示范点1个、示范对照点1个	应用示范点1 333.34 km^2，示范对照点1 333.34 km^2
2016年3月—2016年12月	高州市石鼓镇、镇江镇	应用示范点2个、示范对照点2个	应用示范点400 km^2，示范对照点66.67 km^2
2017年3月—2017年12月	高州市龙湾水库、四方田水库	应用示范点2个、示范对照点2个	应用示范点2 666.68 km^2，示范对照点1 333.34 km^2

二、应用示范过程中的管理

饲料来源：应用示范过程中所用饲料均统一委托某饲料厂代加工，保证饲料生产中所用原料来源、营养成分一致。

投喂方法：养殖周期为 5 个月，按 2500 尾 / 亩（亩为非法定计量单位，1 亩 ≈ 666.67 平方米）放苗，应用示范点在放苗 30 d 后，投喂含 1.0% 中草药免疫增强剂的饲料 28 d（日投饵量为鱼体质量的 5%），然后用不含中草药的饲料喂养 30 d，再次投喂含 1.0% 中草药的饲料 28 d（日投饵量为鱼体质量的 3%），转投不含中草药的饲料至收获（图 6-1）。示范对照点则在整个养殖周期中均投喂普通饲料直至收获。

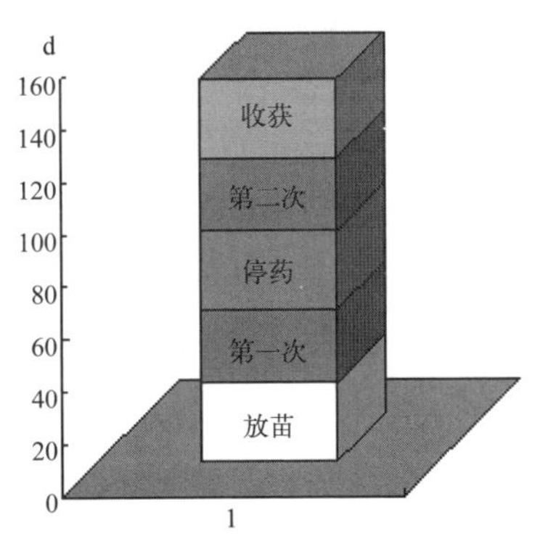

图6-1　实验日程安排

三、应用示范结果

中草药免疫增强剂在罗非鱼养殖中的应用示范结果见表 6-2。2013—2017 年 5 年的应用示范中，所有应用示范点罗非鱼成活率均超过 95%，而示范对照点罗非鱼成活率最高仅为 92.08%；所有应用示范点体质量超过 500 g 的鱼占比超过 91.8%，而示范对照点最高仅为 86.27%。通过对比同等面积的应用示范点和示范对照点收获的罗非鱼重量，发现 2013—2017 年间应用示范点比示范对照点的罗非鱼平均增加了约 30% 的重量。特别值得关注的是每年链球菌病流行的季节，应用示范点不需要额外用药来防控，而示范对照点因为每天均有鱼患链球菌病而需要额外用药来控制。在 2013 年和 2017 年，应用示范区暴发了由无乳链球菌引起的链球菌病，示范对照点在使用化学药物的情况下均有超过 10% 的鱼死亡，而应用示范点在没有使用化学药物情况下养殖成活率却均高达 95% 以上，这表明中草药免疫增强剂在罗非鱼养殖的应用示范中能有效抵抗链球菌病。

表 6-2　中草药免疫增强剂在罗非鱼养殖中的应用示范结果

示范时间	罗非鱼成活率		示范点对比对照点增重率	体质量超过500 g的鱼占比	
	应用示范点	示范对照点		应用示范点	示范对照点
2013年	95.12%	88.15%	29.12%	93.20%	82.39%
2014年	95.0%	90.38%	26.3%	91.8%	86.24%
2015年	96.33%	91.62%	27.1%	92.8%	85.76%
2016年	99.8%	92.08%	32.28%	95.12%	86.27%
2017年	97.8%	89.28%	35.28%	94.02%	84.62%

第二节　取得的效益

一、经济效益

中草药免疫增强剂在罗非鱼养殖中的应用示范取得的经济效益见表 6-3。2013—2017 年，中草药免疫增强剂在罗非鱼养殖中的应用示范期间，示范点平均每亩比对照点净增加收入 2 839.87 元，而每亩多投入的中草药成本平均为 71.88 元，5 年来示范点总产值为：58 228.87 万元，增加净收入达 17 039.22 万元，经济效益非常可观。

表 6-3　中草药免疫增强剂在罗非鱼养殖中的应用示范取得的经济效益

示范时间	示范面积（亩）	总产值（万元）	增收（万元）	投入中草药成本（万元）	净增收（万元）	平均每亩净增收（元）
2013年	12 000	13 297.78	3 872.31	84.75	3 787.56	3 156.30
2014年	12 000	11 773.35	3 096.39	84.64	3 011.75	2 509.79
2015年	12 000	10 456.13	2 834.42	85.83	2 748.59	2 290.49
2016年	12 000	11 391.57	3 677.20	88.92	3 588.28	2 990.23
2017年	12 000	11 310.04	3 990.18	87.14	3 903.04	3 252.53
合计	60 000	58 228.87	17 470.50	431.28	17 039.22	-

二、社会效益及生态效益

2013 年和 2017 年因示范区暴发罗非鱼链球菌病，示范对照点的未投喂中草药免疫增强剂的罗非鱼因需防控该病而使用了化学药物来调水和治病，给周边的生态环境带来了一定的隐患。而中草药免疫增强剂的使用不仅在有效控制罗非鱼链球菌病发挥重要的作用，而且中草药免疫增强剂的使用将能显著减少化学药物的使用，提高养殖的成活率，降低养殖风险，提高水产品的质量，使水产品养殖和出口的规模进一步扩大，具有广阔的市场前景，因此中草药免疫增强剂的推广应用将推动罗非鱼养殖业及相关产业的可持续发展，产生良好的社会效益及生态效益。